Nachhaltige Nutzung von Wärmeenergie

Nachhaltige Nutzung von Wärmeenergie

Diana Gallego Carrera · Sandra Wassermann ·
Wolfgang Weimer-Jehle · Ortwin Renn (Hrsg.)

Nachhaltige Nutzung von Wärmeenergie

Eine technische, soziale und ökonomische
Herausforderung

Herausgeber
Diana Gallego Carrera
Sandra Wassermann
Wolfgang Weimer-Jehle
Ortwin Renn
Universität Stuttgart
Deutschland

ISBN 978-3-8348-1864-5   ISBN 978-3-8348-8650-7 (eBook)
DOI 10.1007/978-3-8348-8650-7

Die Deutsche Nationalbibliothek verzeichnet diese Publikation in der Deutschen Nationalbibliografie; detaillierte bibliografische Daten sind im Internet über http://dnb.d-nb.de abrufbar.

Springer Vieweg
© Vieweg+Teubner Verlag | Springer Fachmedien Wiesbaden 2012

Einbandentwurf: KünkelLopka GmbH, Heidelberg

Gedruckt auf säurefreiem und chlorfrei gebleichtem Papier.

Springer Vieweg ist eine Marke von Springer DE. Springer DE ist Teil der Fachverlagsgruppe Springer Science+Business Media
www.springer-vieweg.de

Danksagung

Das vorliegende Buch informiert über die nachhaltige Nutzung von Wärmeenergie in Privathaushalten. Hierfür werden Teilergebnisse aus dem Projekt „Energie nachhaltig konsumieren – nachhaltige Energie konsumieren. Wärmeenergie im Spannungsfeld von sozialen Bestimmungsfaktoren, ökonomischen Bedingungen und ökologischem Bewusstsein" vorgestellt und diskutiert. Der besondere Dank der Autoren dieses Buches gilt daher allen Personen und Institutionen, die zum Erfolg des Projektes beigetragen haben. Allen voran möchten wir uns beim Bundesministerium für Bildung und Forschung, dem Projektträger Deutsches Zentrum für Luft- und Raumfahrt e.V. in der Helmholtz-Gemeinschaft sowie der Begleitforschung bedanken. Das Bundesministerium für Bildung und Forschung hat das Projekt im Rahmen des Themenschwerpunktes „Vom Wissen zum Handeln – Neue Wege zum nachhaltigen Konsum" der sozial-ökologischen Forschung über eine Laufzeit von drei Jahren gefördert. Der Projektträger Deutsches Zentrum für Luft- und Raumfahrt e.V. in der Helmholtz-Gemeinschaft hat uns eine Ansprechperson zur Seite gestellt, die uns in Projekt-formellen Belangen auf eine ausgesprochen angenehme Art tatkräftig unterstützt hat. Die Begleitforschung, angesiedelt an der Internationalen Koordinationsstelle für Allgemeine Ökologie der Universität Bern, hat unser Projekt auf der wissenschaftlichen Ebene, durch zahlreiche Synthese- und Vernetzungsmöglichkeiten fachlich bereichert.

Aber auch den zahlreichen Partnern aus der Praxis und der Wissenschaft, die unser Projekt tatkräftig unterstützt haben sowie den Personen, die uns in Befragungen Rede und Antwort standen, gebührt unser spezieller Dank. Ohne ihre Auskunftsbereitschaft, ihr Fachwissen und ihre Praxisexpertise wäre ein Gelingen des Projektes und somit das Verfassen dieses Buches unmöglich gewesen. Danke!

Inhaltsverzeichnis

Marius Buchmann (M.A.) verfügt über einen Bachelor in Wirtschaftswissenschaften und Rechtswissenschaften und studierte das Masterprogramm „Sustanability Economics and Management" an der Universität Oldenburg. Seit Anfang 2010 ist er am Bremer Energie Institut im Bereich Energieökonomie tätig, mit den Schwerpunkten Integration von erneuerbaren Energien, Energieeffizienz und Elektromobilität.

Ludger Eltrop (Dr.) ist Leiter der Abteilung „Systemanalyse und erneuerbare Energien – SEE" am Institut für Energiewirtschaft und Rationelle Energieanwendung (IER) der Universität Stuttgart und Gastprofessor an der Universität Johannesburg. In dieser Funktion vertritt er in Lehre und Forschung den Bereich Energiesysteme mit Schwerpunkt erneuerbare Energien. Zu seinen Arbeitsschwerpunkten gehört im Rahmen der systemanalytischen Blickrichtung neben energietechnischen und -wirtschaftlichen Fragen auch die Akzeptanzforschung und Konsumentenperspektive.

Kerstin Fink (Dipl. Soz.) absolvierte 2010 ihr Studium der Soziologie an der Universität Heidelberg. Bereits seit August 2009 ist sie am Europäischen Institut für Energieforschung im Projekt auf sozialwissenschaftlicher Seite in verschiedenen Aufgaben tätig. Sie ist derzeit wissenschaftliche Mitarbeiterin am Max-Weber-Institut für Soziologie in Heidelberg.

Diana Gallego Carrera (M.A.) hat Soziologie und Philosophie studiert. Sie ist wissenschaftliche Mitarbeiterin am Interdisziplinären Forschungsschwerpunkt Risiko und Nachhaltige Technikentwicklung am Internationalen Zentrum für Kultur- und Technikforschung (ZIRN) der Universität Stuttgart. Seit 2005 lehrt und forscht sie auf dem Gebiet der Technikfolgenabschätzung und Risikokommunikation. Sie hat als Koordinatorin das Projekt „Energie nachhaltig konsumieren – nachhaltige Energie konsumieren" geleitet.

Katy Jahnke (Diplom-Volkswirtin) studierte an der technischen Universität Berlin. Die Schwerpunkte ihrer Studien lagen in den Fachgebieten Umweltökonomie und Wirtschaftspolitik, insbesondere der nachhaltigen Energiepolitik, speziell der Förderung erneuerbarer

Energien. Von 2008 bis 2011 war sie wissenschaftliche Mitarbeiterin am Bremer Energie Institut in den Bereichen Energieökonomie, Energieeffizienz und Erneuerbare Energien. Aktuell ist sie bei der gemeinnützigen Beratungsgesellschaft co2online mbH als Managering Research tätig.

Till Jenssen (Dr.) (1980) ist wissenschaftlicher Mitarbeiter am Institut für Rationelle Energieanwendung (IER) der Universität Stuttgart. Seit fünf Jahren ist er in verschiedenen nationalen und internationalen Forschungsprojekten im Bereich der Energieversorgung tätig. Er leitet die Fachgruppe Siedlung und Energie (S&E) und wurde 2009 promoviert. Er ist Lehrbeauftragter für den Bereich Umweltschutz und Umweltplanung an der Technischen Universität Dortmund. Seine Forschungsschwerpunkte sind die ressourceneffiziente Siedlungs- und Infrastrukturentwicklung sowie regionaler und kommunaler Klimaschutz.

Andreas Koch (Dipl.-Ing., M.Sc.) studierte Architektur an der TU Berlin und City Design and Social Science an der London School of Economics. Er arbeitete als Architekt und Energieberater in Zürich und Berlin. Seit 2007 ist er für EIFER tätig, seine Forschungsschwerpunkte sind neben der Energieeffizienz in Gebäuden die Energiebilanzierung von Stadtquartieren und Modellierung urbaner Energiesysteme.

Pia Laborgne (M.A.) hat Soziologie studiert und ist seit 2004 am Europäischen Institut für Energieforschung am KIT als wissenschaftliche Angestellte tätig. Ihre Schwerpunkte sind Energiekonsum und Energieeffizienz im Gebäudebereich, Akzeptanz erneuerbarer und dezentraler Energietechnologien, Klimaschutz im kommunalen Kontext sowie die Transformation städtischer Energiesysteme

Ortwin Renn (Prof. Dr. Dr. h.c.) ist u. a. Ordinarius für Technik- und Umweltsoziologie an der Universität Stuttgart und Direktor des zur Universität gehörigen Interdisziplinären Forschungsschwerpunktes Risiko und Nachhaltige Technikentwicklung (ZIRN) am Internationalen Zentrum für Kultur- und Technikforschung. Das Arbeitsfeld von Renn liegt hauptsächlich auf dem Gebiet der Risikoforschung, insbesondere der Erforschung des gesellschaftlichen und psychologischen Umgangs mit technischen Risiken und Umweltgefahren.

Marlene Schmidt (Professorin (apl.) Dr.) unterrichtet Arbeits- und Zivilrecht an der Johann Wolfgang Goethe-Universität in Frankfurt am Main. Sie hat sich 2006 mit einer Arbeit über „Nachhaltiges Verbraucherprivatrecht" habilitiert.

Marlen Schulz (Dr.) ist wissenschaftliche Mitarbeiterin am Interdisziplinären Forschungsschwerpunkt Risiko und Nachhaltige Technikentwicklung (ZIRN) am Internationalen Zentrum für Kultur- und Technikforschung der Universität Stuttgart und bei Dialogik gGmbH. Dort ist sie seit 2008 Leiterin des Bereichs „Wissenschaft und Gesellschaft". Ihre Expertise liegt vor allem im Bereich Methoden der empirischen Sozialforschung, sowohl in der quantitativen als auch qualitativen Forschung. Inhaltlich beschäftigt sie sich u. a. mit Themen des Wissenstransfers, der Techniksozialisation, des Klimaschutzes und -anpassung sowie Energiefragen.

Sandra Wassermann (M.A.) hat Politikwissenschaft, Soziologie und Volkswirtschaftslehre studiert. Seit Oktober 2006 ist sie als Mitarbeiterin am Interdisziplinären Forschungsschwerpunkt Risiko und Nachhaltige Technikentwicklung (ZIRN) der Universität Stuttgart tätig. Ihre Forschungsinteressen liegen im Bereich Innovationen bei Energietechnologien, Energiepolitik sowie Akzeptanz und Kommunikation neuer Energietechnologien sowie energiesparender Verhaltensstrategien. Sie hat als Koordinatorin das Projekt „Energie nachhaltig konsumieren – nachhaltige Energie konsumieren" geleitet und die Themenfelder Gender sowie Verbrauchermachtstärkung bearbeitet.

Wolfgang Weimer-Jehle (Dr.) ist stellvertretender Leiter des Interdisziplinären Forschungsschwerpunktes Risiko und Nachhaltige Technikentwicklung (ZIRN) am Internationalen Zentrum für Kultur- und Technikforschung der Universität Stuttgart. Er ist promovierter Physiker und forscht zu Fragen der nachhaltigen Energieversorgung und zu Methoden der qualitativen System- und Szenarioanalyse.

Daniel Zech (Dipl. Geogr.) ist seit April 2008 wissenschaftlicher Mitarbeiter am Institut für Energiewirtschaft und Rationelle Energieanwendung (IER) der Universität Stuttgart. Der inhaltliche Schwerpunkt seiner Arbeiten am IER liegt in der ökonomischen und ökologischen Analyse sowie Bewertung von Technologien, die Wärme aus erneuerbaren Energien für die Versorgung von Wohngebäuden bereitstellen. Dies umfasst auch die Analyse bedarfsseitiger Anforderungen für unterschiedliche Gebäude- und Siedlungsformen sowie die Bewertung des Nutzereinflusses.

Einleitung

Diana Gallego Carrera

Das vorliegende Buch widmet sich der Frage, wie Wärmeenergie in Privathaushalten nachhaltig genutzt werden kann. Manch ein Leser ist nach diesem Einleitungssatz vielleicht schon dazu geneigt, den Band wieder aus der Hand zu legen. Denn schon wieder geht es um dieses ewig mühsame Thema, das zwar einerseits nach einer spannenden Herausforderung klingt, aber andererseits auch die Befürchtung weckt, persönlich zu stark in die Verantwortung genommen zu werden: Die Nachhaltigkeit. Egal ob seitens der Politik, der Medien, der Wirtschaft oder gar im Bekanntenkreis: oft begegnet einem das Postulat der Nachhaltigkeit. Sei es durch den Kauf nachhaltiger Produkte, durch die Nutzung nachhaltiger Technik, durch nachhaltige Büroorganisationsformen oder nachhaltigen Tourismus. Das Thema scheint allgegenwärtig.

In Anbetracht dieser Dauerpräsenz stellt Zwick (2009) resigniert fest, dass die Nachhaltigkeit zu einer „Allzweckwaffe für inhaltsloses Gerede" verkommen ist. Von einer Leitbild- oder gar einer Orientierungsfunktion für das eigene Handeln kann in Anbetracht des vielfältigen Einsatzes des Begriffes keine Rede sein. Dabei hatte doch einst die Brundtland-Kommission die Nachhaltigkeit klar definiert: Nachhaltigkeit ist eine „Entwicklung, die die Bedürfnisse der Gegenwart befriedigt, ohne zu riskieren, dass künftige Generationen ihre eigenen Bedürfnisse nicht befriedigen können" (Hauff 1987: 46; Brundtland 1987) Somit scheint klar: Der Begriff der Nachhaltigkeit zielt darauf ab, mit kollektiven Ressourcen verantwortungsbewusst umzugehen, damit künftige Generationen die gleichen Entfaltungsmöglichkeiten haben wie wir heutzutage.

Diese Definition der Brundtland-Kommission ist jedoch recht allgemein gehalten und lässt viel Spielraum für Auslegungsmöglichkeiten, was wiederum den Begriff schwer greifbar macht. Daher soll diese allgemeine Definition des Nachhaltigkeitsbegriffs anhand des vorliegenden Buches konkretisiert und mittels eines bestimmten Fallbeispieles, nämlich dem Wärmekonsum in Privathaushalten, veranschaulicht werden. Der Wärmesektor privater Haushalte wurde als Fallbeispiel gewählt, da dieser einerseits mit 28 % des Endenergieverbrauchs (2008) (vgl. Kap. 11 in diesem Buch) einen der großen Energieverbrauchssektoren darstellt und andererseits die Nachhaltigkeit in diesem Bereich noch erheblich

D. Gallego Carrera et al. (Hrsg.), *Nachhaltige Nutzung von Wärmeenergie*,
DOI 10.1007/978-3-8348-8650-7_1,
© Vieweg+Teubner Verlag | Springer Fachmedien Wiesbaden 2012

gesteigert werden kann. Denn gegenwärtig zeichnet sich die Wärmeenergienutzung in Privathaushalten primär durch wenig umweltbewusste Investitionsentscheidungen und Konsummuster aus. Auch ein geringer Kenntnisstand der Bevölkerung hinsichtlich der Nachhaltigkeitspotenziale in der Nutzung der Wärmeenergie kann postuliert werden. Die Anknüpfungspunkte zur Steigerung der Nachhaltigkeit im Wärmesektor der Privathaushalte lassen sich daher auf zwei Ebenen definieren: die eine Ebene bezieht sich auf die Aneignung von Wissen, das heißt: wie können Menschen über eine nachhaltige Nutzung von Wärmeenergie ausreichend und in verständlicher Form informiert werden? Die andere Ebene betrachtet die Handlungsweisen der Menschen. Hierbei steht primär die Frage im Vordergrund, wie gesellschaftlich bereitgestelltes Wissen in nachhaltiges Handeln umgesetzt werden kann. Zur Umsetzung von Wissen in Handlung gibt es prinzipiell drei Alternativen:

1. Der Verbraucher handelt nach der Maxime der Effizienz. Das heißt, er nimmt weniger Energieträger für die gleiche Menge an Energiedienstleistungen in Anspruch (Effizienzstrategie). Als Beispiel kann eine modernisierte Heizungsanlage genannt werden, die weniger Energie benötigt, um die Räume auf die gleiche Temperatur zu erwärmen, wie eine alte Heizungsanlage, die hierfür mehr Energieeinsatz benötigt.
2. Der Verbraucher nutzt nachhaltige Energieressourcen, wie etwa die erneuerbaren Energien, zur Befriedigung seiner Bedürfnisse (Konsistenzstrategie).
3. Der Verbraucher reduziert seine Nachfrage nach Energiedienstleistungen (Suffizienzstrategie). Als Beispiel kann hier aufgeführt werden, dass der Verbraucher bei Kältegefühl eher einen Pullover anzieht als die Heizung weiter aufzudrehen.

Alle drei Handlungsalternativen kann der Wärmeenergie nutzende Mensch in der Regel nicht für sich alleine entscheiden. Stets agiert er unter dem Einfluss struktureller Rahmenbedingungen, wie etwa gesetzlichen Vorgaben oder Siedlungs- und Versorgungsstrukturen, und unter Mitwirkung von Akteuren im Umfeld des Individuums. Diese Akteure sind beispielsweise Energieberater, Handwerker, Architekten oder aber auch Vermieter. Sie alle verfügen über eine Expertise, die den Privatpersonen bei einer umweltfreundlichen Nutzung von Wärmeenergie im Haushalt helfen können bzw. das hierfür benötigte Wissen und die Materialien bereitstellen.

Vor diesem Hintergrund lassen sich drei Dreh- und Angelpunkte identifizieren, die jeweils Optionen zur Steigerung der Nachhaltigkeit im Wärmeenergiesektor aufzeigen:

1. die „Konsumentenebene" (Mikroebene) beschreibt Einstellungen und Verhaltensweisen des einzelnen Individuums in Abhängigkeit struktureller Vorgaben und der Akteure in seinem Umfeld,
2. die „intermediäre Ebene" (Mesoebene) befasst sich mit dem Einflussbereich und Wirkungsspektrum der Akteure im Umfeld des einzelnen Menschen auf dessen Nutzerverhalten,

3. und die „strukturelle Ebene" (Makroebene) befasst sich mit Restriktionen und Möglichkeiten für eine nachhaltige Nutzung der Wärmeenergie unter Beachtung von technologischen, politischen und juristischen Strukturen.

Damit dieser umfassende Blickwinkel auf die nachhaltige Nutzung der Wärmeenergie gelingt, wurde dieses Buch aus interdisziplinärer Sicht verfasst. Beiträge aus der Ökonomie, Jurisprudenz, Ingenieur- und Sozialwissenschaften zeigen auf, welche Anreize auf den drei zuvor benannten Ebenen der Mikro-, Meso- und Makroebene gesetzt bzw. wie Barrieren umgangen werden können, damit die Nachhaltigkeit im Wärmeenergiebereich der Privathaushalte realisiert werden kann. Die interdisziplinären Beiträge fußen hierbei auf Teilergebnissen des Projektes „Energie nachhaltig konsumieren – nachhaltige Energie konsumieren. Wärmeenergie im Spannungsfeld von sozialen Bestimmungsfaktoren, ökonomischen Bedingungen und ökologischem Bewusstsein[1]", welches in den Jahren 2008 bis 2011 vom Bundesministerium für Bildung und Forschung im Rahmen des Themenschwerpunktes „Vom Wissen zum Handeln – Neue Wege zum nachhaltigen Konsum" der Sozialökologischen Forschung gefördert wurde.

Kapitel 2 dieses Buches greift eines dieser Projekt-Teilergebnisse auf, indem es die Frage aufwirft, wie Technologien zur Wärmebereitstellung unter Nutzung von Nachhaltigkeitskriterien bewertet werden können. Dabei widmet sich das Kapitel dem Thema des Ausbaus der erneuerbaren Energien, welches in den vergangenen Jahren schon vielfach diskutiert wurde, und sicherlich vor dem Hintergrund der Energiewende noch einmal eine deutliche Dynamik erfahren wird. Kapitel 2 zeigt einen Lösungsansatz zur Strukturierung von unterschiedlichen Argumenten bezüglich des Für und Wider des Ausbaus der Erneuerbaren auf, indem eine integrierte Nachhaltigkeitsbewertung vorgestellt und diskutiert wird.

Ebenfalls mit der Makroebene, also der Ebene der technologischen Möglichkeiten, strukturellen Bedingungen und politischen Vorgaben, befasst sich Kap. 3. Es wirft den Blick auf eine aktuelle juristische Debatte zur Mietrechtsänderung. Diskussionsgrundlage bildet hierbei ein Entwurf des Bundesjustizministeriums, der am 11. Mai 2011 zur energetischen Modernisierung von vermietetem Wohnraum und zur vereinfachten Durchsetzung von Räumungstiteln vorgelegt wurde. In diesem Kapitel wird kritisch hinterfragt, inwieweit ein nachhaltiger Wärmekonsum durch die vorgeschlagenen juristische Regelungen gefördert oder gehemmt wird.

Mit Kap. 4 verlassen wir die Makroebene und widmen uns den Akteuren im Umfeld der Privathaushalte. Mittels einer ökonomisch-psychologischen Betrachtungsweise wird aufgezeigt, dass gegenwärtig wirtschaftlich erschließbare Einsparpotenziale der energetischen Sanierungen in privaten Hauhalten nicht ausgeschöpft werden. Am Beispiel des Einflusses einer Energieberatung auf die Entscheidung des Eigenheimbesitzers werden Anreize und Hemmnisse zur Steigerung der Nachhaltigkeit durch Sanierungsprozesse diskutiert und wesentliche Einflussfaktoren der Entscheidungsfindung offengelegt.

---

[1] Projekthomepage: http://www.nachhaltigerkonsum.com

Kapitel 5 spannt den Bogen von der Makro-, über die Meso- hin zur Mikroebene. Die Frage, warum der Einzug der Nachhaltigkeit in die Privathaushalte so schwierig ist, wird anhand von unterschiedlichen Fallbeispielen aus dem Alltag aufgezeigt. Unterfüttert werden die Fallbeispiele mit Ergebnissen aus Umfragen unseres Projektes, welche veranschaulichen, dass Alltagsroutinen eine herausragende Rolle im Umgang mit Wärmeenergie spielen und diese sich nur mit viel Engagement ändern lassen.

Während sich Kap. 5 primär mit den Einstellungen und Verhaltensweisen der Menschen im Alltag befasst, lenkt Kap. 6 die Aufmerksamkeit auf das Investitionsverhalten. Anhand der Fallbeispiele „Wärmedämmung" und Austausch von „alten, ineffektiv laufenden Heizungsanlagen" werden unter Bezugnahme auf ein ökonomisches Experiment Investitionstätigkeiten betrachtet. Gegenstand der Analyse ist z. B. die Frage, ob zusätzliche ökonomische oder ökologische Informationen stärkere Auswirkungen auf die Bereitschaft zu Investitionen in effiziente Wärmeenergietechnologien oder energetische Sanierungsmaßnahmen haben oder nicht.

Kapitel 7 verharrt wie Kap. 5 und 6 auf der Mikroebene, wählt jedoch mittels eines Genderansatzes einen anderen Zugang zu dieser Ebene. Anhand von Umfrageergebnissen aus unserem Projekt und den Ergebnissen moderierter Diskussionsgruppen mit Mieterinnen und Mietern, wird veranschaulicht, dass nachhaltiges Agieren im Haushalt für Frauen zusätzlichen Stress auslösen kann. Sowohl die Informationsbeschaffung und die Erziehung der Kinder zum nachhaltigen Wärmekonsum als auch die Selbstinszenierung als umweltbewusste Konsumentin, das höhere weibliche Wärmebedürfnis und das alltägliche Aushandeln der richtigen Raumtemperatur mit anderen Haushaltsmitgliedern sind Anzeichen dafür, dass Frauen im Gegensatz zu Männern einem größeren Ökostress ausgesetzt sind.

Kapitel 8 greift ein wesentliches Element der Nachhaltigkeitssteigerung im Privathaushalt auf: die Frage der Wissensvermittlung. Anhand der Analyse von Informationsbroschüren und innovativen Beteiligungsverfahren, die von der Wohnungswirtschaft für Privathaushalte eingesetzt werden, wird diskutiert, ob diese Formen der Wissensvermittlung dazu beitragen, die Kompetenzen des Verbrauchers zu steigern und somit auch dessen Verbrauchermacht zu stärken.

Kapitel 9 versucht den schwierigen Spagat zwischen der Mikroebene, also der Verbraucherebene und der Makroebene – in diesem Fall der Technikebene – zu bewältigen. Hierbei wird die Problematik aufgegriffen, dass technischer Fortschritt mitunter durch Verbraucherverhalten kompensiert wird. So ist zum Beispiel festzustellen, dass Heizwärmebedarfswerte, die mit standardisierten Verfahren berechnet werden, häufig von real gemessenen Werten abweichen, denn der Nutzer hat durch sein Verhalten einen maßgeblichen Einfluss auf die Höhe des Wärmeenergieverbrauchs. Anhand von Messergebnissen aus drei unterschiedlichen Siedlungen wird exemplarisch das Zusammenspiel von Technik und Konsumverhalten veranschaulicht.

Kapitel 10 schließt die inhaltliche Diskussion der Wärmeenergienutzung in Privathaushalten ab, indem es einen umfassenden Blick auf die Mikro-, Meso- und Makroebene wirft und sich die Frage stellt, wie die zukünftigen Möglichkeiten des nachhaltigen Umgangs mit Wärmeenergie aussehen. Hierfür wird nochmals explizit die These aufgegriffen, die diesem

Buch zugrunde liegt: nämlich, dass sich die Nachhaltigkeit der Wärmeversorgung im Spannungsfeld von individuellen Einstellungen und Verhalten, institutionellen Einbindungen, gesellschaftlichen Rahmenbedingungen und technischen Möglichkeiten entscheidet. Der Beitrag betrachtet hierbei die wichtigsten Einflussfaktoren im Umgang mit Wärmeenergie und versucht, die Wechselwirkungen zu erfassen, qualitativ zu beschreiben und durch die systematische Konstruktion widerspruchsfreier Szenarien den Raum für mögliche zukünftige Entwicklungen auszuloten.

Mit Kap. 11 schließen wir unsere interdisziplinäre Diskussion der Wärmeenergienutzung in Privathaushalten ab. Das Kapitel fasst hierzu nochmals die wichtigsten Thesen und Ergebnisse des Buches gesondert für die jeweils benannten Ebenen Mikro, Makro und Meso zusammen. In unserer Schlussbetrachtung folgen wir einem Dreischritt, indem wir uns explizit der gegenwärtigen Nutzung von Wärmeenergie zuwenden und uns dann die für die Zukunft entscheidenden Fragen stellen: Wie soll eine nachhaltige Nutzung der Wärmeenergie aussehen und wie gelangen wir zu dieser gewünschten Nutzungsform? Kapitel 11 bietet hierfür konkrete Lösungswege und Handlungsempfehlungen an, die einer praktischen Umsetzung unserer Gedankenspiele gerecht werden sollen und die sich sowohl an den einzelnen Konsumenten als auch an die Akteure im Umfeld des Individuums richten.

Abschließend sei an dieser Stelle noch festgehalten, dass die umfassende Betrachtung der Wärmeenergienutzung aus interdisziplinärer Sicht sowie die Einbindung von Hemmnissen und Anreizen zur nachhaltigen Nutzung der Wärmeenergie in Privathaushalten auf der Mikro-, Makro- und Mesoebene es uns ermöglichen, die allgemeine Brundtland-Definition der Nachhaltigkeit zu konkretisieren und somit greifbarer zu machen. Denn Nachhaltigkeit in der Wärmeenergienutzung bedeutet für uns

1. die Einbindung von Bestimmungsfaktoren für das Investitions- und Gebrauchsverhalten der Individuen in Entscheidungs- und Bedürfnisbefriedigungssituationen,
2. die kollektiven bzw. institutionellen, rechtlichen oder auch technisch-wirtschaftlichen Gegebenheiten, in denen Entscheidungen und Bedürfnisbefriedigung erfolgen,

zu beachten.

Wir hoffen, mit unserem Buch der Komplexität der Wärmeenergienutzung in Privathaushalten gerecht zu werden und eine anschauliche und verständliche Lektüre für alle Interessierten der Wärmeenergie geschaffen zu haben. Insbesondere ist es uns ein großes Anliegen, nicht nur bei der Theorie stehen zu bleiben, sondern durch Handlungsempfehlungen und Praxisbeispiele die Menschen zum nachhaltigen Handeln zu bewegen.

Literaturverzeichnis

Brundtland Kommission: In: Our Common Future: The World Commission on Environment and Development. Oxford, Oxford University Press, 1987

Hauff, Volker: Unsere gemeinsame Zukunft. Der Bericht der Weltkommission für Umwelt und Entwicklung (Brundtland-Bericht). Greven: Eggenkamp, 1987

Zwick, Yvonne: Nachhaltigkeit – ein Begriff und seine Folgen. Vortrag bei der Jahreskonferenz des Fachverbands Electronic Components and Systems des ZVEI in Wiesbaden am 27.05.2009

Nachhaltigkeitsbewertung von Technologien zur Wärmebereitstellung in Wohngebäuden

Daniel Zech, Till Jenssen und Ludger Eltrop

2.1 Zusammenfassung

Der für einige Bereiche dynamische Ausbau des Einsatzes erneuerbarer Energien wird von kontroversen Diskussionen über die Rolle von erneuerbaren Energien und die Folgen des verstärkten Ausbaus begleitet. In der Diskussion sind beispielsweise Umfang und Auswirkungen von Feinstaubemissionen, die bei der Verbrennung von Biomasse freigesetzt werden (vgl. Nussbaumer 2007). In den Schlagzeilen ist immer wieder auch die Geothermie, seit es aufgrund der Bohrungen zu seismischen Aktivitäten oder, wie in Staufen geschehen, zu Hebungen des Untergrunds gekommen ist (vgl. Süddeutsche.de 2007, Spiegel Online 2008). Die höheren Kosten von Versorgungsoptionen mit erneuerbaren Energien sind ebenfalls ein Argument, das in der Debatte angeführt wird. Immer wieder kommt es daher zu Anwohnerprotesten, beispielsweise gegen den Bau von Biomasseheizkraftwerken, die Ansiedlung von Geothermiekraftwerken oder auch Biogasanlagen (vgl. LKZ 2007, Spiegel Online 2010).

Die mit sehr unterschiedlichen Argumenten geführte Diskussion über den Ausbau des Einsatzes erneuerbarer Energien lässt die Problematik einer Technologiebewertung bereits erkennen. Die zentrale Frage ist, welche Bewertungskriterien herangezogen werden und wie diese sehr unterschiedlichen Inhalte zusammengebracht werden. Vor diesem Hintergrund werden im Folgenden die Ergebnisse einer integrierten Nachhaltigkeitsbewertung vorgestellt.

2.2 Hintergrund

Es existiert eine Vielzahl von Ansätzen, die sich mit sehr unterschiedlichem Fokus dem Nachhaltigkeitsbegriff annähern (für einen Überblick über verschiedene Bewertungsansätze vgl. Oezdemir et al. 2011). Auch für den Energiebereich wurden Versuche unternom-

D. Gallego Carrera et al. (Hrsg.), *Nachhaltige Nutzung von Wärmeenergie*,
DOI 10.1007/978-3-8348-8650-7_2,
© Vieweg+Teubner Verlag | Springer Fachmedien Wiesbaden 2012

men, das Leitbild einer nachhaltigen Entwicklung zu konkretisieren und operationalisieren sowie Bewertungskriterien für Energiesysteme zu entwickeln (vgl. Kopfmüller et al. 2000, Bernardes et al. 2002, Petrovic & Wagner 2005, Jäger & Karger 2006). Die Gemeinsamkeit aller Ansätze besteht darin, dass auf Indikatoren, das heißt auf beobachtbare und messbare Sachverhalte, zurückgegriffen wird, mit denen die Nachhaltigkeit beziehungsweise die Nachhaltigkeit einer Entwicklung gemessen wird.

Vielfach werden Indikatorensets entwickelt, genutzt und deren Werte auf einem disaggregierten Niveau belassen (vgl. Diefenbacher et al. 2003; Bernardes et al. 2002; IAEA 2002). Dies führt in einem gewissen Maße zu unbefriedigenden Ergebnissen, denn dem Leser wird keine Unterstützung angeboten, wie „Äpfel und Birnen" miteinander zu vergleichen sind bzw. wie mit Zielkonflikten zwischen verschiedenen Indikatoren umgegangen werden kann. Diese Ansätze geben dem Leser keine Unterstützung zur Interpretation der Indikatorergebnisse vor, verfügen somit über eine geringe Aussagekraft und verbleiben oft unhandlich.

Als Antwort auf die Schwächen disaggregierter Indikatorenkonzepte wurden verschiedene „integrative" Ansätze entwickelt, um Politik, Unternehmen und Konsumenten in ihren Entscheidungen zu unterstützen. Integrative Ansätze zielen darauf ab, komplexe Sachverhalte (inklusive Zielkonflikte) zu vereinfachen und dadurch eine bessere Beurteilung der Ergebnisse zu ermöglichen. Sie können hinsichtlich zweier grundlegender methodischer Prinzipien unterschieden werden:

- Die Definition von Grenzwerten, die nicht unter- oder überschritten werden dürfen.
- Die Projektion verschiedener Indikatorwerte auf eine einzelne Dimension.

Das erste Prinzip zielt darauf ab, natürlich gegebene (carrying capacity) oder normativ definierte Grenzen zu bestimmen, die nicht unter- bzw. überschritten werden sollen. Bekannte Anwendungen sind die Setzung von „Leitplanken" (vgl. WBGU 2004) oder „Mindestanforderungen" (vgl. Jörissen 1999). Beide Ansätze sind eher dafür geeignet, die Nachhaltigkeit der Entwicklung ganzer Gesellschaften anstatt die relative Nachhaltigkeit einzelner Technologien vorzunehmen. Außerdem ist es mit ihnen zwar möglich, nachhaltige und nicht- nachhaltige Konstellationen zu erörtern, nicht aber eine Reihenfolge von der besten zur schlechtesten Lösung zu erstellen.

Ein alternatives methodisches Vorgehen der Aggregation besteht in der Projektion verschiedenster Indikatoren auf eine Zieldimension. Die wesentliche Herausforderung dieser Verfahren ist es, alle relevanten Indikatoren zu erfassen und transparente Aggregationsmechanismen zu entwickeln. Ein in der Energiewirtschaft oft verwandtes Verfahren ist die Monetarisierung. Dabei werden ökonomische, ökologische und soziale Aspekte in Geldwerten ausgedrückt (soziale Kosten, vgl. z. B. Gasparatos et al. 2007, Ricci 2009). Darüber hinaus lassen sich in der Nachhaltigkeitsliteratur auch weitere Zieldimensionen finden, auf die projiziert wird. Dazu gehören Fläche (ökologischer Fußabdruck) (vgl. z. B. Wackernagel & Rees 1999), Exergie (Exergetische Analyse, vgl. z. B. Cornelissen 1997) und Ordinals-

Tab. 2.1 Vergleich verschiedener Ansätzen zur Nachhaltigkeitsbewertung

	Projektion auf eine Dimension	Technologie-bezogene Bewertung	Berücksichtigung ökologischer, ökono-mischer und sozialer Aspekte	Im Folgenden berücksichtigt
Disaggregierte Indikatorensets	Nein	Ja	Ja	Nein
Leitplanken	Nein	Nein	Ja	Nein
Mindestanforde-rungen	Nein	Nein	Ja	Nein
Soziale Kosten	Ja	Ja	Ja	Ja
MCDA	Ja	Ja	Ja	Ja
Ökologischer Fußabdruck	Ja	Ja	Nein	Nein
Exergetische Analyse	Ja	Ja	Nein	Nein

kalen (Multikriterielle Entscheidungsanalyse[1], MCDA, vgl. z. B. Jenssen 2010, Ricci 2009, Roth et al. 2009, Zech et al. 2010a, Zech et al. 2010b). Von den drei letztgenannten Ansätzen berücksichtigt allerdings nur die multikriterielle Entscheidungsanalyse alle drei Nachhaltigkeitsdimensionen.

Eine Übersicht der genannten Ansätze zur Beurteilung der Nachhaltigkeit ist in Tab. 2.1 aufgeführt. Im Folgenden werden nur diejenigen Ansätze weiterverfolgt und angewendet, die drei Kriterien erfüllen: sie sollen über einen integrierten, ganzheitlichen Charakter verfügen, sie sollen zur Bewertung einzelner Technologien geeignet sein und entsprechend des Projektansatzes sowohl soziale, ökologische und ökonomische Belange berücksichtigen. Im Rahmen der Technologiebewertung werden daher die multikriterielle Entscheidungsanalyse und die Methode der sozialen Kosten angewandt.

2.3   Untersuchungsgegenstand

In vorangegangenen Arbeiten wurde bereits eine ausführliche Analyse für 10 unterschiedliche Wärmetechnologien durchgeführt (vgl. Zech et al. 2010c). Auf Grundlage dieser Arbeiten werden die Technologien in diesem Kapitel hinsichtlich ihrer Nachhaltigkeit integriert bewertet. Hierfür werden in diesem Abschnitt die Versorgungsaufgabe sowie die Auswahl der Wärmeversorgungsoptionen näher erörtert.

---

[1] Multi Criteria Decision Analysis

2.3.1 Definition der Versorgungsaufgabe

Die Versorgungsaufgabe beschreibt eine für alle Technologien einheitliche Versorgungssituation, deren Heizwärmebedarf durch die verschiedenen Systeme gedeckt werden muss. Entsprechend dieses Bedarfes werden die Systeme ausgelegt und dimensioniert. Als Versorgungsaufgabe wird ein sanierter Altbau mit 150 m^2 Wohnfläche und einem spezifischen Heizwärmebedarf von 70 kWh/m^2*a betrachtet. Zusätzlich muss auch der Bedarf für die Warmwasserbereitung von 12,5 kWh/m^2*a in die Berechnungen einkalkuliert werden, so dass sich ein Jahreswärmebedarf von 12,4 MWh ergibt. Die im Folgenden gezeigten Bewertungsergebnisse sind auf andere Versorgungssituationen nicht eins zu eins übertragbar.

2.3.2 Auswahl der Wärmeversorgungsoptionen

Die Wärmebereitstellung aus erneuerbaren Energien hat in den vergangenen Jahren beträchtliche Zuwächse erfahren. Seit 1999 ist der Beitrag erneuerbarer Energien am Endenergieverbrauch für Wärme von 3,6 % auf 8,8 % für 2009 angestiegen. Ein erklärtes Ziel der Bundesregierung ist es, diesen Anteil bis 2020 weiter zu erhöhen (vgl. BMWI/BMU 2010). Gründe für diesen Ausbau sind vielfältig, der Beitrag zum Klimaschutz und zur Erfüllung der Klimaschutzziele im Rahmen des Kyoto-Protokolls, die Diversifizierung der eingesetzten Rohstoffe zur Energiegewinnung sowie der Beitrag zur regionalen Wertschöpfung sind sicherlich nur einige Punkte, die hierbei eine Rolle spielen. Den größten Anteil an der aus erneuerbaren Energien bereitgestellten Wärme haben mit 6,6 % am Endenergieverbrauch die biogenen Brennstoffe (vgl. BMU 2010). Technologien, die Wärme aus fester und flüssiger Biomasse bereitstellen, sind daher innerhalb der Auswahl die wichtigste Gruppe. Neben einem Holzpelletkessel und der Kombination von Holzpelletkessel und solarthermischer Anlage wurde auch ein Pflanzenöl- BHKW sowie ein Hackschnitzel-Heizwerk ausgewählt. Solar- und geothermische Systeme spielen bislang zwar eine eher untergeordnete Rolle (jeweils ca. 0,4 % des Endenergieverbrauchs), gehören aber sicherlich zu den zukunftsträchtigen Technologien und werden daher im Rahmen der Technologiebewertung betrachtet (vgl. BMU 2010). Zur Auswahl gehören daher auch Wärmepumpenanlagen mit Erdwärmesonden bzw. -kollektoren sowie die Kombination von solarthermischer Wärmeerzeugung und Erdgas-Brennwertkessel bzw. Erdgas-Heizwerk für ein solarthermisch unterstütztes Nahwärmenetz.

Nachdem Erdgas und Heizöl nach wie vor die wichtigsten Energieträger zur Beheizung von Wohngebäuden darstellen (vgl. BMWI 2010), werden sie als fossile Referenzsysteme ausgewählt. Der Erdgas-Brennwertkessel ist heute aufgrund seiner Verbreitung (insbesondere im Neubau) sicherlich das Standardsystem und wird daher als Referenz herangezogen. Als Heizölvariante für die Fern- und Nahwärmeversorgung wird ein Heizöl-Heizwerk ausgewählt.

In Tab. 2.2 ist eine Übersicht über die untersuchten Versorgungstechnologien inklusive einer Kurzbeschreibung und Angabe der wesentlichen technischen Parameter aufgeführt.

Tab. 2.2 Übersicht über berücksichtigte Wärmeversorgungsoptionen

Technologie	Beschreibung	Technische Spezifikation	Quellen
Pelletkessel	Gebäudezentralheizung als alleinige Heizquelle	Leistungsbereich 8–15 kW, Wirkungsgrad bis 92 %	FNR 2005, FNR 2007, Holzabsatzfonds 2001, Kaltschmitt et al. 2001
Pflanzenöl – BHKW	Gekoppelte Strom- und Wärmeversorgung, Verteilung der Wärme über ein Mikronetz	Leistungsbereich 15–30 kW, Wirkungsgrad: η_{el} = 38 %; η_{th} = 46 %. Für die Spitzenlastabdeckung wird ein zusätzliches Backup-System (Erdgaskessel) benötigt.	ASUE 2005, BSLU 2002, Prankl 2005, TFZ 2007, Thuneke 2005
Hackschnitzel-Heizwerk	Nahwärmenetz mit Hackschnitzel-Heizwerk zur Wärmeversorgung bspw. einer Siedlung	Anlagenleistung 5 MW, Wirkungsgrad bis 90 %. Für die Spitzenlastabdeckung wird ein zusätzliches Backup-System (Erdgaskessel) benötigt.	vgl. ZES 2008
Holzpelletkessel und Solarkollektor	Holzpelletkessel (s. o.) wird als Gebäudezentralheizung mit einer solarthermischen Anlage (Flachkollektoren) zur kombinierten Brauch- und Heizwasserunterstützung gekoppelt	Solarer Deckungsanteil 25 %, der Wärme-Restbedarf wird über einen Holzpelletkessel bereitgestellt	
Erdgas-Brennwertkessel und Solarkollektor	Erdgas-Brennwertkessel (s. u.) wird als Gebäudezentralheizung mit einer solarthermischen Anlage (Flachkollektoren) zur kombinierten Brauch- und Heizwasserunterstützung gekoppelt.	Solarer Deckungsanteil 25 %, der Wärme-Restbedarf wird über Erdgas-Brennwertkessel bereitgestellt	vgl. Kaltschmitt 2006, Staiß 2003, WM BaWü 2006
Solarthermisch unterstütztes Nahwärmenetz	Solarthermische Anlage, die für die Versorgung von bis zu 100 Wohneinheiten mit einem Langzeit-Wärmespeicher ausgestattet wird	Solarer Deckungsanteil 50 %, der Wärme-Restbedarf wird von einem Erdgas-Brennwertkessel bereitgestellt.	vgl. Heidemann 2005, Mangold 2007

Tab. 2.2 (Fortsetzung)

Technologie	Beschreibung	Technische Spezifikation	Quellen
Erdwärmesonden	Wärmepumpensystem mit Erdwärmesonden (oberflächennahen Geothermie, bis 400 m) als Gebäudezentralheizung	Die rechnerisch zu Grunde gelegte Jahresarbeitszahl ist 3,7	vgl. fesa 2005, Kaltschmitt 2006, UM BaWü 2005
Erdwärmekollektoren	Wärmepumpensystem mit Wärmetauscherrohren (Grabentiefe 0,8–1,6 m) als Gebäudezentralheizung	Die rechnerisch zu Grunde gelegte Jahresarbeitszahl ist 2,7	vgl. fesa 2005, Kaltschmitt 2006, UM BaWü 2005
Erdgas-Brennwertkessel	Gebäudezentralheizung als alleinige Heizquelle	Leistungsbereich 8–15 kW, Wirkungsgrad aufgrund der Nutzung der Kondensationswärme über 100 %.	vgl. IER 2008
Heizöl-Heizwerk	Nahwärmenetz mit Heizöl-Heizwerk zur Wärmeversorgung bspw. einer Siedlung	Anlagenleistung 5,7 MW, Wirkungsgrad über 92 %.	vgl. WM BaWü 2004, Blesl 2008, HMUELV 2006

2.4 Multikriterielle Entscheidungsanalyse

Wie eingangs beschrieben, muss ein geeignetes Bewertungsverfahren sehr unterschiedliche Nachhaltigkeitskriterien verarbeiten können. Mit der multikriteriellen Entscheidungsanalyse existiert ein entsprechender Ansatz, mit dem komplexe Sachverhalte analysiert und bewertet werden können. Eine Zielsetzung dieses Verfahrens ist es, Akteuren eine Entscheidungsgrundlage zu liefern (vgl. Bohunovsky et al. 2007).

Die Technologiebewertung erfolgt auf Grundlage von Nachhaltigkeitskriterien, die innerhalb der interdisziplinären Projektgruppe gemeinsam identifiziert, erarbeitet und in einem zweiten Schritt mit Hilfe von Indikatoren operationalisiert wurden. Sie stützt sich auf insgesamt 17 Indikatoren, die ökologische, ökonomische und soziale Aspekte berücksichtigen (vgl. Tab. 2.3). Die Auswahl der Indikatoren zeigt die Vielfältigkeit der zu berücksichtigenden Bewertungskriterien. Dies trifft insbesondere für die ökologische und soziale Dimension zu.

Der Schwerpunkt der ökologischen Indikatoren liegt auf der Analyse von Emissionen, die durch den Technologieeinsatz verursacht werden, aber auch die eingesetzten Materialien und deren Recycelfähigkeit sowie die Reichweite des Energieträgers fließen mit ein.

Tab. 2.3 Übersicht über die Nachhaltigkeitsindikatoren

Ökologische Dimension		Ökonomische Dimension		Soziale Dimension	
lfd. Nr.	Indikator	lfd. Nr.	Indikator	lfd. Nr.	Indikator
1	Treibhaus-potenzial (CO_2-Äquivalente)	8	kapitalgebundene Kosten	12	Anteil der Wärm-energiekosten am Haushaltseinkommen
2	Versauerungs-potenzial (SO_2-Äquivalente)	9	laufende Kosten	13	Konfliktpotenzial
3	Ozonbildungs-potenzial (TOPP-Äquivalente)	10	Versorgungs-sicherheit (allgemein)	14	Nutzungskonkurrenz
4	Feinstaub (direkt)	11	Entwicklung und Volatilität der Brenn-stoffpreise	15	lokale Belastung der Anwohner in direkter Umgebung einer Wärme-technologie
5	kumulierter Stoff-aufwand			16	Unfall-/ Gesundheitsrisiken
6	Recyclingfähigkeit der Anlage			17	gesellschaftlicher Nutzen
7	Reichweite des Energieträgers				

Bei der Erhebung wird die gesamte Prozesskette berücksichtigt, also auch die Emissionen, die beispielsweise beim Transport eines Brennstoffes entstehen, Düngemittel, die bei der Produktion von nachwachsenden Energiepflanzen eingesetzt werden oder auch Materialen und Aufwendungen für den Bau und Rückbau einer Anlage (vgl. König 2009; Kaltschmitt & Hartmann 2001; Reinhardt & Stelzer 1997).

Die ökonomischen Indikatoren umfassen zunächst die für eine Wirtschaftlichkeitsberechnung notwendigen Kostengruppen (vgl. VDI 2000). Daneben werden Indikatoren zur Volatilität und Entwicklung der Brennstoffpreise sowie zur Versorgungssicherheit hinzugezogen (vgl. BGR 2009, BMWI 2010, Verbraucherzentrale NRW 2009).

Mit den sozialen Indikatoren werden weitere Nachhaltigkeitskriterien in die Analyse integriert. Aspekte wie soziale Vulnerabilität, gesellschaftliche Stabilität und gesellschaftlicher Nutzen sind ebenso enthalten wie gesundheitliche Aspekte oder ein Indikator zur Nutzungskonkurrenz der Primärenergieträger (vgl. Ekardt 2010, Gallego Carrera et al. 2009, Renn 2005, Wuppertal Institut 2008).

2.4.1 Methodisches Vorgehen

Nach der Auswahl und Definition der Indikatoren gliedert sich das weitere Vorgehen der multikriteriellen Analyse in drei Arbeitsschritte (vgl. Abb. 2.1) (vgl. Bauer et al. 2009, Kowalski et al. 2009; Weiss 2005).

1. **Analyse:** Im ersten Schritt werden die Werte für die Indikatoren erhoben, wobei nach Möglichkeit auf kardinal skalierbare Daten zurückgegriffen wurde. Für einige Indikatoren (Indikator 6, 13, 15, 16, 17) war dies aufgrund nicht vorhandener oder mit zu hoher Unsicherheit behafteter Daten nicht möglich, in diesen Fällen wurde eine qualitative Einschätzung auf einer Ordinalskala (von 1 bis 10) mittels Expertenbefragung und Literaturauswertung vorgenommen.
2. **Normalisierung:** Das Ziel dieses Arbeitsschrittes ist es, die Indikatoren, die in sehr unterschiedlichen Einheiten vorliegen, auf eine einheitliche Skala zu normalisieren (vgl. Albers 2007). Dies ist Voraussetzung für den nächsten Schritt, in dem die Indikatoren zu einem Wert aggregiert werden. Als Skala wurde der Bereich von 1 (Optimum) bis −1 (Pessimum) gewählt. Für jeden Indikator wurden entsprechende Optima und Pessima definiert. Die Werte sowie die Datenbasis, auf die bei der Definition der Grenzwerte zurückgegriffen wurde, sind Tab. 2.4 zu entnehmen. Neben diesen Grenzwerten ist es für einige Indikatoren sinnvoll, Anforderungswerte zu definieren. So wurde beispielsweise für Emissions- Indikatoren aus den Luftschadstoff- bzw. Treibhausgasreduktionszielen der Bundesregierung (vgl. Bundesregierung 2008) ein Wert abgeleitet, für dessen Erreichen dieses Nachhaltigkeitskriterium als erfüllt gilt. Auf der normalisierten Skala entspricht diese Anforderung dem Wert null[2].
3. **Aggregation:** Nach der Normalisierung liegen alle Indikatorwerte als Ziffern zwischen 1 und −1 vor und können nun zu einer „Nachhaltigkeitsziffer" aggregiert werden. Mit dieser Ziffer können die Technologien hinsichtlich ihrer Nachhaltigkeit untereinander bewertet und in eine Rangfolge gebracht werden.

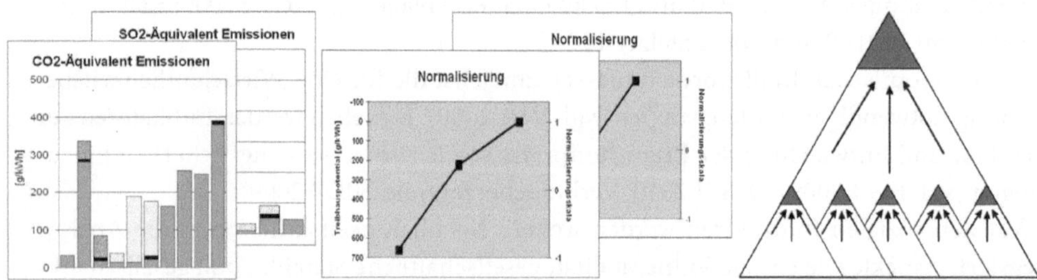

Abb. 2.1 Prinzipskizze des methodischen Vorgehens bei der MCDA-Analyse, Normalisierung und Aggregation der Nachhaltigkeitsindikatoren

---

[2] Durch die Festlegung von zwei Grenzwerten und einem Anforderungswert wird der lineare Zusammenhang zwischen Optimum und Pessimum aufgehoben, wodurch ein abgestuftes Bild entsteht.

2.4.2   „Nachhaltigkeitsziffer" für Wärmeversorgungstechnologien

Entsprechend der zuvor beschriebenen Erhebung, Normalisierung sowie Aggregation der Indikatoren ergibt sich die in Abb. 2.2 gezeigte Nachhaltigkeitsbewertung für die Versorgungstechnologien. Dargestellt sind die Ergebnisse bei einer Gleichgewichtung der Nachhaltigkeitsindikatoren innerhalb der drei Nachhaltigkeitsdimensionen (ökologisch, ökonomisch und sozial) und zwischen den Dimensionen.

Auf einer Skala von −1 bis 1 werden Nachhaltigkeitsziffern zwischen −0,14 und 0,37 erreicht. Somit erfüllen alle Anlagen mit Ausnahme des Heizöl-Heizwerks die Nachhaltigkeitsanforderungen, auch wenn keine Anlage in die Nähe des (theoretischen) Optimums 1 kommt.

Verhältnismäßig gut schneiden die Biomassesysteme ab. Hier ist in erster Linie der Pelletkessel (0,35), vor allem in Kombination mit einer solarthermischen Anlage (0,37) zu nennen. Aber auch das Pflanzenöl-BHKW (0,18) und das Hackschnitzelheizwerk (0,27) erfüllen die Anforderungen deutlich. Ähnlich gute Ergebnisse erzielen die solar- sowie geothermischen Anlagen mit Werten zwischen 0,24 (Erdwärmesonden) und 0,29 (Erdwärmekollektoren). Der Erdgas- Brennwertkessel erfüllt mit einem Wert von 0,03 die Nachhaltigkeitsanforderungen, wohingegen das Heizöl-Heizwerk deutlich unterhalb der Anforderungsschwelle liegt (−0,14).

Betrachtet man die Ergebnisse der Technologien für die einzelnen Nachhaltigkeitsdimensionen, ergibt sich ein differenzierteres Bild (vgl. Abb. 2.3). Auffällig ist beispielsweise, dass mit Ausnahme des Erdgas-Brennwertkessels die individuellen Lösungen zur Gebäu-

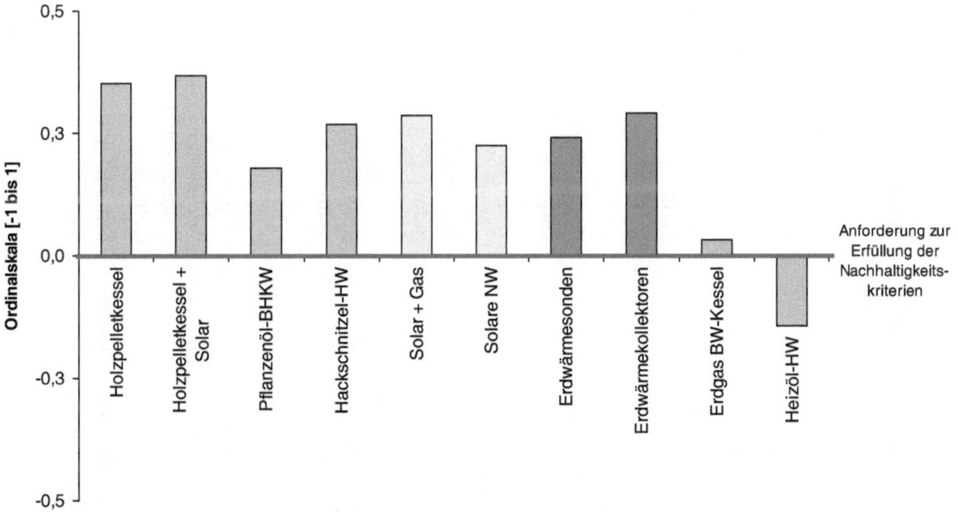

Abb. 2.2 Integrierte Bewertung der Nachhaltigkeit von Versorgungstechnologien für ein Wohngebäude auf einer Ordinalskala von −1 bis 1

Tab. 2.4 Anforderungs- und Grenzwerte für die Indikatoren

lfd. Nr.	Indikator	Optimum	Bemerkung	Anforderung	Bemerkung	Pessimum	Bemerkung
1	Treibhauspotenzial (CO_2-Äquivalente)	0	theoret. Optimum	219,49 g/kWh	Abgeleitet aus Reduktionszielen der Bundesregierung (vgl. Bundesregierung 2008)	657,54 g/kWh	schlechteste verfügbare Technologie (Kohleofen, vgl. Öko-Institut)
2	Versauerungspotenzial (SO_2-Äquivalente)	0	theoret. Optimum	0,24 g/kWh	Abgeleitet aus Reduktionszielen der Bundesregierung (vgl. Bundesregierung 2008)	3,42 g/kWh	schlechteste verfügbare Technologie (Kohleofen, vgl. Öko-Institut)
3	Ozonbildungspotenzial (TOPP-Äquivalente)	0	theoret. Optimum	0,36 g/kWh	Abgeleitet aus Reduktionszielen der Bundesregierung (vgl. Bundesregierung 2008)	3,48 g/kWh	schlechteste verfügbare Technologie (Kohleofen, vgl. Öko-Institut)
4	Staub	0	theoret. Optimum	0,02 g/kWh	Abgeleitet aus Reduktionszielen der Bundesregierung (vgl. Bundesregierung 2008)	1,2464 g/kWh	schlechteste verfügbare Technologie (Kohleofen, vgl. Öko-Institut)
5	Kumulierter Stoffaufwand	0	theoret. Optimum	223,87 g/kWh	Abgeleitet aus Reduktionszielen der Bundesregierung (vgl. Bundesregierung 2008)	1510,8 g/kWh	schlechteste verfügbare Technologie (Erdwärmekollektoren, vgl. Öko-Institut)
6	Recyclingfähigkeit der Anlage	1	„Expertenbefragung", Ordinalskala 1 (sehr gut)	3	Mittlerer Wert der Ordinalskala	5	„Expertenbefragung", Ordinalskala 5 (sehr schlecht)
7	Reichweite des Energieträgers	unendlich	theoret. Optimum	152 Jahre	fossiler Energieträger mit längster Reichweite (Kohle: 152a, vgl. BMWI 2008)	0	theoret. Wert

Tab. 2.4 (Fortsetzung)

lfd. Nr.	Indikator	Optimum	Bemerkung	Anforderung	Bemerkung	Pessimum	Bemerkung
8	Kapitalgebundene Kosten	0	theoret. Optimum	1132,5 EUR/a	Mittlerer Wert zwischen Optimum und Pessimum	2265 EUR/a	Durchschnittswert solare Nahwärme, Pilotprojekte (Mangold et al. 2007)
9	Laufende Kosten	0	theoret. Optimum	572,7 EUR/a	Mittlerer Wert zwischen Optimum und Pessimum	1145,4 EUR/a	schlechteste verfügbare Technologie (Holzpelletkessel, eigene Berechnungen)
10	Versorgungssicherheit (allgemein)	0 %	theoret. Optimum	50 %	Mittlerer Wert zwischen Optimum und Pessimum	100 %	theoret. Wert
11	Entwicklung und Volatilität der Brennstoffpreise	0 %	theoret. Optimum	bis 128,79	Mittlerer Wert zwischen Optimum und Pessimum	bis 257,58 %	BMWI 2008, Verbraucherzentrale NRW, Carmen e.V.
12	Anteil der Wärmenergiekosten am Haushaltseinkommen	0 %	theoret. Optimum	10,9	Anteil Wärmeenergiekosten Referenzsystem (Erdgas- BW Kessel) an Haushaltseinkommen	21,8	gesetzt, um linearen Zusammenhang zwischen Optimum und Pessimum herzustellen
13	Konfliktpotenzial	1	„Expertenbefragung", Ordinalskala 1 (sehr gut)	5	Mittlerer Wert der Ordinalskala	10	„Expertenbefragung", Ordinalskala 10 (sehr schlecht)
14	Nutzungskonkurrenz	1	„Expertenbefragung", Ordinalskala 1 (sehr gut)	5	Mittlerer Wert der Ordinalskala	10	„Expertenbefragung", Ordinalskala 10 (sehr schlecht)

Tab. 2.4 (Fortsetzung)

lfd. Nr.	Indikator	Optimum	Bemerkung	Anforderung	Bemerkung	Pessimum	Bemerkung
15	Lokale Belastung der Anwohner in direkter Umgebung einer Wärmetechnologie	1	„Expertenbefragung", Ordinalskala 1 (sehr gut)	5	Mittlerer Wert der Ordinalskala	10	„Expertenbefragung", Ordinalskala 10 (sehr schlecht)
16	Unfall-/Gesundheitsrisiken	1	„Expertenbefragung", Ordinalskala 1 (sehr gut)	5	Mittlerer Wert der Ordinalskala	10	„Expertenbefragung", Ordinalskala 10 (sehr schlecht)
17	Gesellschaftlicher Nutzen	1	„Expertenbefragung", Ordinalskala 1 (sehr gut)	5	Mittlerer Wert der Ordinalskala	10	„Expertenbefragung", Ordinalskala 10 (sehr schlecht)

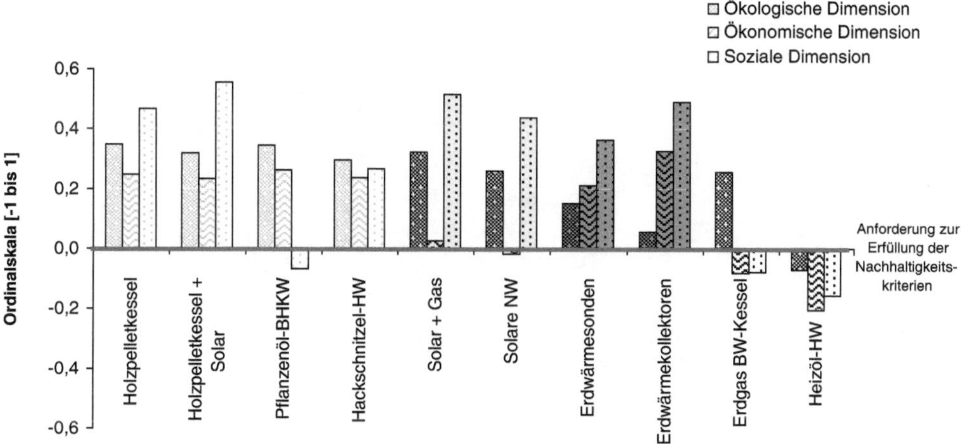

Abb. 2.3 Integrierte Bewertung der Nachhaltigkeit von Versorgungstechnologien auf einer Ordinalskala von −1 bis 1 – Ergebnisse in den einzelnen Nachhaltigkeitsdimensionen

debeheizung bei den sozialen Indikatoren sehr gut abschneiden. In der ökologischen Dimension schneidet der Erdgas-Brennwertkessel, auch mit solarthermischer Unterstützung, aber vor allem die Biomassesysteme gut ab. Für die Indikatoren der ökonomischen Dimension erzielen die Erdwärmekollektoren sowie wiederum die Biomassesysteme gute Werte. Überraschend fällt das Ergebnis für die beiden Referenzsysteme aus, beide können die ökonomischen Anforderungen aufgrund der ungünstigen Werte für die Indikatoren „Versorgungssicherheit" und „Entwicklung/Volatilität der Brennstoffpreise" nicht erfüllen.

2.5 Soziale Kosten der Wärmeversorgung

Aus Perspektive des Konsumenten sind die Wärmegestehungskosten einer Versorgungstechnologie ein wichtiges Kriterium bei der Kaufentscheidung. Diese privaten Kosten – neben den Investitionskosten beinhalten sie auch Betrieb und Instandhaltung, Brennstoffe und Bereitstellung sowie Rückbau und Entsorgung der Anlage – können für ihn als Bewertungsgrundlage dienen, denn sie ermöglichen den Vergleich verschiedener Optionen.

Für eine umfassende Bewertung greift dieses Verständnis zu kurz. Neben den privaten Kosten müssen auch gesellschaftlich aufgewendete Fördermittel und andere Auswirkungen der Technologienutzung betrachtet werden. Diese externen Effekte, die durch die unerwünschte Schädigung der Umwelt und menschlichen Gesundheit durch anthropogene Aktivitäten (hier die Beheizung von Wohngebäuden) verursacht werden, müssen bei einer ganzheitlichen Betrachtung internalisiert, d. h. durch geeignete Instrumente im Preis berücksichtigt werden. Hierfür ist es notwendig, mit Hilfe der Monetarisierung diese Effekte in Geldwerte auszudrücken (vgl. Bernardes et al. 2002, Krewitt et al. 2006, Stern 2007).

Abb. 2.4 Prinzipskizze des methodischen Vorgehens bei der Berechnung sozialer kosten – Analyse, Monetarisierung und Aggregation der Schadenskosten

Das methodische Vorgehen, welches im Rahmen dieser Arbeit verwendet wurde, wird in Abb. 2.4 skizziert. Für die Ermittlung der externen Kosten wurde auf die Ergebnisse des NEEDS Projekts zurückgegriffen, in dem für die dargestellten Kategorien entsprechende Schadenskosten ermittelt wurden (vgl. Preiss et al. 2008a, Preiss et al. 2008b).

2.5.1 Externe Effekte der Technologienutzung

Entsprechend der Fachliteratur (vgl. beispielsweise Bernardes et al. 2002, Krewitt et al. 2006) wurden folgende Schadenskategorien berücksichtigt:

- **Menschliche Gesundheit**: Es werden Schadenswirkungen auf die menschliche Gesundheit zusammengefasst, die durch Luftschadstoffe hervorgerufen werden. Vor allem Stickoxide (NO_x) und Feinstaub (particulate matter 2,5: Partikel <2,5 μm Durchmesser, gesundheitlich relevanter Teil des Feinstaubs) sind in diesem Zusammenhang zu nennen. Bei der Schadenswirkung wird zwischen Sterblichkeit und Krankheitsfällen unterschieden, es werden folgende Kosten berücksichtigt:
  - Kosten im Gesundheitswesen
  - Kosten durch Abwesenheit am Arbeitsplatz
  - Kosten durch den Krankenhausaufenthalt
  - Kosten durch chronische Krankheiten (Bronchitis)
- **Verlust an Biodiversität**: In dieser Kategorie wird die Schadenswirkung auf naturnahe Ökosysteme bzw. deren Biodiversität abgeschätzt. Im Zentrum der Betrachtung steht die Beeinträchtigung durch Schwefeldioxid- (SO_2), NO_x– sowie Ammoniak- (NH_3) Emissionen. Diese Luftschadstoffe beeinflussen die Böden sowohl durch Versauerung (SO_x, NO_x, NH_3), als auch durch Eutrophierung (NO_x, NH_3), was eine Reduzierung der Biodiversität zur Folge hat. Abgeschätzt werden die Kosten der Wiederherstellung des ursprünglichen Zustandes.

- **Wirkung von Luftschadstoffen auf Agrarprodukte**: In dieser Kategorie erfolgt eine Monetarisierung der Effekte aus Stickstoff- (N) Ablagerung und Ozon (O_3). Durch den Einfluss von O_3 wird der Ertrag gemindert, wohingegen eine N Ablagerung das Nährstoffangebot der Kulturpflanzen erhöht und somit die zusätzlich eingesetzte Menge an Düngemitteln durch den Landwirt reduziert wird.
- **Materialschäden durch Luftschadstoffe**: Unter dieser Kategorie werden Schäden durch beispielsweise sauren Regen (SO_2, NO_x) an Gebäuden oder anderen Bauwerken (v. a. historisch wertvolle) berücksichtigt. Die Schädigung von metallischen und anorganischen Materialien durch Luftschadstoffe ist heute deutlich höher als Schäden durch natürliche Verwitterungsprozesse. Es werden die erhöhten Instandsetzungs- und Instandhaltungskosten angesetzt.
- **Schadenswirkung durch Treibhausgasemissionen**: Es werden die Schadenskosten des Klimawandels, d. h. die marginalen, durch eine Klimaänderung verursachten Kosten abgeschätzt. Sie werden als Netto-Gegenwartswert der Kosten angegeben, die durch die Emission einer zusätzlichen Tonne CO_2 zukünftig entstehen.

2.5.2 Ergebnisse der Berechnung sozialer Kosten

Abbildung 2.5 zeigt die sozialen Kosten der Wärmeversorgung für die betrachteten Versorgungsoptionen. Sie schwanken je nach System zwischen 13 und 22 Ct/kWh. Günstig schneiden vor allem die netzgebundenen Varianten ab. Neben dem Pflanzenöl-BHKW und dem Hackschnitzel-Heizwerk zählt hierzu mit etwas Abstand auch das Heizöl-Heizwerk. Auf einem ähnlichen Kostenniveau befindet sich auch der Erdgas-Brennwertkessel, die Kosten der kombinierte Erdgas-/Solarthermie-Variante liegen schon ein Stück darüber. Es folgen die beiden Pelletvarianten sowie die Erdwärmekollektoren. Erdwärmesonden und solare Nahwärme sind mit 21 bzw. knapp 22 Ct/kWh die teuersten Versorgungslösungen.

Bei den Ergebnissen fällt auf, dass die privaten Kosten den deutlich größten Anteil ausmachen. Er schwankt je nach Technologie zwischen knapp 99 % (Erdwärmesonden) und etwa 84 % (Heizöl-Heizwerk). Des Weiteren wird deutlich, dass die Bewertungsrangfolge, die sich aus den privaten Kosten ergibt, auch weitestgehend der Rangfolge aus den sozialen Kosten entspricht. Somit ist zwar ein Effekt durch die Berücksichtigung der externen Kosten festzustellen, der durchaus relevant ist. Die externen Kosten belaufen sich beispielsweise für das Heizöl- Heizwerk auf 2,3 Cent/kWh. Deutlich geringer fallen sie mit 0,1 Cent/kWh für die Erdwärmesonden aus. Die Auswirkung auf die Bewertungsrangfolge ist aber nicht signifikant, eine „diskriminierende" Wirkung auf einzelne Technologien ist nicht festzustellen. Das Gesamtergebnis wird also maßgeblich von den privaten Kosten entschieden.

In Abb. 2.5 sind die externen Kosten in Schadenskosten aus Treibhausgasemissionen sowie externe Kosten der anderen Schadenskategorien aufgeteilt. Es wird deutlich, dass die Schadenskosten aus Treibhausgasemissionen vor allem bei den beiden fossilen Referenz-

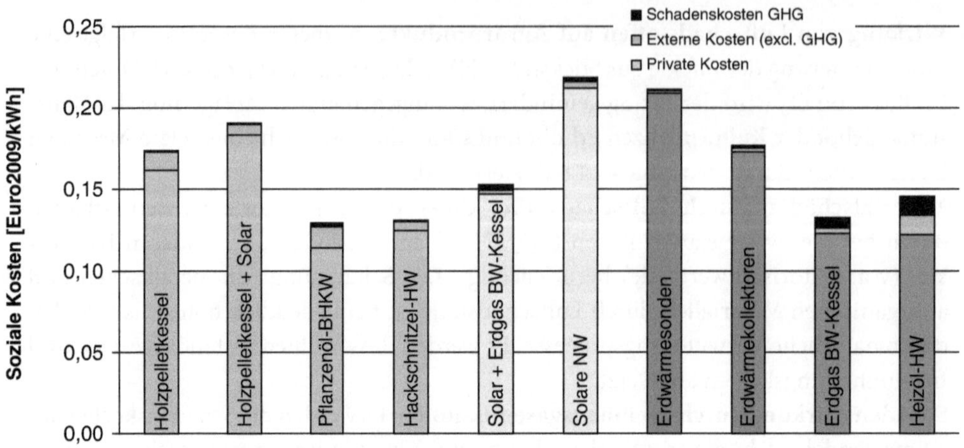

Abb. 2.5 Soziale Kosten der Wärmeversorgung

systemen einen bedeutenden Anteil an den externen Kosten haben. Die externen Kosten der Technologien, die Wärme aus Biomasse erzeugen, resultieren in erster Linie aus den externen Kosten anderer Schadenskategorien. Die Bedeutung von Treibhausgasemissionen ist hier zu vernachlässigen.

Insgesamt bleibt festzuhalten, dass die externen Kosten für eine ganzheitliche Betrachtung notwendig sind, ihre Wirkung auf die Rangfolge der Technologien bezüglich ihrer Nachhaltigkeit allerdings eher gering ausfällt.

Zu den Folgen bzw. den Kosten des Klimawandels existiert umfangreiche Literatur, die aufgrund unterschiedlicher Annahmen im Hinblick auf den Zeithorizont, die berücksichtigten Schäden oder auch die Wahl der Diskontrate zu sehr unterschiedlichen Ergebnissen kommen. Es werden Bandbreiten zwischen 14 €/tCO_2 (entspricht ungefähr dem aktuellen Preis für CO_2 Zertifikate) und 55 €/tCO_2 angegeben (vgl. Krewitt et al. 2006), im Stern Review mit ca. 64 €/tCO_2 sogar etwas höher (vgl. Stern 2007). Für die hier gezeigten Ergebnisse werden entsprechend den Angaben von Preiss (vgl. Preiss et al. 2008a) Schadenskosten von knapp 25 €$_{2009}$ angesetzt. Welchen Einfluss die Höhe der Schadenskosten hat, wird am Beispiel des Heizöl- Heizwerkes bzw. des Erdgas-Brennwertkessels – dargestellt in Abb. 2.6 – deutlich. Wird der zuvor genannte, mit 16,5 €/tCO_2 sehr geringe Wert verwendet, sinkt der Anteil externer Kosten für das Heizöl-Heizwerk von 16 auf ca. 13 % (Erdgas-Brennwertkessel von 7 auf 5 %), bei dem von Stern angegebenen Wert von 64 € steigt er auf ca. 25 % (Erdgas-Brennwertkessel auf ca. 13 %).

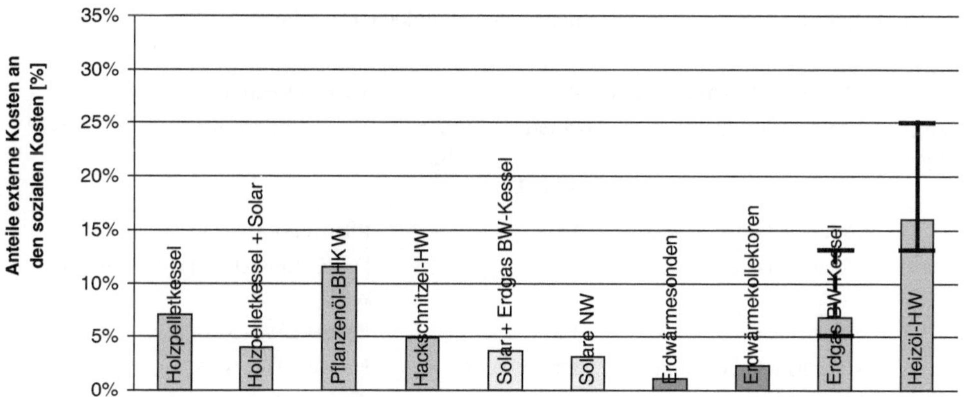

Abb. 2.6 Anteile der externen an den sozialen Kosten

2.6 Möglichkeiten und Grenzen der Nachhaltigkeitsbewertung

Mit den gewählten Verfahren wurden geeignete und weniger geeignete Versorgungstechnologien identifiziert und hinsichtlich ihrer Nachhaltigkeit in eine Rangfolge gebracht. In Tab. 2.5 sind die Rangfolgen der Versorgungsoptionen entsprechend des jeweiligen Bewertungsverfahrens dargestellt. Es wird deutlich, dass die beiden Ansätze für einige Technologien zu sehr unterschiedlichen Ergebnissen kommen. Während bei der multikriteriellen Entscheidungsanalyse der Holzpelletkessel mit solarthermischer Unterstützung am besten abschneidet und der Erdgas-Brennwertkessel die Nachhaltigkeitsanforderungen noch gerade erfüllt, hat das Kombisystem Holzpelletkessel mit solarthermischer Unterstützung neben der solaren Nahwärme und Erdwärmekollektoren die höchsten sozialen Kosten und ist somit als weniger nachhaltig einzustufen als der Erdgas-Brennwertkessel, der hier sehr günstig abschneidet[3]. Je nach Wahl des Bewertungsverfahrens wird also eine andere Technologie als „nachhaltig" eingestuft.

Die unterschiedlichen Resultate bei beiden Verfahren können auf zwei Aspekte zurückgeführt werden: zum einen werden mit der multikriteriellen Entscheidungsanalyse Aspekte berücksichtigt, die nicht monetarisierbar sind und somit keinen Eingang in die Berechnung der sozialen Kosten finden. Dies betrifft vor allem die soziale Dimension, etwa das Konfliktpotenzial oder die lokalen Belastungen. Zum anderen ist der multikriteriellen Entscheidungsanalyse eine andere Gewichtung der einzelnen Nachhaltigkeitskriterien

---

[3] In erster Linie führen die privaten Kosten, die in den Untersuchungen für eine Versorgungsaufgabe berechnet wurden, zu diesem Bewertungsergebnis. Bei der Erdwärmesonde ist vor allem die Bohrung aufwändig und teuer, unter günstigen (geologischen) Voraussetzungen ist ein besseres Ergebnis zu erwarten. Ähnliches gilt für die solare Nahwärme, für die Kostenkalkulationen wurden verschiedene Pilotprojekte ausgewertet, so dass hier in der Zukunft deutliche Kostenreduktionen erfolgen werden.

Tab. 2.5 Vergleich der Ergebnisse – Rangfolge der Technologiebewertung

	MCDA – „Nachhaltigkeitsziffer"			Soziale Kosten	
Rang-folge	Versorgungsoption	Ordinal-skala [–1 bis 1]	Rang-folge	Versorgungsoption	[€/kWh]
1	Holzpelletkessel + Solar	0,37	1	Pflanzenöl – BHKW	0,129
2	Holzpelletkessel	0,35	2	Hackschnitzel – Heiz-werk	0,131
3	Solar + Gas	0,29	3	Erdgas BW – Kessel	0,132
4	Erdwärmekollektoren	0,29	4	Heizöl – Heizwerk	0,145
5	Hackschnitzel – Heiz-werk	0,27	5	Solar + Erdgas BW – Kessel	0,153
6	Erdwärmesonden	0,24	6	Holzpelletkessel	0,173
7	Solare Nahwärme	0,23	7	Erdwärmekollektoren	0,177
8	Pflanzenöl – BHKW	0,18	8	Holzpelletkessel + Solar	0,191
9	Erdgas BW – Kessel	0,03	9	Erdwärmesonden	0,212
10	Heizöl – Heizwerk	–0,14	10	Solare Nahwärme	0,219

implizit. Während hier eine Gleichgewichtung der verschiedenen Nachhaltigkeitskriterien vorliegt, wird durch die berücksichtigten Schadenskosten der externen Effekte einer Gewichtung entsprechend der Schadenswirkung vorgenommen.

Der Einfluss einer Änderung einzelner Bewertungsparameter kann anschaulich am Beispiel der Einführung eines Partikelfilters zur Reduzierung der Feinstaubemissionen von Holzpelletkesseln verdeutlicht werden. Durch den Einsatz ändern sich sowohl die Höhe der Feinstaubemissionen, als auch die kapitalgebundenen Kosten, so dass eine Änderung des Bewertungsergebnisses zu erwarten ist (der zusätzliche Strombedarf wird hier vernachlässigt). In Untersuchungen des Technologie- und Förderzentrums (TFZ), das mit elektrostatischen Staubabscheidern sowohl Feldversuche, als auch Dauerversuche im Feuerungsprüfstand durchgeführt hat, konnten mittlere Abscheidegrade von 80 % nachgewiesen werden. Außerdem werden in dem Bericht Kosten von ca. 1500 Euro zuzüglich Montage angegeben (vgl. TFZ 2010). Auch wenn in den Untersuchungen erheblicher Bedarf zur Weiterentwicklung identifiziert wurde, werden diese Angaben für eine Parametervariation herangezogen.

Bei der multikriteriellen Entscheidungsanalyse ergibt sich durch die Berücksichtigung des Partikelfilters eine Verbesserung des Bewertungsergebnisses für diese Technologie. Der Holzpelletkessel erzielt nun das gleiche Ergebnis wie der Holzpelletkessel mit solarthermischer Unterstützung (Nachhaltigkeitsziffer 0,37) und schneidet somit unter den betrachteten Versorgungsoptionen am günstigsten ab. Ein anderes Ergebnis zeigt die Berechnung der sozialen Kosten, hier fallen die Mehrinvestitionen stärker ins Gewicht, so dass der

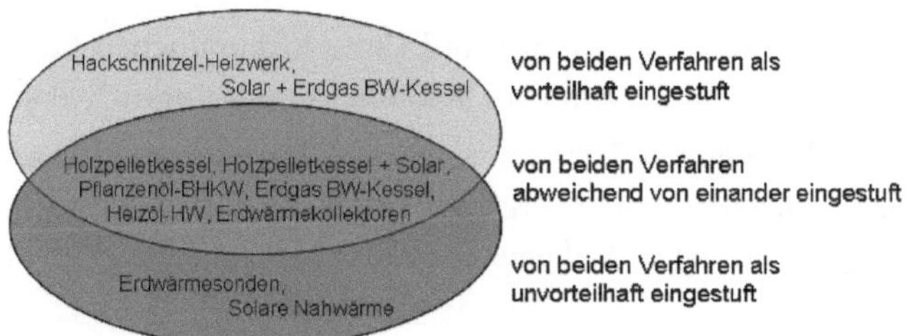

Abb. 2.7 Zusammenführung der Ergebnisse

Holzpelletkessel mit Partikelfilter in der Bewertungsrangfolge noch hinter den Erdwärmekollektoren zurückfällt (soziale Kosten von 0,182 €/kWh).

Mit der vorliegenden Arbeit soll keineswegs ein allgemeingültiges Verfahren zur integrierten Technologiebewertung gezeigt werden. Vielmehr wird mit den vorgestellten Ergebnissen ein Beitrag zur transparenten und reproduzierbaren Analyse und Bewertung geleistet, indem Zusammenhänge aufgedeckt und ein Austausch über konkrete Indikatorenwerte und Schadenskosten sowie eine Diskussion zur Nachhaltigkeit unserer Wärmeversorgung angeregt werden. Beide Methoden sind geeignet, Prinzipien und konkrete Werte der Bewertungsgrundlage explizit zu machen.

Durch Kombination beider Ansätze ist es aber möglich, die Technologien zu identifizieren, die von beiden Bewertungsverfahren besonders günstig oder ungünstig eingestuft werden. Die Robustheit der Untersuchungsergebnisse kann dadurch insgesamt verbessert werden. So schneiden das Hackschnitzel-Heizwerk und die Kombination von Erdgas-Brennwertkessel mit solarthermischer Anlage bei beiden Bewertungsverfahren vorteilhaft ab (beide Technologien befinden sich bei beiden Ansätzen in der oberen Hälfte der Bewertungsrangfolge, vgl. Abb. 2.7). Demgegenüber werden die Erdwärmesonde sowie die solare Nahwärme von beiden Verfahren als unvorteilhaft eingestuft – beide Technologien befinden sich bei beiden Ansätzen in der unteren Hälfte der Bewertungsrangfolge. Insofern ist es möglich, durch die gemeinsame Anwendung beider Verfahren robuste Ergebnisse für vorteilhafte und unvorteilhafte Technologien zu erzielen. Aber auch die abweichende Beurteilung generiert einen Nutzen, sie kann die Aufmerksamkeit für eine detaillierte (ggf. einzelfallgebundene) Analyse von Wärmetechnologien erhöhen. Außerdem kann dies dazu beitragen, „Schwachstellen" einer Technologie zu identifizieren und Verbesserungsvorschläge zu entwickeln (z. B. Filtertechnologien für Pelletsysteme).

Literaturverzeichnis

Albers, Sönke; Klapper, Daniel; Konradt, Udo; Walter, Achim; Wolf, Joachim: Methodik der Empirischen Forschung. 2.Aufl., Wiesbaden, GWV Fachverlage, 2007

ASUE – Arbeitsgemeinschaft für Sparsamen und Umweltfreundlichen Energieverbrauch: BHKW – Kenndaten 2005. Module, Anbieter, Kosten. Kaiserslautern, Selbstverlag, 2005

Bauer, Christian; Schenler, Werner; Hirschberg, Stefan; Marcucci, Adriana; Burgherr, Peter; Roth, Stefan; Zepf, Niklaus: Systemvergleich von Strom- und Wärmeversorgung mit zentralen und dezentralen Anlagen. Villigen/Zürich, Paul Scherer Institut, Axpo Holding, 2009

Bernades, Marco Dos Santos; Briem, Sebastian; Krewitt, Wolfram; Nill, Moritz; Rath-Nagel, Stefan; Voß, Alfred: Grundlagen zur Beurteilung der Nachhaltigkeit von Energiesystemen in Baden-Württemberg. Karlsruhe, Programm Lebensgrundlage Umwelt und ihre Sicherung (BWPLUS), 2002

BGR – Bundesanstalt für Geowissenschaften und Rohstoffe: Reserven, Ressourcen und Verfügbarkeit von Energierohstoffen. Datenstand: Ende 2008. Hannover, Selbstverlag, 2009

Blesl, M.; Kempe, S.; Ohl, M.; Fahl, U.; König, A.; Jenssen, T; Eltrop, L.: Wärmeatlas Baden-Württemberg. Institut für Energiewirtschaft und Rationelle Energieanwendung (IER), Universität Stuttgart, 2008

BMU – Bundesministerium für Umwelt, Naturschutz und Reaktorsicherheit: Erneuerbare Energien in Zahlen. Nationale und internationale Entwicklung. Berlin, Selbstverlag, 2010

BMWI – Bundesministerium für Wirtschaft und Technologie: Energiedaten. Nationale und internationale Entwicklung. Berlin, Selbstverlag, 2008

BMWI – Bundesministerium für Wirtschaft und Technologie: Energiedaten. Nationale und internationale Entwicklung. Berlin, Selbstverlag, 2010

BMWI/BMU – Bundesministerium für Wirtschaft und Technologie/Bundesministerium für Umwelt, Naturschutz und Reaktorsicherheit: Energiekonzept für eine umweltschonende, zuverlässige und bezahlbare Energieversorgung. Berlin, Selbstverlag, 2010

Bohunovsky, Mag. Lisa; Madlener, Dr. Reinhard; Omann, Dr. Ines; Bruckner, Bakk. Martin; Stagl, Dr. Sigrid 2007: Integrierte Nachhaltigkeitsbewertung von lokalen Energieszenarien – Lokale Energiesysteme der Zukunft. In: Ökologisches Wirtschaften (2007), Nr. 2, S. 47–50

BSLU – Bayrisches Staatsministerium für Landesfragen und Umweltentwicklung: Pflanzenölbetriebene Blockheizkraftwerke. München, Selbstverlag, 2002

Bundesregierung: Fortschrittsbericht 2008 zur nationalen Nachhaltigkeitsstrategie. Für ein nachhaltiges Deutschland. Berlin, Selbstverlag, 2008

CARMEN e.V.: Website
http://www.carmen-ev.de/dt/energie/bezugsquellen/hackschni-preise.html .
Zugriff am 07.01.2011

Cornelissen, Reinerus Louwrentius: Thermodynamics and Sustainable Development, The use of exergy analysis and the reduction of irreversibility, PhD Thesis, University Twente, 1997

Diefenbacher, Hans; Teichert, Volker; Wilhelmy, Stefan: Leitfaden. Indikatoren im Rahmen einer lokalen Agenda, Landesanstalt für Umwelt, Messungen und Naturschutz Baden-Württemberg. 1. Auflage, Karlsruhe, Selbstverlag, 2003

Ekardt, Felix: Soziale Gerechtigkeit in der Klimapolitik. Düsseldorf, Edition Hans Böckler Stiftung, 2010

FESA – Förderverein Energie- und Solaragentur Regio Freiburg e.V.: Geothermie am Oberrhein. Sexau, 2005

FNR – Fachagentur Nachwachsende Rohstoffe e.V.: Leitfaden Bioenergie. Planung, Betrieb und Wirtschaftlichkeit von Bioenergieanlagen. Gülzow, Selbstverlag, 2010

FNR – Fachagentur Nachwachsende Rohstoffe e.V.: Handbuch Bioenergie-Kleinanlagen. Gülzow, Selbstverlag, 2007

Gallego Carrera, Diana; Mack, Alexander: Quantification of social indicators for the assessment of energy system related effects. Stuttgarter Beiträge zur Risiko- und Nachhaltigkeitsforschung Nr. 6. Stuttgart, Institut für Sozialforschung der Universität Stuttgart, 2009

Gasparatos, Alexandros; El-Haram, Mohamed; Horner, Malcom: A critical view of reductionist approaches for assessing the progress towards sustainability. In: Environmental Impact Assessment Review 28 (2007), Nr. 4–5, S. 286–311

Heidemann, Dr. Wolfgang: Solare Nahwärme und Saisonale Speicherung. In: FVS LZE Themen 2005, S.30–37

HMUELV – Hessisches Ministerium für Umwelt, ländlichen Raum und Verbraucherschutz: Nahwärme – Ratgeber zur Planung und Errichtung von Nahwärmenetzen. Wiesbaden, Selbstverlag, 2006

Holzabsatzfonds (Absatzförderungsfonds der deutschen Forst- und Holzwirtschaft): Moderne Holzfeuerungsanlagen. Bonn, Selbstverlag, 2001

IAEA – International Atomic Energy Agency: Energy Indicators for Sustainable Development. Guideline and Methodologies. Vienna, self published, 2002

IER – Institut für Energiewirtschaft und Rationelle Energieanwendung: Vorlesungsmanuskripte Energie und Umwelt II, 2008

Jäger, Tobias; Karger, Cornelia R.: Instrumente zur Nachhaltigkeitsbewertung – Eine Synopse. Jülich, Selbstverlag, 2006

Jenssen, Till: Nachhaltige Bioenergie nachhaltig nutzen! In: Zeitschrift für Energiewirtschaft 34 (2010), Nr. 2, S. 117–127

Jörissen, Juliane; Kopfmüller, Jürgen; Brandl, Volker: Ein Integratives Konzept nachhaltiger Entwicklung. Karlsruhe, Forschungszentrum Karlsruhe, 1999

Kaltschmitt, Martin; Hartmann, Hans: Energie aus Biomasse. 1. Auflage, Berlin, Springer Verlag, 2001

Kaltschmitt, Martin; Streicher, Wolfgang; WIESE, Andreas: Erneuerbare Energien. Systemtechnik, Wirtschaftlichkeit, Umweltaspekte. 4. Auflage, Berlin, Springer Verlag, 2006

König, Andreas: Ganzheitliche Analyse und Bewertung der energetischen Biomassenutzung – Techno-ökonomische und ökologische Analyse konkurrierender energetischer Nutzungspfade für Biomasse im Energiesystem Deutschland bis zum Jahr 2030. 1. Auflage, Saarbrücken, Südwestdeutscher Verlag für Hochschulschriften, 2009

Kopfmüller, J.; Coenen, R.; Jörissen, J.; Langniss, O.; Nitsch, J. Unter Mitarbeit Von: Fleischer, J.; Rösch, C.; Sardemann, G.; Schulz, V.: Konkretisierung und Operationalisierung des Leitbilds einer nachhaltigen Entwicklung für den Energiebereich. Karlsruhe, Forschungszentrum Karlsruhe, Selbstverlag, 2000

Kowalski, Katharina; Stagl, Sigrid; Madlener, Reinhard; Omann, Ines: Sustainable energy futures: Methodological challenges in combining scenarios and participatory multi-criteria analysis. In: European Journal of Operational Research 197 (2009), Nr. 3, S. 1063–1074.

Krewitt, Wolfram; Schlomann, Barbara: Externe Kosten der Stromerzeugung aus erneuerbaren Energien im Vergleich zur Stromerzeugung aus fossilen Energieträgern. Gutachten im Rahmen von Beratungsleistungen für das Bundesministerium für Umwelt, Naturschutz und Reaktorsicherheit. Stuttgart/Karlsruhe, Selbstverlag, 2006

LKZ – Ludwigsburger Kreiszeitung: Initiative will Holzkraftwerk verhindern. 11. Januar 2007, S. 7

Mangold, Dirk; Schmidt, Thomas; Riegger, Mathieu: Solare Nahwärme und Langzeit- Wärmespeicher. Wissenschaftlich-Technische Programmbegleitung für Solarthermie2000Plus. Solites (Steinbeis Forschungsinstitut für solare und zukunftsfähige thermische Energiesysteme), Stuttgart, Selbstverlag, 2007

Nussbaumer, Thomas: Feinstaub aus Holzfeuerungen: Bildung, Relevanz und Minderung. Stuttgart, Vortrag am 17. Januar 2007

ÖKO-INSTITUT – Institut für angewandte Ökologie e.V.: Globales Emissions-Modell Integrierter Systeme (GEMIS) Version 4.5, 2008

Özdemir, Doruk; Härdtlein, Marlies; Jenssen, Till; Zech, Daniel; Eltrop, Ludger: A confusion of tongues or the art of aggregating indicators — Reflections on four projective methodologies on sustainability measurement. In: Renewable and Sustainable Energy Reviews 15 (2011), Nr. 1, S. 2385–2396

Petrovic, Tobias J.; Wagner, Hermann J.: Nachhaltigkeit am Beispiel regenerativer Energiesysteme zur Stromerzeugung. Bochum, Ruhr-Universität Bochum LEE, 2006

Prankl, Heinrich; Krammer, Kurt; Janetschek, Hubert; Roitmeier, Thomas: Blockheizkraftwerke auf Pflanzenölbasis. Forschungsbericht der FJ-BLT, Heft 46. Wieselburg, Selbstverlag, 2005

Preiss, Philipp; Friedrich, Rainer, Klotz, Volker: Report on the procedure and data to generate averaged/aggregated data, including ExternalCosts_per_unit_emission_080821.xls.

NEEDS project, FP6, Rs3a_D1.1 – Project no: 502687, Institute of Energy Economics and the Rational Use of Energy (IER). Stuttgart, Selbstverlag, 2008a

Preiss, Philipp; Friedrich, Rainer, Klotz, Volker: Report on the procedure and data to generate averaged/aggregated data – Deliverable n° 1.1 – RS 3a, Project no 502687, NEEDS, 6th Framework Programme, Institute of Energy Economics and the Rational Use of Energy (IER). Stuttgart, Selbstverlag, 2008b

Reinhardt, Guido A.; Stelzer, Thomas: Methodik und Systemgrenzen. In: Kaltschmitt, Martin; Reinhardt, Guido A.: Nachwachsende Energieträger. Grundlagen, Verfahren, ökologische Bilanzierung. Braunschweig, Wiesbaden, Vieweg: 63–83, 1997

Renn, Ortwin: Technikakzeptanz: Lehren und Rückschlüsse der Akzeptanzforschung für die Bewältigung des technischen Wandels. Technikfolgenabschätzen. Theorie und Praxis. S. 29–38, 2005 Website http://www.itas.fzk.de/tatup/053/renn05a.htm , Zugriff am 02.12.2011

Ricci, Andrea: Annex – A summary account of the final debate. Institute of Studies for the Integration of Systems, Selbstverlag, 2009

Roth, Stefan; Hirschberg, Stefan; Bauer, Christian; Burgherr, Peter; Dones, Roberto; Heck, Thomas; Schenler, Warren: Technology portfolio. In: Annals of Nuclear Energy 36 (2009), Nr. 3, S. 409–416.

Spiegel Online, 2008 Website http://www.spiegel.de/wissenschaft/natur/0,1518,589944,00.html . Zugriff am 13.07.2011

Spiegel Online, 2010 Website   http://www.spiegel.de/wirtschaft/unternehmen/0,1518, 664487,00.html . Zugriff am 13.07.2011

Staiß, Frithjof: Jahrbuch Erneuerbare Energien. Radebeul, 2003

Stern, Nicholas: The Economics of Climate Change. The Stern Review. Cambridge, Selbstverlag, 2007

Süddeutsche.de: 2007, Website http://www.sueddeutsche.de/wissen/geothermie-beben-in-basel-1.832476 . Zugriff am 13.07.2011

TFZ – Technologie und Förderzentrum: Kleine Wärmenetze. Dimensionierung, Verlegung, Kosten. Straubing, 2007

TFZ – Technologie und Förderzentrum: Bewertung kostengünstiger Staubabscheider für Einzelfeuerstätten und Zentralheizungskessel. Straubing, 2010

Thuneke, Klaus: Rapsölkraftstoff in BHKW. Würzburg: Vortrag auf der Tagung „Rapsölkraftstoffe und Rapsspeiseöl aus dezentraler Ölsaatenverarbeitung" am 16./17. Juni 2005.

UM – Umweltministerium Baden-Württemberg: Leitfaden zur Nutzung von Erdwärme mit Erdwärmesonde. Stuttgart, Selbstverlag, 2005

VDI – Verein Deutscher Ingenieure 2000: Berechnung der Kosten von Wärmeerzeugungsanlagen. Betriebstechnische und wirtschaftliche Grundlagen. VDI Richtlinie 2067

Verbraucherzentrale NRW: 2009, Website
http://www.vz-nrw.de/UNIQ125734309909107/link538821A.html   .   Zugriff   am
29.10.2009

Wackernagel, Mathis; Rees, William: Unser ökologischer Fußabdruck. Wie der Mensch
Einfluß auf die Umwelt nimmt. Basel/Boston/Berlin, Birkhaeuser Verlag, 1997

WBGU – Wissenschaftlicher Beirat der Bundesregierung Globale Umweltveränderungen:
Towards Sustainable Energy Systems, London, EarthScan, 2009

Weiß, F.: Bewertung der Nachhaltigkeit heutiger Technologien der Stromerzeugung –
Aggregation der Indikatoren, Workshop der ILK (Internationale Länderkommission Kern-
technik), Frankfurt, am 23. Februar 2005

WM – Wirtschaftsministerium Baden-Württemberg: Nahwärmefibel. Stuttgart, Selbstverlag, 2004

WM – Wirtschaftsministerium Baden-Württemberg: Thermische Solaranlagen zur Warmwasserbereitung und Heizungsunterstützung. Stuttgart, Selbstverlag, 2006

Wuppertal-Institut/Rheinisch-Westfälisches Institut für Wirtschaftsforschung: Nutzungs-
konkurrenzen bei Biomasse-Endbericht. Studie im Auftrag des BMWi. Wuppertal/Essen,
Selbstverlag, 2008

Zech, Daniel; Jenssen, Till; Wassermann, Sandra; Eltrop, Ludger: Nachhaltigkeitsbewertung der Wärmeversorgung aus Biomasse. 19. Symposium Bioenergie, Ostbayerisches
Technologie-Transfer-Institut (OTTI) e.V., Bad Staffelstein, 23. November 2010, 2010a

Zech, Daniel; Jenssen, Till; Wassermann, Sandra; Eltrop, Ludger: Von Äpfeln und Birnen – Wärmetechnologien auf dem Prüfstand der Nachhaltigkeit. Jahrestagung 2010 des
Arbeitskreises Geographische Energieforschung (Deutsche Gesellschaft für Geographie)
„Energie als interdisziplinäres Forschungsfeld" am 23. und 24. April 2010 an der Universität Koblenz-Landau, 2010b

Zech, Daniel; Jenssen, Till; Wassermann, Sandra; Eltrop, Ludger: Technologien, Emissionen, Kosten – technische Möglichkeiten der Wärmeversorgung. In: Koch, A.; Jenssen, T.
(Hrsg.) 2010: Effiziente und konsistente Strukturen – Rahmenbedingungen für die Nutzung von Wärmeenergie in Privathaushalten. Stuttgart: Stuttgarter Beiträge zur Risiko- und
Nachhaltigkeitsforschung, Nummer 16: 28–54, 2010c

ZES – Zentrum für Energieforschung Stuttgart: Standortanforderungen für die Ansiedlung
von Bioenergie-Anlagen in Städten – am Beispiel der Landeshauptstadt Stuttgart. Stuttgart:
Selbstverlag, 2008

Der Referentenentwurf der Bundesregierung für ein Mietrechtsänderungsgesetz

Marlene Schmidt

3.1 Zusammenfassung

Am 11. Mai 2011 hat das Bundesjustizministerium einen Referentenentwurf für ein Gesetz über die energetische Modernisierung von vermietetem Wohnraum und über die vereinfachte Durchsetzung von Räumungstiteln (Mietrechtsänderungsgesetz – MietRÄndG) vorgelegt. Im Folgenden soll untersucht und kritisch hinterfragt werden, inwieweit nachhaltiger Wärmekonsum durch die vorgeschlagenen Regelungen gefördert werden würde. Dabei wird sich zeigen, dass der Referentenentwurf weit hinter dem zurückbleibt, was an effektiven gesetzgeberischen Maßnahmen diskutiert wird und im Interesse nachhaltigen Wärmekonsums möglich wäre.

3.2 Einleitung

Zu den zivilrechtlichen Rahmenbedingungen nachhaltigen Wärmekonsums gehört ohne Zweifel das Mietrecht, also die §§ 535 ff. Bürgerliches Gesetzbuch (BGB) und die zugehörigen Verordnungen. Die durch den Gesetzgeber vorgegebene Verteilung der Rechte und Pflichten zwischen den Parteien des Mietvertrags beinhaltet allerdings nicht nur rechtliche Anreize, sondern auch rechtliche Hemmnisse für nachhaltigen Wärmekonsum.

Tatsächlich überwogen bis vor wenigen Jahren noch die Hemmnisse für nachhaltigen Wärmekonsum. Eine Ökologisierung des Mietrechts wurde in der juristischen Literatur zwar seit einigen Jahren gefordert.[1] Der Gesetzgeber hatte sich dies 2000 auch zum Ziel gesetzt.[2] Die Mietrechtsreform durch das Gesetz zur Neugliederung, Vereinfachung und

---

[1] Vgl. insbesondere Derleder, ZRP 2000, 243 (244).
[2] BT – Drucks 14/5663,75

D. Gallego Carrera et al. (Hrsg.), *Nachhaltige Nutzung von Wärmeenergie*,
DOI 10.1007/978-3-8348-8650-7_3,
© Vieweg+Teubner Verlag | Springer Fachmedien Wiesbaden 2012

Reform des Mietrechts (Mietrechtsreformgesetz),[3] das zum 1. September 2001 in Kraft getreten ist, hat diese Chance jedoch weitgehend verpasst[4] und nur einige wenige Regelungen aufgenommen, die Anreize für ökologisch-zweckmäßiges Verhalten der Mietvertragsparteien setzen.

Vor diesem Hintergrund hatten sich CDU, CSU und FDP im Koalitionsvertrag vom 26. Oktober 2009 für eine Reform des Mietrechts ausgesprochen, die unter anderem klima- und umweltfreundliche Sanierungen erleichtern sollte. Am 11. Mai 2011 hat nun das zuständige Bundesjustizministerium einen Referentenentwurf für ein MietRÄndG vorgelegt.

3.3   Der Beitrag des Entwurfs zu nachhaltigem Wärmekonsum

Die mietrechtlichen Rahmenbedingungen nachhaltigen Wärmekonsums sollen durch den Referentenentwurf in zweifacher Hinsicht verbessert werden: Zum einen wird der Begriff der „energetischen Modernisierung" eingeführt; zugleich werden Regelungen vorgeschlagen, die eine einfachere Durchsetzung solcher Modernisierungen ermöglichen sollen. Zum anderen wird ein einheitlicher Rechtsrahmen für die Umstellung auf Contracting im laufenden Mietverhältnis vorgeschlagen. Im Einzelnen:

3.3.1   Einfachere Durchsetzung energetischer Modernisierungsmaßnahmen

Eines der zentralen Anliegen des Entwurfs ist es, die Durchsetzung energetischer Modernisierungsvorhaben zu erleichtern.[5]

Dazu soll zunächst der Begriff „energetische Modernisierungsmaßnahme" neu in das BGB eingefügt werden. Bislang ist in §§ 554, 559 BGB lediglich von „Maßnahmen zur Einsparung von Energie und Wasser" die Rede. Die Definition der energetischen Modernisierungsmaßnahme, die der neue § 555b Nr. 1 BGB enthalten soll, geht weit darüber hinaus. Danach sind energetische Modernisierungsmaßnahmen alle „Veränderungen zur Verbesserung der Mietsache oder sonstiger Gebäudeteile, insbesondere bauliche Maßnahmen, durch die nachhaltig der Wasserverbrauch reduziert wird oder durch die nachhaltig Primär- oder Endenergie eingespart oder Energie effizienter genutzt oder das Klima auf sonstige Weise geschützt wird." Darauf, ob dadurch beim Mieter auch eine Kostenersparnis erzielt wird, kommt es nicht an. In der Gesetzesbegründung heißt es insoweit zutreffend,[6] es werde klargestellt, dass sowohl die Einsparung von Primärenergie als auch von End-

---

[3] BGBl. 2001 I, 1149.

[4] Kritisch insbesondere Rips, Die ökologische Kompetenz der Mietrechtsreform, WuM 2001, 419–423.

[5] Referentenentwurf, Begründung, S. 21.

[6] Referentenentwurf, S. 28.

energie für eine energetische Modernisierung genügt. Dies war in den Einzelheiten bislang umstritten.[7]

Anders als bislang geht es also nicht nur um Maßnahmen zur Einsparung von Energie und Wasser. Die weite Definition des neuen § 555b Nr. 1 BGB stellt vielmehr auf eine „nachhaltige Nutzung" ab, ohne diese genauer zu definieren. In der Begründung wird dazu lediglich ausgeführt, der Tatbestand sei so offen formuliert, dass auch künftige neue Techniken, die eine effizientere Nutzung von Energie ermöglichen oder dem Klimaschutz dienen, von der Legaldefinition einer energetischen Modernisierung erfasst sind.[8]

Auf den ersten Blick mag eine solch weite Definition nachhaltigen Wärmekonsums förderlich erscheinen. Allerdings sollen mit diesem neuen Begriff zugleich geänderte Rechtsfolgen verbunden sein. Denn nach Auffassung des Bundesjustizministeriums ist der Kreis der vom Mieter zu duldenden Maßnahmen für Energieeffizienz und Klimaschutz bislang zu eng gefasst. Auch seien die Vorschriften zur Duldung von Erhaltungs- und Modernisierungsmaßnahmen nicht vollständig mit den Vorschriften über das Mieterhöhungsrecht nach Modernisierung synchronisiert. Daher werden folgende Änderungen vorgeschlagen:

3.3.1.1   Begründungsanforderungen

Die formalen Anforderungen an die Begründungspflichten des Vermieters bei Modernisierungen sollen gesenkt werden. Zur Darlegung der Energieeinsparung soll künftig der Verweis auf anerkannte Pauschalwerte ausreichen – und zwar sowohl bei der Ankündigung von Modernisierungsmaßnahmen als auch im Mieterhöhungsverlangen.[9]

3.3.1.2   Modifizierung des Härtefalleinwands

Auch nach geltendem Recht ist der Mieter verpflichtet, Modernisierungsmaßnahmen zur Einsparung von Energie und Wasser zu dulden (§ 554 Abs. 1 BGB). Diese sog. Duldungspflicht gilt jedoch dann nicht, wenn die Maßnahmen für den Mieter, seine Familie oder einen anderen Angehörigen seines Haushalts eine Härte bedeuten würde, die auch unter Würdigung der berechtigten Interessen des Vermieters und anderer Mieter in dem Gebäude nicht zu rechtfertigen ist. Dabei sind insbesondere die vorzunehmenden Arbeiten, die baulichen Folgen, vorausgegangene Aufwendungen des Mieters und die zu erwartende Mieterhöhung zu berücksichtigen. Die zu erwartende Mieterhöhung ist nicht als Härte

---

[7] Der Bundesgerichtshof hatte in seiner Entscheidung vom 24.09.2008 (VIII ZR 275/07, NJW 2008, 3630) entschieden, dass der Anschluss an ein Fernwärmenetz mit Kraft-Wärme-Kopplung (sogenanntes Wärme-Contracting) eine Energiesparmaßnahme darstellt, die der Mieter grundsätzlich zu dulden hat und den Vermieter auch zur Mieterhöhung berechtigt. Dabei stehe das volkswirtschaftliche und umweltpolitische Interesse an der Einsparung des Verbrauchs von Primärenergie im Vordergrund und nicht das finanzielle Interesse des Mieters etwa an einer Senkung seiner Heizkosten. Deshalb kommt es auf die Einsparung von Energiekosten oder auf die Verringerung der Schadstoffemission nicht an.

[8] Referentenentwurf, S. 28.

[9] A.a.O.

anzusehen, wenn die Mietsache lediglich in einen Zustand versetzt wird, wie er allgemein üblich ist.

Nach Auffassung der Bundesregierung soll der mieterseitige Härtefalleinwand künftig zur Erleichterung energetischer Modernisierungen modifiziert werden: Wirtschaftliche Härtegründe, also insbesondere die erhöhte Miete nach Modernisierung, sollen der Durchführung von Modernisierungsmaßnahmen selbst nicht mehr entgegenstehen. Ihnen wird jedoch im Ergebnis wie nach bislang geltendem Recht bei der Frage Rechnung getragen, welche Mieterhöhung der Vermieter nach einer Modernisierung durchsetzen kann.[10]

3.3.1.3 Ausschluss der Mietminderung für drei Monate

Nach § 536 Abs. 1 BGB ist der Mieter für die Zeit, in der eine gemietete Wohnung einen Mangel aufweist, der ihre Tauglichkeit zum vertragsgemäßen Gebrauch aufhebt oder entsteht während der Mietzeit ein solcher Mangel, so ist der Mieter für diese Zeit von der Entrichtung der Miete befreit. Für die Zeit, während der die Tauglichkeit gemindert ist, hat er nur eine angemessen herabgesetzte Miete zu entrichten. Eine unerhebliche Minderung der Tauglichkeit bleibt außer Betracht.

Die Minderung, nach den Vorstellungen der Bundesregierung, soll künftig für die Dauer von drei Monaten ausgeschlossen sein, soweit der Vermieter eine energetische Modernisierung durchführt: Der § 536 Absatz 1 BGB soll dahin gehend ergänzt werden, dass Beeinträchtigungen des Mietgebrauchs während einer Dauer von drei Monaten nicht zu einer Minderung führen, soweit sie aufgrund einer Maßnahme eintreten, die einer energetischen Modernisierung dient. Hierdurch sollen energetische Modernisierungen erleichtert werden. Der Minderungsausschluss gilt auch insoweit, als die energetische Modernisierung zugleich der Erhaltung der Mietsache dient, beispielsweise bei einer Wärmedämmung der Fassade mit Erneuerung des Außenputzes. Die Befristung des Minderungsausschlusses stellt nach Auffassung des Justizministeriums einen Anreiz für den Vermieter dar, die Baumaßnahme zügig abzuwickeln, und sorgt zudem für einen angemessen Ausgleich der Interessen von Mietern und Vermieter.[11]

In der Praxis würde der Ausschluss der Mietminderung für drei Monate Folgendes bedeuten: Kommt es im Zuge der Sanierungsarbeiten zu einem Ausfall von Heizung und Warmwasser, ist das Haus komplett eingerüstet, gibt es keine Lüftungsmöglichkeiten mehr und leben Mieter wochenlang mit Dreck und Lärm auf einer Großbaustelle, müssten sie künftig trotzdem 100 Prozent der Miete zahlen.[12] Die Bundesregierung hält diese Änderung für „moderat".[13]

---

[10] Referentenentwurf, S. 32.
[11] Referentenentwurf, S. 26.
[12] Pressemeldung des Deutschen Mieterbunds e.V. v. 11.5.2011.
[13] Referentenentwurf, S. 26.

3.3.1.4   Folgen fehlerhafter Modernisierungsankündigung

Schließlich ist nach geltendem Recht nicht in allen Fällen klar, welche Folgen eine fehlerhafte Modernisierungsankündigung durch den Vermieter hat; auch hier soll die Reform Rechtssicherheit schaffen. Die Rechtsfolgen fehlerhafter Modernisierungsankündigungen für das Mieterhöhungsverfahren werden klargestellt. Künftig soll in allen Fällen einer unterlassenen oder fehlerhaften Ankündigung von Modernisierungsmaßnahmen die verlängerte Frist für den Eintritt der Mieterhöhung gelten.

3.3.2   Einheitlicher Rechtsrahmen für die Umstellung auf Contracting

Ein gesetzliches Modell des Wärme-Contracting-Vertrags – etwa vergleichbar dem Modell der §§ 535 ff. BGB für den Mietvertrag – existiert ebenso wenig wie eine gesetzliche Definition des Begriffs „Wärme-Contracting". Üblicherweise versteht man hierunter eine Dienstleistung, die in der Regel von Heizungsbauunternehmen und öffentlichen und privaten Energiedienstleistern angeboten wird:

Der Contractor modernisiert eine vorhandene Heizungsanlage oder erstellt eine komplett neue. Dabei trägt er für die Dauer des Vertrags die volle Anlagenverantwortung. Der Contractor installiert also die Anlage, wartet sie, bedient sie und hält sie Instand, kauft die Einsatzenergie und verkauft die Nutzenergie.[14] Dabei betreibt er die Anlage auf eigenes Risiko auf der Basis eines langfristigen Vertrags, der die Amortisation der vom Contractor getätigten Investitionen gewährleisten soll.[15]

Die mit Contracting typischerweise einhergehende effizienzsteigernde Wirkung[16] resultiert zum einen aus dem betriebswirtschaftlichen Eigeninteresse des Contractors, seine Energieversorgungs- und Dienstleistungsverpflichtungen mit Hilfe einer möglichst effizienten Energietechnik zu erbringen. Denn je effizienter der Contractor seine vertragliche Leistung erbringen kann, desto höher sein Gewinn.[17] Zum anderen ist die Umstellung auf Contracting für die Vermieter wirtschaftlich äußerst interessant: Die üblicherweise von Vermietern aufzubringenden Kosten für die Unterhaltung bzw. Modernisierung der Heizungs- und Warmwasseranlage trägt im Falle des Wärme-Contractings nicht der Vermieter, sondern in der Regel der Contractor.

Der Referentenentwurf vertritt daher zu Recht die Auffassung, dass die Umstellung auf eigen-ständig gewerbliche Wärmelieferung eine attraktive Alternative zur Eigenversorgung durch den Vermieter sein kann. Durch sie kann die Modernisierung der Wärmeversorgung

---

[14] Martin Hack, Energie-Contracting, München 2003, S. 5.

[15] Hack, a.a.O., S. 6.

[16] Zum Contracting als Instrument zur Erschließung von Effizienzpotentialen vgl. Dietrich Beyer/Michael Lippert, Rechtliche Voraussetzungen einer Steigerung der Energieeffizienz durch Wärmecontracting in der Wohnungswirtschaft als Beitrag zu Energiesicherheit und Klimaschutz, 2007, 8 ff.

[17] Beyer/Lippert, a.a.O., S. 9.

im Gebäudebestand erheblich beschleunigt werden, da energetisch wirksame Maßnahmen vorgezogen werden.[18]

Wohnräume können mit und ohne Heizung vermietet werden. Wird die Wohnung mit Heizung vermietet, so gehört auch die Versorgung mit Wärme zu dem von dem Vermieter geschuldeten vertragsgemäßen Gebrauch. In der Wahl der Heizungsart ist der Vermieter ebenso frei wie in der Bestimmung der verwendeten Energieart. Sofern Mieter dadurch nicht mit unnötigen Mehrkosten belastet werden, dürfen Vermieter die Anlage auch auf neue Verfahren und Heizmittel wie z. B. Erdgas umstellen oder zur Fernheizung übergehen, jedenfalls soweit sie selbst Bezieher der Fernwärme bleiben.

§ 556 Abs. 1 S. 1 BGB bestimmt, dass die Mietvertragsparteien vereinbaren „können", dass der Mieter Betriebskosten trägt. Hieraus folgt, dass die Betriebskosten grundsätzlich dem Vermieter obliegen und es zur Überwälzung der Kosten auf den Mieter einer eigenen Vereinbarung bedarf. Mietverträge sehen bislang aber üblicherweise nicht ausdrücklich vor, dass der Vermieter die Heizungs- und Wärmeversorgung auf Contracting umstellen und die damit verbundenen Kosten auf die Mieter als Betriebskosten umlegen darf. Inwieweit der Mieter zur Übernahme der durch das Contracting gegebenenfalls anfallenden höheren Betriebskosten verpflichtet ist, ist daher umstritten.[19] Bei laufenden Mietverhältnissen bestehen je nach Vertragsgestaltung Unsicherheiten, ob und unter welchen Voraussetzungen der Vermieter von der Eigenerzeugung der Heizwärme zum Fremdbezug übergehen und dem Mieter die Kosten der Wärmelieferung als Betriebskosten in Rechnung stellen kann.[20]

Der Referentenentwurf will in diesem Punkt durch einen neu einzufügenden § 556c BGB für Rechtssicherheit sorgen:

> § 556c Kosten der Wärmelieferung als Betriebskosten
>
> (1) Hat der Mieter die Betriebskosten für Wärme und Warmwasser zu tragen und stellt der Vermieter die Versorgung von der Eigenversorgung auf die eigenständig gewerbliche Lieferung durch einen Wärmelieferanten (Wärmelieferung) um, so hat der Mieter die Kosten der Wärmelieferung als Betriebskosten zu tragen, wenn 1. durch die Umstellung nachhaltig Primär- oder Endenergie eingespart oder nachhaltig Energie effizienter genutzt wird und 2. die Kosten der Wärmelieferung die Betriebskosten für die bisherige Eigenversorgung mit Wärme und Warmwasser nicht übersteigen.
>
> (2) Der Vermieter hat die Umstellung spätestens drei Monate zuvor in Textform anzukündigen (Umstellungsankündigung).
>
> (3) Die Bundesregierung wird ermächtigt, durch Rechtsverordnung ohne Zustimmung des Bundesrates Vorschriften über Wärmelieferverträge zwischen Vermietern und Wärmelieferanten, zum Kostenvergleich nach Absatz 1 Nummer 2 sowie zur Umstellungsankündigung nach Absatz 2 zu erlassen. Hierbei sind die Belange von Vermietern, Mietern und Wärmelieferanten angemessen zu berücksichtigen.
>
> (4) Eine zum Nachteil des Mieters abweichende Vereinbarung ist unwirksam.

---

[18] Begründung, S. 22.

[19] Vgl. nur Marlene Schmidt, S. 79 ff., in: Andreas Koch/Till Jenssen (Hrsg.), Effiziente und konsistente Strukturen – Rahmenbedingungen für die Nutzung von Wärmeenergie in Privathaushalten, Stuttgart 2010.

[20] Schmidt, a.a.O., S. 81 ff.

In der Begründung des Referentenentwurfs wird hierzu ausgeführt, der neue § 556c BGB beschränke sich auf eine knappe, verständliche Vorschrift zur Umlage der Contracting-Kosten als Betriebskosten. Erforderlich sei zum einen eine Effizienzsteigerung, zum anderen die Kostenneutralität für den Mieter aufgrund einer vergleichenden Kostenbetrachtung. Die Regelung soll für alle bereits bestehenden Mietverträge gelten. Beim Neuabschluss von Mietverträgen soll auch nach Inkrafttreten der Regelung Vertragsfreiheit gelten.[21]

Ergänzt werden soll § 556c BGB durch eine neue sog. Mietwohnraum-Wärmelieferverordnung (MietWohn-WärmeLV), die die technischen Einzelheiten regelt. Diese Regelungstechnik ist im mietrechtlichen Betriebskostenrecht üblich (so etwa die Betriebskosten-Verordnung und Heizkostenverordnung). Aus rechtsförmlichen Gründen ist die Verordnung gesondert zu erlassen.[22]

Die geplante MietWohn-WärmeLV soll zwei Regelungskomplexe beinhalten: Zum einen soll sie die Details des nach § 556c Abs. 1 BGB anzustellenden Kostenvergleichs regeln (dazu sogleich unter 2.2.1), zum anderen den Wärmeliefervertrag zwischen Vermieter und Contractor regeln (dazu sogleich unter 2.2.2).

3.3.2.1   Kostenvergleich

Nach § 6 der MietWohn-WärmeLV sollen für den bei der Umstellung auf Contracting nach § 556c Abs. 1 Nr. 2 durchzuführenden Kostenvergleich folgende Daten gegenüberzustellen sein: 1. die Betriebskosten der bisherigen Versorgung mit Wärme und Warmwasser und 2. die Kosten der Wärmelieferung für die Wärmemenge, die den bisherigen Betriebskosten zugrunde liegt.

Dabei sind die Betriebskosten der bisherigen Versorgung mit Wärme und Warmwasser auf der Grundlage des Energieverbrauchs oder der eingesetzten Brennstoffmengen der vorangegangenen drei Abrechnungszeiträume zu ermitteln. Hierbei sind die jährlichen Energieverbräuche jeweils um Witterungseinflüsse zu bereinigen. Auf dieser Grundlage ist der durchschnittliche Energieverbrauch in einem Abrechnungszeitraum zu errechnen. Für diesen durchschnittlichen Energieverbrauch in einem Abrechnungszeitraum sind die Betriebskosten auf Grundlage der durchschnittlichen Preise des letzten Abrechnungszeitraums zu bestimmen.

Die Kosten der Wärmelieferung hingegen sind wie folgt zu ermitteln: Aus dem durchschnittlichen Energieverbrauch ist anhand des Jahresnutzungsgrades der bisherigen Heizungs- und Warmwasseranlage die hieraus bislang erzielte Wärmemenge zu ermitteln. Der Jahresnutzungsgrad kann durch eine Messung oder anhand anerkannter Pauschalwerte bestimmt werden. Für die so ermittelte Wärmemenge sind die Wärmelieferkosten zu ermitteln, indem der Angebotspreis des Wärmelieferanten mit der von ihm verwendeten Preisanpassungsklausel auf den letzten Abrechnungszeitraum indexiert wird.

---

[21] Referentenentwurf, S. 32 f.
[22] Referentenentwurf, S. 51.

Die Umstellungsankündigung nach § 556c Absatz 2 des Bürgerlichen Gesetzbuchs muss nach § 7 MietWohn-WärmeLV spätestens drei Monate vor der Umstellung in Textform erfolgen und folgende Angaben enthalten: 1. die Art der künftigen Wärmelieferung, 2. die energetische Auswirkung der geplanten Umstellung nach § 556c Absatz 1 Nummer 1 des Bürgerlichen Gesetzbuchs, 3. den Kostenvergleich nach § 556c Absatz 1 Nummer 2 des Bürgerlichen Gesetzbuchs und nach § 6 dieser Verordnung, 4. den Zeitpunkt der geplanten Umstellung, 5. die im Wärmeliefervertrag vereinbarten Preise und die Regelungen zur Preisanpassung. Wenn der Vermieter dem Mieter die Umstellung nicht auf diese Weise ankündigt, hat der Mieter das Recht, den auf ihn entfallenden Anteil der Betriebskosten der Versorgung mit Wärme und Warmwasser oder der Wärmelieferkosten ab dem Zeitpunkt, zu dem die Ankündigung hätte erfolgen müssen, um 15 Prozent zu kürzen. Eine solche Kürzung ist jedoch in jedem Fall nur bis zu dem Zeitpunkt zulässig, in dem der Vermieter eine Ankündigung nachholt, die den Anforderungen dieser Vorschrift entspricht.

3.3.2.2 Wärmeliefervertrag

Der Entwurf einer MietWohn-WärmeLV enthält auch Bestimmungen zum Wärmeliefervertrag zwischen Contractor und Vermieter. Auf diese Weise soll für die Auswahlentscheidung des Vermieters zwischen unterschiedlichen Anbietern eine verlässliche Grundlage geschaffen werden.

Parteien eines Wärmeliefervertrags nach § 556c des Bürgerlichen Gesetzbuchs sind der Wärmelieferant und der Vermieter. Die Verordnung erfasst, wie auch der neue § 556c BGB, nur solche Verträge, die zwischen Vermieter und Wärmelieferant abgeschlossen werden. Vertragsgestaltungen, bei denen der Mieter unmittelbarer Vertragspartner des Wärmelieferanten wird (sog. Full-Contracting), werden nicht geregelt.

Abweichend von § 2 AVBFernwärmeV sieht Absatz 2 die Schriftform für alle Wärmelieferungsverträge vor, die in den Anwendungsbereich dieser Verordnung fallen. Das Schriftformerfordernis dient dem Übereilungsschutz zugunsten des Vermieters, der insbesondere genügend Zeit für die Prüfung der mietrechtlichen Voraussetzungen und der Folgen des Abschlusses eines Wärmeliefervertrages benötigt – vor allem der Frage, ob die Kosten der Wärmelieferung als Betriebskosten an die Mieter weitergegeben werden können.[23]

Um beurteilen zu können, ob nach Abschluss eines Wärmeliefervertrages die Wärmelieferkosten als Betriebskosten an die Mieter weitergegeben werden können, ist die Vergleichbarkeit der vom Vermieter eingeholten Angebote von entscheidender Bedeutung. Auch für die Beurteilung der Frage, ob der Abschluss eines Wärmeliefervertrages dem betriebskostenrechtlichen Wirtschaftlichkeitsgebot entspricht, ist das Angebot von Bedeutung. Deshalb sind Regelungen hierzu geboten. Wesentlich für die Vergleichbarkeit der eingeholten Angebote ist in erster Linie, von welchem Leistungsumfang der Anbieter ausgeht. Die Pflicht zur genauen Beschreibung dessen, was geliefert werden soll (etwa Raumwärme oder auch Warmwasser), zu welchen Zeiten die Belieferung erfolgen soll (Heizperiode)

---

[23] Referentenentwurf, S. 52.

bzw. ab welcher Außentemperatur die Lieferpflicht einsetzt, ergibt sich bereits nach allgemeinen Regeln des Vertragsrechts.[24]

Darüber hinaus formuliert § 3 spezielle Mindestvoraussetzungen, denen das Angebot des Wärmelieferanten genügen muss:

1. den Wärmelieferpreis, bestehend aus Grundpreis in Euro pro Monat und Jahr und Arbeitspreis in Euro pro Kilowattstunde, jeweils als Netto- und Bruttobeträge,
2. die voraussichtlichen Wärmelieferkosten für das Mietwohngebäude in Euro pro Jahr, bestehend aus dem jährlichen Grundpreis und dem jährlichen Arbeitspreis, sowie die der Preisermittlung für das Mietwohngebäude zugrunde liegenden Annahmen und Berechnungsmethoden,
3. die für die Preisanpassung maßgeblichen Berechnungsgrundlagen und Berechnungsmethoden nach § 4, insbesondere die Zeitpunkte, zu denen eine Anpassung erfolgen soll, die Preisindizes, auf die Bezug genommen werden soll, und die tatsächlichen Anteile der Energie-, Lohn- und Materialkosten, die im Grundpreis und im Arbeitspreis enthalten sind,
4. gegebenenfalls die vom Vermieter vorzuhaltenden Leistungen und die von ihm für Leistungen des Wärmelieferanten zu entrichtenden Entgelte, die vom Grund- und Arbeitspreis nicht abgegolten sind.[25]

Nach § 4 der neuen MietWohn-WärmeLV können die Preise des Wärmelieferungsvertrages nur entsprechend den tatsächlichen Kostenanteilen erhöht werden, wenn sich Energie-, Lohn- oder Materialkosten ändern. Kostensenkungen sind weiterzugeben. Die Bezugnahme auf anerkannte Preisindizes zum Nachweis einer Kostenänderung ist zulässig. Bei einer Preisanpassung ist deren Berechnung nachvollziehbar zu erläutern.

Eine von den Vorschriften dieses Abschnitts abweichende Vereinbarung im Wärmeliefervertrag ist nach § 5 der geplanten VO unwirksam – und zwar unabhängig davon, ob sie in Allgemeinen Geschäftsbedingungen oder Individualvereinbarungen enthalten sind. Die Regelungen der Verordnung über Allgemeine Bedingungen für die Versorgung mit Fernwärme bleiben unberührt, sofern diese Verordnung keine entgegenstehenden Regelungen enthält. Eine Regelung über das Verhältnis der neuen Verordnung zur Verordnung über Allgemeine Bedingungen für die Versorgung mit Fernwärme (AVBFernwärmeV) ist erforderlich, weil sich die Anwendungsbereiche von Regelungen über die Wärmelieferung

---

[24] A.a.O., S. 52 f.

[25] Die in § 3 Nummer 1 bis 4 aufgeführten Angebotsinhalte werden bereits heute in der Praxis verwendet. So enthält etwa die zwischen dem Verband Berlin-Brandenburgischer Wohnungsunternehmen, e.V., Berlin, dem Bundesverband Privatrechtlicher Energie-Contracting-Unternehmen e.V. PECU, Mainz, und dem Verband für Wärmelieferung e.V. VfW, Hannover, geschlossene „Vereinbarung zum Wärmeliefercontracting" (BBUMaterialien 01/03) eine Ausschreibungshilfe, deren Zweck es ist, die Vergleichbarkeit der von den Anbietern abgegebenen Angebote zu erhöhen. In dieser Ausschreibungshilfe sind die meisten der in § 3 genannten Angaben enthalten. Vgl. Regierungsentwurf, S. 53.

(eigenständig gewerbliche Lieferung von Wärme) einerseits sowie über Fernwärme andererseits überschneiden:[26]

Der Begriff der eigenständig gewerblichen Lieferung von Wärme (in § 556c BGB als „Wärmelieferung" legaldefiniert) wird in § 556c Absatz 1 BGB n. F. sowie im bislang geltenden Recht in § 1 Absatz 1 Nummer 2 Heizkostenverordnung sowie in § 2 Nummer 4 c Betriebskostenverordnung verwendet. Dieser Typus erfasst nicht nur die nach dem Wortlaut naheliegenden Fälle, in denen die Wärmeerzeugung im zu versorgenden Objekt erfolgt („Nahwärme"). Erfasst sind nach herrschender Auffassung auch Fälle der „klassischen" Fernwärme, in denen die Wärme in einer außerhalb des zu versorgenden Gebäudes gelegenen Anlage erzeugt und über ein Leitungsnetz zur Verfügung gestellt wird. Umgekehrt ist nach allgemeiner Auffassung die AVBFernwärmeV über den Wortlaut hinaus nicht nur auf Fälle der „klassischen" Fernwärme anwendbar, sondern auch auf die „Nahwärme", wie zuvor umschrieben. Die vorliegende Verordnung betrifft damit einen Teilbereich der auch von der AVBFernwärmeV erfassten Fälle, nämlich insoweit, als es um die eigenständig gewerbliche Lieferung von Wärme für vermieteten Wohnraum geht.[27]

Geregelt wird das Verhältnis der vorliegenden Verordnung zur AVBFernwärmeV in der Weise, dass die vorliegende Verordnung als speziellere Regelung die AVBFernwärmeV verdrängt, soweit ihre konkreten Regelungen denselben Gegenstand betreffen. Dies ist etwa im Hinblick auf die Formvorschriften für den Wärmeliefervertrag der Fall, für den die vorliegende Verordnung die Schriftform vorsieht (s. dazu § 2), während die AVBFernwärmeV auch andere Arten des Vertragsschlusses zulässt (vgl. § 2 AVBFernwärmeV). Auch die Möglichkeit abweichender Vereinbarungen ist in der vorliegenden Verordnung (vgl. Absatz 1) anders geregelt als in der AVBFernwärmeV (vgl. § 1 Absatz 3 AVBFernwärmeV).[28]

3.4 Defizite des Referentenentwurfs

So sehr es zu begrüßen ist, dass die Bundesregierung die mietrechtlichen Rahmenbedingungen für nachhaltigem Wärmekonsum novellieren möchte, um einen Beitrag zum Umwelt- und Klimaschutz zu leisten, so bedauerlich ist, dass der vorgeschlagene Entwurf erheblich zu kurz greift und nicht zugleich andere, mindestens ebenso effektiven Maßnahmen aufnimmt.

3.4.1 Ökologischer Mietspiegel

Das geltende Recht sieht in § 559 BGB vor, dass der Vermieter Kosten für durchgeführte Modernisierungen nur in Höhe von maximal elf Prozent der für die Wohnung aufgewendeten Sanierungskosten an die Mieter weitergeben kann.

---

[26] Referentenentwurf, S. 53
[27] A.a.O., S. 53 f.
[28] A.a.O.

Aus der Mieterperspektive hat § 559 BGB zur Folge, dass sich bei Investitionen von beispielsweise 20.000 € für eine Wohnung die Miete hierdurch um mehr als 180 € im Monat verteuert. Dem stehen Heizkosten von durchschnittlich 80 € für eine 70 qm große Wohnung gegenüber.[29] Der Mieterbund fordert deshalb zu Recht, dass die Mieterhöhungen durch mögliche Heizkostenersparnisse begrenzt werden sollten.[30] Konsequenz dieser gesetzlichen Regelung ist auch, je teurer die Modernisierung ausfällt, desto höher steigt die Miete. Besser wäre es stattdessen zu sagen: Je besser und effizienter die Modernisierungsmaßnahme wirkt, desto mehr kann auch die Miete steigen. Dazu muss die 11-Prozent-Regelung abgeschafft und müssen Modernisierungsmieterhöhungen im System der Vergleichsmiete mit eingebaut werden.[31]

Von Vermieterseite hingegen wird moniert, dass die Modernisierungskosten über die Miete erst nach neun Jahren wieder erwirtschaften werden können. Dies hält Vermieter offenbar von energetisch sinnvollen Modernisierungen ab.

Allerdings sind die Mieterhöhungsansprüche aus § 559 BGB heute ohnehin schon überall dort nicht durchsetzbar, wo sich die Miete ohnehin bereits am oberen Ende dessen bewegt, was auf dem Markt erzielt werden kann. Vorgeschlagen wird daher schon länger, dass der energetische Zustand der Wohnungen bei der Erstellung von Mietspiegeln stärker berücksichtigt werden sollte. Der Begriff des Mietspiegel s wird derzeit in § 558c BGB als „eine Übersicht über die ortsübliche Vergleichsmiete, soweit die Übersicht von der Gemeinde oder von Interessenvertretern der Vermieter und der Mieter gemeinsam erstellt oder anerkannt worden ist" definiert.

Dass der Mietspiegel auch beispielsweise die wärmetechnische Beschaffenheit eines Mietobjekts berücksichtigen muss, könnte in einer Verordnung im Sinne von § 558c Abs. 5 BGB geregelt werden. Denn in einer solchen Verordnung sind der nähere Inhalt und das Verfahren zur Aufstellung und Anpassung von Mietspiegeln zu regeln. Obwohl § 558c BGB die Bundesregierung zum Erlass einer solchen Verordnung ermächtigt, hat diese von der Ermächtigung bislang keinen Gebrauch gemacht. Eine Novellierung lediglich des § 558c Abs. 5 BGB liefe daher ins Leere.

Eine Berücksichtigung des energetischen Zustands der Mietsache ließe sich aber auch über eine Novellierung von § 558c Abs. 1 BGB bewerkstelligen, der den Begriff des Mietspiegels definiert. Zwar lässt § 558c Abs. 1 BGB generell offen, welche Kriterien zur Ermittlung der „ortsüblichen Vergleichsmiete" heranzuziehen sind. Es spricht jedoch nichts gegen und viel für eine Ergänzung des § 558c Abs. 1 BGB um folgenden Satz 2:

> „Bei der Ermittlung der ortsüblichen Vergleichsmiete ist die wärmetechnische Beschaffenheit des Mietgegenstands angemessen zu berücksichtigen."

---

[29] Pressemeldung des Deutschen Mieterbundes e.V. v. 11.5.2011.
[30] A.a.O.
[31] Deutscher Mieterbund, Pressemeldung v. 11.5.2011.

Wie das Institut für Wohnen und Umwelt GmbH (Darmstadt) bereits 2004 dargelegt hat,[32] hat die Stadt Darmstadt im Rahmen der Mietspiegelerstellung erstmals in Deutschland den Einfluss der „wärmetechnischen Beschaffenheit" auf die Netto-Miete untersucht. Die statistische Analyse der Mietspiegelstichprobe zeigte, dass für Wohnungen in Gebäuden mit guter wärmetechnischer Beschaffenheit in Darmstadt statistisch signifikant eine höhere Netto-Miete von 0,37 €/m^2 pro Monat gezahlt wird. Diese empirisch ermittelte Abhängigkeit, so das IWU weiter, war die Voraussetzung dafür, dass im Darmstädter Mietspiegel bereits 2003 bundesweit einmalig die „gute wärmetechnische Beschaffenheit" aus Zuschlagsmerkmal ausgewiesen wird. Geltend gemacht werden kann der Zuschlag, wenn der berechnete Primärenergiekennwert des Gebäudes für Heizung und Warmwasser unter 175 Kilowattstunden pro Quadratmeter und Jahr liegt. Ein derartiger erweiterter Mietspiegel wird auch als „ökologischer Mietspiegel" bezeichnet.

3.4.2 Energieausweis

Bedauerlicherweise versäumt der Referentenentwurf weiter die Chance, den Energieausweis i.S.v. § 16 EnEV in die Novellierung mit einzubeziehen.

In der Praxis werden Energieausweise noch viel zu selten zugänglich gemacht. Ein Verstoß gegen die Verpflichtung zur Zugänglichmachung des Energieausweises zieht zwar bereits nach geltendem Recht Schadensersatzansprüche nach sich. Diejenigen Mieter/Käufer,, die auf Zugänglichmachung bestehen, werden jedoch keinen Schaden erleiden. Diejenigen, die nicht darauf bestehen, trifft ein Mitverschulden. Die Verhängung eines Bußgeldes scheitert im Regelfall an der fehlenden Unterrichtung der Ordnungsbehörden. Mit anderen Worten: Ignorieren Vermieter/Verkäufer ihre Verpflichtung zur „Zugänglichmachung", hat dies im Regelfall keine Konsequenzen.[33]

3.4.2.1 Verpflichtung zur Vorlage des Energieausweises bei Vertragsschluss

Wirksamer wäre es, wenn die Vermieter/Verkäufer verpflichtet würden, den Energieausweis von sich aus vorzulegen. Dann wäre es in ihrem eigenen Interesse, den Mietern/Käufern eine Kopie auszuhändigen und sich deren Erhalt quittieren zu lassen. Dies ließe sich relativ einfach durch eine Novellierung von § 16 EnEV bewerkstelligen. Dazu müsste lediglich in § 16 Absatz 2 EnEV die Formulierung „zugänglich zu machen" durch „vorzulegen" oder „nachzuweisen" ersetzt werden.

Hierbei handelt es sich um eine rein klarstellende Regelung. Bereits heute müsste man § 16 Abs. 2 EnEV in diesem Sinne gemeinschaftsrechtskonform auslegen.[34] Denn nur mit einer solchen Verpflichtung zur Vorlage des Energieausweises bei Vertragsschluss würde

---

[32] IWU, Ökologischer Mietspiegel in Darmstadt, 2004, S. 1).

[33] Marlene Schmidt, Energieeffizienz im Mietrecht: Der neue Energieausweis, Zeitschrift für Umweltrecht 2008, 463.

[34] Schmidt, ZUR 2008, 463 (466).

Art. 7 der Energieeffizienz-Richtlinie 2002/91/EG[35] korrekt umgesetzt. Denn Art. 7 Abs. 1 der Energieeffizienzrichtlinie bestimmt nicht lediglich, dass der Verkäufer/Vermieter einen Energieausweis „zugänglich zu machen" hat. Die Richtlinie verpflichtet die Mitgliedstaaten vielmehr ausdrücklich sicherzustellen, „dass beim Bau, beim Verkauf oder bei der Vermietung von Gebäuden dem Eigentümer bzw. dem potenziellen Käufer oder Mieter vom Eigentümer ein Ausweis über die Gesamtenergieeffizienz vorgelegt wird".

Würde diese Verpflichtung in § 16 Abs. 2 EnEV korrekt übernommen, hätte dies folgende Vorteile:[36]

Unterlässt der Vermieter schuldhaft die Vorlage des Energieausweises, haftet er für etwaige Schäden seines (potenziellen) Mieters, für die das Unterlassen der Vorlage kausal war, siehe §§ 280 Abs. 1, 311 Abs. 2 Nr. 1, 241 Abs. 2 BGB i. V. m. § 16 Abs. 2 EnEV. Danach ist der Mieter so zu stellen, wie er bei ordnungsgemäßer Vorlage stünde. Kann er nachweisen, dass er den Vertrag bei ordnungsgemäßer Information nicht geschlossen hätte, kann er Vertragsauflösung verlangen. Bei Rückabwicklung des Vertrags hat der Vermieter ggfs. Aufwendungsersatz – Ersatz der Umzugskosten – zu leisten. Hält der Geschädigte trotz des nachteiligen Vertragsinhalts am Vertrag fest, kommt eine Vertragsanpassung in Betracht.

Zwar läge die Darlegungs- und Beweislast für die pflichtwidrig nicht erfolgte Vorlage des Energieausweises, für die eingetretenen Schäden sowie für den Kausalzusammenhang zwischen dem pflichtwidrigen Unterlassen der Vorlage des Energieausweises und den entstandenen Schäden nach den allgemeinen zivilprozessualen Grundsätzen, nach wie vor beim Mieter/Käufer. Dieser müsste also unter anderem darlegen und gegebenenfalls beweisen, dass (1) der Vermieter/Verkäufer ihm den Energieausweis nicht vorgelegt hat; (2) dass die Energiekosten höher sind, als vom Verkäufer angegeben und (3), dass er den Vertrag nicht geschlossen hätte, wenn er vom Vermieter korrekt informiert worden wäre. Für all diese Punkte genügt zunächst die reine Behauptung. Dieser wird jedoch der Boden entzogen, wenn sich der Verkäufer/Vermieter vom Mieter – beispielsweise auf einer Kopie des Energieausweises – hat quittieren lassen, dass dieser dem Mieter vorgelegt wurde. Schon im eigenen Interesse würden die Verkäufer/Vermieter daher so verfahren.

3.4.2.2 Verpflichtung zur Aushändigung einer Kopie des Energieausweis bei Vertragsschluss

Noch effektiver wäre eine Verpflichtung zur Aushändigung einer Kopie des Energieausweises. Dann hätte der Mieter/Käufer diese bei seinen Unterlagen und könnte einfach abgleichen, ob die Angaben gravierend von seinen eigenen Daten abweichen.

Der Entwurf eines Gesetzes zur Sicherung bezahlbarer Mieten und zur Begrenzung von Energieverbrauch und Energiekosten, den das Land Berlin im Oktober 2010 in den Bundesrat eingebracht hat,[37] sieht daher vor, in § 16 Abs. 2 S. 2 der Energieeinsparverordnung (EnEV) nach dem Wort „Nutzungseinheit" die Worte „… mit der Maßgabe, dass der

---

[35] Amtsblatt EG 2003, L 1/65.
[36] Zum Folgenden ausführlich Schmidt, ZUR 2008, 463 (467 f.).
[37] BR – Drs. 637/10.

Energieausweis bereits bei den ersten Unterlagen bzw. beim ersten Besichtigungstermin in Kopie zur Verfügung zu stellen ist" einzufügen. Gleichzeitig soll ein neuer § 550a ins BGB eingefügt werden. Danach soll ein Mietvertrag erst dann wirksam zustande kommen, wenn der bedarfsorientierte Energieausweis für das Wohngebäude, in dem der Wohnraum liegt, dem Mieter ausgehändigt wurde.

Dies ist eine sehr einfache und zugleich effektive Lösung, die sehr zu begrüßen wäre.

3.5   Ergebnis

Der Entwurf des Bundesjustizministeriums greift für den Umwelt- und Klimaschutz besonders effektive gesetzgeberische Maßnahmen, wie beispielsweise eine Verpflichtung zur Einbeziehung des Energieausweises bei Abschluss des Mietvertrags, nicht auf. Stattdessen erleichtert er (lediglich) den Vermietern die Durchsetzung von sog. energetischen Modernisierungsmaßnahmen und die Umstellung auf Contracting. Er beschränkt sich damit auf Änderungen, die der Vermieterseite zugutekommen und verschont diese gleichzeitig mit Novellierungen, die im Interesse der Mieter beispielsweise den (möglicherweise unzureichenden) energetischen Ist-Zustand eines Mietobjekts transparent machen würden.

Eine solche Einseitigkeit ist grundsätzlich schon deswegen zu beanstanden, weil sie – allein im ökonomischen Interesse der Vermieter – das ökologische Potenzial des Mietrechts nicht ausschöpft und zugleich den sozialen Aspekt des Mietrechts vernachlässigt und damit zwei der drei Säulen des Nachhaltigkeitskonzepts – Ökologie, Ökonomie und Soziales[38] – nicht gerecht wird. Insbesondere bleibt der Referentenentwurf weit hinter dem zurück, was möglich wäre, wenn der Gesetzgeber in erster Linie dem Umwelt – und Klimaschutz Rechnung tragen würde. Es ist zu hoffen, dass diese Defizite im Laufe des Gesetzgebungsverfahrens noch behoben werden.

Literaturverzeichnis

Beaucamp Guy: Das Konzept der zukunftsfähigen Entwicklung im Recht, Untersuchungen zur völkerrechtlichen, europarechtlichen, verfassungsrechtlichen und verwaltungsrechtlichen Relevanz eines neuen politischen Leitbildes, Tübingen 2002

Beyer: Dietrich/Lippert; Michael: Rechtliche Voraussetzungen einer Steigerung der Energieeffizienz durch Wärmecontracting in der Wohnungswirtschaft als Beitrag zu Energiesicherheit und Klimaschutz, Halle, 2007

---

[38] Sog. Drei-Säulen-Modell, vgl. nur Beaucamp, Das Konzept der zukunftsfähigen Entwicklung, 2002, 19 ff. m. w. N.; Enquete- Kommission „Schutz des Menschen und der Umwelt – Ziele und Rahmenbedingungen einer nachhaltig – zukunftsverträglichen Entwicklung" des 13. Bundestags, Abschlußbericht vom 25. 6. 1998, BT – Drs. 13/11200; Enquete-Kommission „Globalisierung und Weltwirtschaft – Herausforderungen und Antworten", BT – Drs. 14/9200, 393.

Derleder, Peter: Die Reform des Mietrechts – Aufgaben, Chancen und Kritik, Zeitschrift für Rechtspolitik (ZRP) 2000, 243–251

Hack, Martin: Energie-Contracting, München 2003

Institut für Wohnen und Umwelt (IWU): Ökologischer Mietspiegel in Darmstadt, Darmstadt 2004

Rips, Franz-Georg: Die ökologische Kompetenz der Mietrechtsreform, Wohnungswirtschaft und Mietrecht (WuM) 2001, 419–423

Schmidt, Marlene: Energieeffizienz im Mietrecht: Der neue Energieausweis, Zeitschrift für Umweltrecht (ZUR) 2008, 463–468

Schmidt, Marlene: Finanzierung von Wärmetechnologien am Beispiel des Wärme-Contracting, in: Andreas Koch/Till Jenssen (Hrsg.), Effiziente und konsistente Strukturen – Rahmenbedingungen für die Nutzung von Wärmeenergie in Privathaushalten, Stuttgart 2010

Hemmnisse, Perspektiven und die Rolle der Energieberatung im Diffusionsprozess

Katy Jahnke und Marius Buchmann

4.1 Zusammenfassung

Betrachtet man die prognostizierten und wirtschaftlich erschließbaren Einsparpotenziale energetischer Sanierungen in privaten Hauhalten, wird deutlich, dass ein großer Anteil dieser Potenziale bei den aktuellen Sanierungsquoten unerschlossen bleibt. In der ökonomischen Literatur wird hier von einer Energy Efficiency Gap gesprochen, der Diskrepanz zwischen aktuellem und wirtschaftlich erschließbarem Energieeffizienzniveau. Diese Diskrepanz wird nach rein ökonomischer Sichtweise durch Marktversagen und -barrieren hervorgerufen, wie beispielsweise finanziellen und informatorischen Restriktionen auf Seiten der Konsumenten. Eine strikte ökonomische Betrachtung in Hinblick auf ihre Erklärungskraft der oben vorgestellten Energy Efficiency Gap greift jedoch zu kurz, da sie verhaltensspezifische Aspekte, wenn überhaupt, nur auf individueller Ebene einbezieht. Der Einfluss psychologischer Faktoren und des sozialen Umfelds wird oftmals ausgeblendet und der Konsument als allein stehende Entscheidungsentität betrachtet. Die vorliegende Arbeit liefert einen Überblick zum tatsächlichen und politisch anvisierten Wärmekonsum privater Haushalte. In Anlehnung an Rogers Diffusion of Innovation Model wird dabei insbesondere der Einfluss von Energieberatung auf den Entscheidungsprozess von Konsumenten im Bereich energetischer Sanierungen betrachtet. Energieberater nehmen dabei eine Hauptrolle als Change Agents ein, d. h. als Vermittler von Informationen und als Multiplikator von Überzeugungen im Adoptionsprozess von Innovationen. Dabei hat das dem Berater entgegengebrachte Vertrauen einen entscheidenden Einfluss auf die Überzeugungsfähigkeit der Beratung und demnach auch auf die Entscheidung der Konsumenten, nachhaltige Wärmekonsummuster umzusetzen.

D. Gallego Carrera et al. (Hrsg.), *Nachhaltige Nutzung von Wärmeenergie*,
DOI 10.1007/978-3-8348-8650-7_4,
© Vieweg+Teubner Verlag | Springer Fachmedien Wiesbaden 2012

4.2   Die Nachhaltigkeit des Wärmekonsums

Im Verlauf der Diskussion um eine nachhaltige Entwicklung verlagerte sich der Schwerpunkt der Umweltpolitik, neben dem generellen Ziel der CO_2-Emissionsreduktion, zunehmend auf die Forderung nachhaltiger Konsummuster. Diese Forderung schlug sich vor allem im sechsten Umweltaktionsprogramm der europäischen Union nieder und legte damit für die Mitgliedstaaten einen verbindlichen Auftrag zur Förderung nachhaltiger Konsumstrukturen fest. Vor diesem Hintergrund wird der Fokus der folgenden Betrachtung des nachhaltigen Konsums auf den Energieverbrauch gelegt, im Speziellen auf den Wärmenergieverbrauch privater Haushalte. Grund für die Auswahl dieses Konsumsektors ist vor allem der erhebliche Anteil des Energieverbrauchs privater Haushalte am gesamten Endenergieverbrauch in Deutschland in Höhe von knapp 30 % (BMWi, 2010a) und damit dessen wesentlicher Beitrag zur Produktion klimaschädlicher Treibhausgase, wie CO_2. Betrachtet man vertiefend den Anteil der Raumwärme am Energieverbrauch der privaten Haushalte selbst, wird deutlich, dass dieser mit weit über zwei Dritteln (71,3 % im Jahr 2007 (BMWi, 2010a)) den relevantesten Bereich für eventuelle Einsparpotenziale ausmacht.

Der Wärmeenergieverbrauch privater Haushalte hängt im Wesentlichen von zwei Faktoren ab: Zum einen von gebäude- und gebäudetechnikspezifischen Merkmalen, wie Wärmedämmung und Anlagentechnik, zum anderen kommt das Nutzerverhalten hinzu, welches den individuellen Umgang mit dem Gebäude bzw. mit dem Heizsystem (Temperaturwahl, Lüftungsverhalten etc.) widerspiegelt. Daraus lassen sich bezüglich der drei Nachhaltigkeitsstrategien – Suffizienz, Effizienz und Konsistenz (Vgl. Huber, 1995) – folgende Handlungsfelder nachhaltigen Wärmekonsums für die privaten Konsumenten ableiten: Hinsichtlich der Suffizienzstrategie wären Verhaltensanpassungen in den genannten Nutzungsbereichen Temperaturwahl und Lüftungsverhalten möglich, um Energieeinsparungen zu erzielen; in den Bereich der Effizienz- und Konsistenzstrategie fallen dagegen vor allem investive Maßnahmen, wie energetische Sanierungen der Gebäudehülle und/oder der Anlagentechnik. Diese sind, im Vergleich zu den Suffizienzmaßnahmen, hinsichtlich ihres Komplexitätsniveaus als deutlich schwieriger in Bezug auf ihre Umsetzung zu bewerten. Dennoch sind diese Strategien für den Hauseigentümerbereich wirksamer und werden daher in den Vordergrund dieses Beitrags gerückt.

Eine aktuelle Studie zur Abschätzung des Einsparpotenzials im Ein- und Zweifamilienhausbereich zeigt, dass bei einer kompletten Sanierung aller Gebäudehüllen, nach Anforderungen der Energieeinsparverordnung (EnEV) 2009, eine Reduktion des Primärenergiebedarfs um rund 174 TWh pro Jahr erreicht werden könnte. Damit würden sich die gesamten CO_2-Emissionen der privaten Haushalte um mehr als 20 % verringern lassen (Vgl. Weiß & Dunkelberg, 2010, S. 62). Ein Großteil dieser Potenziale wird, aller Voraussicht nach, bei den aktuellen Sanierungsquoten von etwa 1 % kurz- bis mittelfristig unerschlossen bleiben. In ihrem aktuellen Energiekonzept fordert die amtierende Bundesregierung deshalb eine Verdopplung der Sanierungsraten (Vgl. BMWi, 2010b).

Eine Antwort auf die Frage, warum diese Einsparpotenziale trotz teilweise auch wirtschaftlicher Erschließbarkeit ungehoben bleiben, ist vielschichtig, da sich eine ganze Reihe von Hemmnissen identifizieren lassen, die auf Haushaltsebene entsprechende Verhaltensanpassungen und Investitionen verhindern.

4.2.1 Hemmnisse für die Nachhaltigkeit des Wärmekonsums

In der ökonomischen Literatur wird bei der Problematik aktuell unerschlossener Energieeinsparpotenziale von einer Energy Efficiency Gap gesprochen, welche in den meisten Fällen durch Marktversagen und -barrieren hervorgerufen wird. D. h. die momentanen Gegebenheiten der Märkte für Energie, energieeffiziente Technologien oder auch Finanzierung verhindern die Ausschöpfung der möglichen und heute bereits auch meist wirtschaftlichen Energieeffizienzpotenziale und damit entsprechender Energieeinsparungen. Ein mögliches Marktversagen stellt dabei ein gravierendes Problem dar, da hier staatliche Eingriffe von Noten sein könnten, um effiziente Marktergebnisse zu generieren (Fritsch, Wein & Ewers, 2003).

Levine, Hirst, Koomey, McAhon und Sanstad (1994) definieren die Energy Efficiency Gap als die Diskrepanz zwischen aktuell erreichter Energieeffizienz und dem nach Stand der Technik möglichen und zum Großteil auch wirtschaftlich erschließbarem Energieeffizienzniveau. Gillingham, Newell und Palmer (2009) sprechen hier vereinfachend von einem *Underinvestment* in Energieeffizienz. Aus wohlfahrtsökonomischer Sicht ergeben sich effiziente Marktallokationen, hier für Investitionen in Energieeffizienz, unter den strikten Voraussetzungen, dass die Preise die privaten und sozialen Kosten widerspiegeln, auf Seiten der Konsumenten vollständige und identische Informationen vorherrschen, Kapitalmärkte perfekt funktionieren und keine Transaktionskosten existieren. Diese Voraussetzungen sind in der Realität jedoch nie ausnahmslos erfüllt. Finanzielle und informatorische Restriktionen werden dabei in der einschlägigen Literatur am häufigsten proklamiert (siehe zum Beispiel Levine et al., 1994; Howarth & Andersson, 1993; Gillingham, Newell & Palmer, 2009; Golove & Eto, 1996; Hirst & Brown, 1990).

4.2.2 Energiepreise und Kosten

Unvollständige Preissignale für Energie, z. B. durch den Ausschluss von sozialen Kosten und Umweltexternalitäten bzw. die Nicht-Einpreisung von entsprechenden gesellschaftlichen Folgekosten umweltschädlicher Energieerzeugung, lassen vermuten, dass notwendige Investitionsanreize fehlen und Investitionen in Energieeffizienz ausbleiben könnten (Vgl. Golove & Eto, 1996, S. 18f.; Levine et al., 1994, S. 14f). Hinzu kommt die Unsicherheit über die zukünftige Energiepreisentwicklung (Vgl. Hirst & Brown, 1990, S. 271). Es ist anzunehmen, dass insbesondere sinkende Energiepreise, wie sie im Rahmen der jüngsten

Weltwirtschaftskrise zu verzeichnen waren, die Verunsicherung in der Bevölkerung verstärken und zu Investitionsaufschüben führen.

Neben fehlenden Investitionsanreizen über Energiepreise, werden häufig auch Finanzierungsprobleme und Restriktionen bezüglich der Liquidität oder des Zugangs zu Fremdkapital als Hemmnis für die Umsetzung von Sanierungsmaßnahmen genannt (Vgl. Hirst & Brown, S. 272; Golove & Eto, 1996, S. 10). Begründet liegen diese Beschränkungen meist in den sehr hohen Initialkosten für energieeffiziente Technologien. Von Seiten der Konsumenten wird die geringe Umsetzungsquote von Energieeffizienzmaßnahmen oft mit dem Argument der Unwirtschaftlichkeit energetischer Sanierung begründet. So können unter anderem Maßnahmen, die durchschnittlich als kosteneffizient bewertet werden, aufgrund unterschiedlichem Nutzerverhalten oder Zugang zu Kapital für Teile der Bevölkerung dennoch unwirtschaftlich sein. Um entsprechende Maßnahmen durchzuführen, bedarf es in vielen Fällen einer Kreditaufnahme, welche Haushalte aber meist scheuen (Albrecht & Zundel, 2010, S. 22). Neben den Kosten der Investition an sich sind aber auch eventuelle Transaktionskosten, d. h. beispielsweise Kosten für die Informationssuche und -beschaffung, zu berücksichtigen.

In Bezug auf Investitionsanreize lässt sich insbesondere für den vermieteten Gebäudebestand ein weiteres Problem identifizieren, welches unter dem Namen Investor-Nutzer-Dilemma bekannt ist. Für die Investition in energetische Sanierung ist meist der Vermieter verantwortlich, wobei die entsprechend initiierte Kosteneinsparung, also der Nutzen, bei den Mietern in Form von Energiekostensenkungen anfällt. Das hier zu beobachtende Phänomen wird als Split-incentive bezeichnet, d. h. die Investitionsanreize fallen nicht bei den für die Investition Verantwortlichen an (Vgl. International Energy Agency (IEA), 2007).

4.2.3 Information

Konsumenten fehlen häufig Informationen zum eigenen Energieverbrauch und den am Markt erhältlichen Energieeffizienztechnologien, die vorhandene Einsparpotenziale erschließen könnten. Howarth und Andersson (1993) behaupten, dass Konsumenten unvollständige Informationen über die am Markt erhältlichen energieeffizienten Technologien besitzen und aufgrund dessen keine ökonomisch effiziente Marktallokation erreicht wird. Zudem werden häufig die nicht direkt sichtbaren Qualitätsunterschiede von Technologien, zu denen auch Energieeffizienz zählt, bei der Auswahl geringer bewertet. Das fehlende Wissen über potenzielle Energieeinsparungen durch Investitionen in Energieeffizienz führt häufig auch zu fehlerhaften Kosten-Nutzen-Abschätzungen, wie unter anderem zu überhöhten individuellen Diskontierungsraten; d. h. einer Überbewertung der Initialkosten im Vergleich zu den erwarteten Kosteneinsparungen einer Investition (siehe insbesondere Hausmann, 1979; Sanstad, Blumstein & Stoft, 1995; Hassett & Metcalf, 1993).

Aus Sicht von Howarth und Andersson (1993) ließe sich daher die Energy Efficiency Gap auch durch fehlerhafte Evaluierungen der möglichen (positiven) Konsequenzen von Investitionen in Energieeffizienz erklären, wie z. B. in Bezug auf die tatsächlichen Einsparpotenziale durch Sanierungsmaßnahmen. Laut einer Umfrage der Technomar GmbH (2005) und Vergleichen mit Ergebnissen einer Konsumentenbefragung von co2online (2007), überschätzen Hausbesitzer die Kosten von Sanierungen um durchschnittlich 40 % und unterschätzen dabei gleichzeitig die möglichen Einsparpotenziale, insbesondere für den Raumwärmebereich (co2online 2007, S. 32f. und S. 42).

Des Weiteren lassen sich hinsichtlich des verhaltensabhängigen Teils des Wärmeverbrauchs verschiedene Tendenzen erkennen, die einer Ausschöpfung des gesamten Energieeinsparpotenzials energetischer Sanierungen entgegenstehen. Ein Beispiel wären etwa die steigenden Komfortansprüche, die sich in einem Zuwachs der Wohnfläche ausdrücken. Weiterhin werden unter dem Begriff Reboundeffekt solche Verhaltensweisen zusammengefasst, die zu einem erhöhten Energieverbrauch in Folge einer Energieeffizienzmaßnahme führen. Dies ist z. B. der Fall, wenn der Einsparungseffekt einer Sanierung dadurch überkompensiert wird, dass die Räume stärker geheizt werden (Vgl. dazu Greening, Greene & Difiglio, 2000; Paech & Pfriem, 2002, S. 51ff.).

Wie sich hier zeigt, greift eine strikte ökonomische Betrachtung in Hinblick auf ihre Erklärungskraft der oben vorgestellten Energy Efficiency Gap zu kurz, da sie nur die Relevanz von ökonomischen Variablen, so stark diese auch im Einzelfall sein mögen, in den Vordergrund stellt und verhaltensspezifische Aspekte, wenn überhaupt, nur auf individueller Ebene einbezieht.

4.3 Perspektiven für die Nachhaltigkeit des Wärmekonsums

4.3.1 Jenseits der ökonomischen Nachhaltigkeit

In der ökonomischen Theorie und deren Weiterentwicklung hin zur Verhaltensökonomie werden hauptsächlich Schwierigkeiten bei der Entscheidungsfindung bzw. eine Trägheit im Adoptionsverhalten mit begrenzter Rationalität auf Seiten der Konsumenten erklärt (Vgl. Lipman, 1995; Wittmann, Morrison, Richter & Bruckner, 2006). Häufig werden dabei limitierte Informationsverarbeitungskapazitäten der Konsumenten angenommen. Der Einfluss psychologischer Aspekte und des sozialen Umfelds wird oftmals ausgeblendet und der Konsument als allein stehende Entscheidungsentität betrachtet. Erklärungsansätze für die geringe Umsetzung nachhaltiger Energiekonsummuster finden sich nicht nur in der ökonomischen Disziplin. In den letzten Jahrzehnten wuchs die Zahl psychologischer Studien, denn trotz weitreichender Förderprogramme (Vgl. Jahnke & Schmidt, 2010; Weiß & Vogelpohl, 2010) wird, wie bereits dargestellt, nicht das volle Einsparpotenzial energetischer Sanierungsmaßnahmen erreicht.

Die bekanntesten verhaltenspsychologischen Ansätze sind die Theorie des geplanten Verhaltens von Ajzen und Fishbein, Schwartz' Normaktivationstheorie, Sterns Value Belief Norm Theory sowie das in vorliegendem Kapitel einbezogene Diffusion of Innovation (DoI) Model von Everett Rogers (einen guten Überblick über Verhaltensmodelle bieten Wilson & Dowlatabadi, 2007, sowie ausführlicher Jackson, 2005). Die erstgenannten Ansätze beruhen dabei häufig auf handlungsauslösenden Einstellungen und Normen. Häufiges Thema bei verhaltenspsychologischen Ansätzen ist die Kluft zwischen Einstellungen und Verhalten. Einen ausführlichen Einblick in die Forschung zum Attitude-Behavior Gap liefern Kollmuss & Agyemen (2002). Im Abschn. 4.1 haben wir bereits einige mögliche Ursachen dafür benannt, warum Energiebewusstsein noch zu selten energiebewusstem Handeln führt. Diekmann und Preisendörfer (1992) erklären die beobachtete Diskrepanz zwischen Umwelteinstellungen und tatsächlichem, umweltbewusstem Handeln anhand ihrer Low-cost-Hypothese: Umweltbewusstsein und geringinvestives, d. h. für den Konsumenten kostengünstiges umweltbewusstes Handeln (z. B. Recycling) korrelieren signifikant. Bei Verhaltensweisen, die einen höheren Aufwand für den Konsumenten bedeuten, was bei vielen Investitionsmaßnahmen in nachhaltigen Wärmekonsum der Fall ist, konnte jedoch kaum eine Korrelation gemessen werden. Die Kosten umweltbewussten Verhaltens definieren sich dabei nicht nur über rein ökonomische Faktoren, sondern auch über Variablen wie eingesetzte Zeit und Aufwand, die nötig sind, um sich umweltbewusst zu verhalten (Vgl. Diekmann & Preisendörfer, 1992). Van Raaij und Verhallen (1983) behaupten, dass die Beziehung zwischen Einstellungen und Verhalten unter anderem durch das Wissen über die Kosten-Nutzen Zusammenhänge, insbesondere bei Investitionen, und über die energiebezogenen Konsequenzen des eigenen Verhaltens verstärkt werden kann.

Der Schwerpunkt des vorliegenden Kapitels liegt auf dem in der ökonomischen Theorie oft vernachlässigten Zusammenhang zwischen individuellem Verhalten und entscheidungsrelevanten Einflüssen des sozialen Umfelds. Durch eine Einbeziehung verhaltenspsychologischer Ansätze soll dieser hier stärker in den Fokus gerückt werden (Vgl. auch Jackson, 2005, S. 35ff.). Dieser klare Bezug des sozialen Umfelds und dessen Einfluss auf die individuelle Entscheidung ist ein wesentlicher Grund für die Wahl des Diffusionsmodells von Rogers. Es basiert auf einem Verständnis von Diffusion als ein Prozess, bei dem eine Innovation im Zeitverlauf über verschiedene Kommunikationskanäle innerhalb eines sozialen Systems verbreitet wird (Rogers, 1995, S. 5). Rogers skizziert den Weg hin zur individuellen Entscheidung als Adoptionsprozess. Dieser folgt der Annahme, dass der individuelle Entscheidungsprozess in einem aufeinander aufbauenden Stufenverlauf mit vier Schritten, wie in nachfolgender Abb. 4.1, dargestellt werden kann.

Wichtig für den Diffusionsprozess sind insbesondere die Abhängigkeiten zwischen den verschiedenen Akteuren in einem System, die in Rogers Theorie ein wichtiges Element bilden. Diese Struktur bedingt, dass Kommunikation zum Kernelement des Modells wird. Die Schlüsselfrage, die sich daher hier stellt, lautet: *Auf welche Weise wird die individuelle Entscheidung von den Verhaltensweisen und Entscheidungen anderer Teilnehmer des vorliegenden sozialen Systems beeinflusst?*

4.3.2 Instrumente für die Nachhaltigkeit des Wärmekonsums

Im Vorfeld der ausführlichen Analyse, welche Rolle der Energieberatung als Multiplikator im Diffusionsprozess zukommt, folgt zunächst ein Überblick über umweltpolitische In-

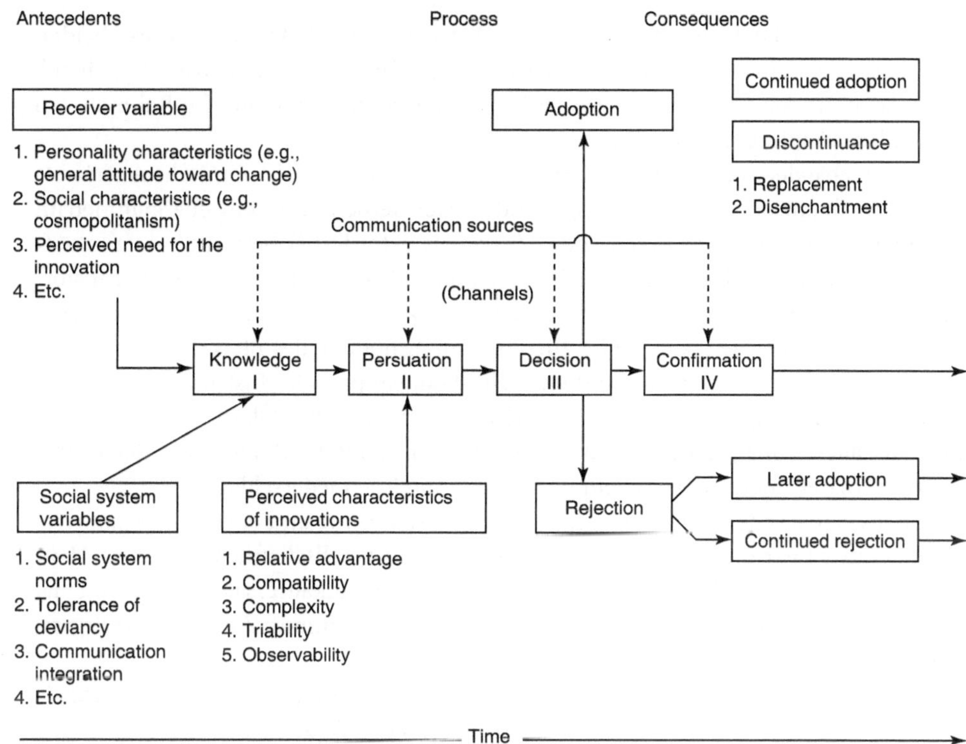

Abb. 4.1 Diffusion of Innovation Model (Rogers, 1995)

strumente, die dazu dienen, entsprechende Hemmnisse abzubauen und Einsparpotenziale zu heben. Generell lassen sich vier wesentliche Instrumententypen unterscheiden, die für eine Förderung nachhaltigen Konsums von Wärme eingesetzt werden können:

- Ordnungsrechtlich
- Ökonomisch
- Kooperativ
- Kommunikativ

Ordnungsrechtliche Instrumente zeichnen sich häufig durch staatlich gesetzte Regeln, wie Gebote oder Verbote, aus, die für alle oder bestimmte Zielgruppen verbindlich sind. Das entscheidende Merkmal von Geboten und Verboten ist deren direkter Einfluss auf den Handlungsspielraum der Betroffenen durch unmittelbare Verpflichtungen, deren Verletzung sanktioniert werden kann. Im Rahmen der Ordnungspolitik werden vor allem gesetzliche Maßnahmen wie Mindeststandardsetzung und Nutzungsverpflichtungen für den Bereich der Verbesserung der Energieeffizienz und Nutzung erneuerbarer Energien im Wärmebereich eingesetzt. Zu nennen sind hier vor allem die Energieeinsparverordnung (EnEV) und das Erneuerbare-Energien-Wärmegesetz (EEWärmeG). Diese beiden gesetzgeberischen Instrumente sind jedoch vorrangig für den Neubau ausschlaggebend. Die Vorgaben für den Gebäudebestand sind hingegen minimal bzw. nur im Rahmen von umfassenderen Sanierungsmaßnahmen relevant.

Für den Gebäudebestand wird auf Bundesebene vor allem die ökonomische Anreizsetzung in Form finanzieller Förderung angewendet. Hier werden Sanierungsmaßnahmen im Bestand durch zinsverbilligte Kredite oder Zuschüsse gefördert (Überblick Vgl. Jahnke & Schmidt, 2010 sowie Weiß & Vogelpohl, 2010). Aufgrund der unterschiedlichen Brennstoffe, die für die Wärmeerzeugung genutzt werden, wie Gas, Biomasse, Strom oder Öl, bieten sich andere ökonomische Instrumente, die z. B. eine Erhöhung des Preises nach sich ziehen, weniger an. Preiserhöhungen sind vielmehr dann ein probates Instrument, wenn ein einheitliches Gut nachgefragt wird. In Deutschland wäre etwa die „Ökosteuer" ein solches Mittel, aber auch Umlagen, die sich, basierend auf dem Emissionshandel und der Förderung erneuerbarer Energien, vor allem in den Strompreisen niederschlagen.

Ebenfalls eine Randexistenz haben kooperative Instrumente im Bereich der Raumwärme. Kooperative Instrumente setzen auf Selbstregulierung gesellschaftlicher Akteure. Häufige Formen sind (freiwillige) Vereinbarungen zwischen Politikadressaten und dem Staat sowie Branchenselbstverpflichtungen, die die Erreichung bestimmter Ziele oder die Ergreifung spezifischer Maßnahmen im Fokus haben.

Die Kommunikationsinstrumente als letzte Instrumentengruppe zielen vor allem auf eine Veränderung von Wissen, Werten und Wahrnehmung ab. Dadurch soll in der jeweiligen Zielgruppe eine Veränderung der Motivationen, Ziele und Handlungsabsichten erreicht werden. Durch das Vermitteln von Wissen werden Reflexionsprozesse angestoßen, die die Vorbedingungen des Handelns und damit das Handeln selbst verändern können. Zu den Kommunikationsinstrumenten können Produkt- und Verbrauchsinformationen gezählt werden, wie Label, Etiketten oder Feedback, aber auch weitere Informations- und Beratungsangebote, wie z. B. Informationskampagnen. Im Bereich des Wärmekonsums haben sich Energieeffizienzlabel oder innovative und vor allem häufigere Feedbackinstrumente noch nicht durchgesetzt. Im Folgenden sollen deshalb insbesondere die Wirkungen von Informations- und Beratungsinstrumenten für die Förderungen nachhaltiger Wärmekonsummuster untersucht werden. Eine bedeutende Rolle spielt dabei das Instrument Energieberatung und die hier aktiv und passiv beteiligten Akteure, die durch ihr Handeln einen Einfluss auf die Entscheidungen von Konsumenten haben können.

4.3.3 Die Rolle der Energieberatung im Instrumentenkanon

Die in Deutschland angebotene Energieberatung stellt sich sehr vielschichtig dar. Es finden sich eine ganze Reihe teils sehr unterschiedlicher Beratungsangebote am Markt. Das Spektrum erstreckt sich dabei von Fachberatungen im Baumarkt über kostenlose, meist stationäre Initialberatungen, bis hin zu kostenpflichtigen Vor-Ort-Beratungen mit Honoraren im dreistelligen Eurobereich und höher. Einen guten Überblick über die geläufigsten Beratungsangebote bietet nachfolgende Tab. 4.1 aus Dunkelberg und Stieß (2011).

Bei den institutionellen Energieberatungsarten ist das Ziel die Unterstützung der Verbraucher bei Investitionsentscheidungen oder Verhaltensänderungen zur Förderung der Energieeinsparung und des Einsatzes erneuerbarer Energien. In den meisten Fällen wird die Beratung stationär angeboten. Die Beratungen an sich werden dabei häufig durch qualifizierte Energieberater verschiedenster Fachrichtungen (Architekten, Bauphysiker und Ingenieure der Fachrichtungen Bauingenieurwesen, Heizungs-, Versorgungs- oder Energietechnik mit nachgewiesener Berufspraxis) auf Honorarbasis durchgeführt. Die Beratung ist dabei meist kostenlos oder wird zumindest kostengünstig angeboten, wie Tab. 4.1 zeigt.

Eine weitere in Deutschland wesentliche Art von Energieberatung stellen Vor-Ort Beratungen dar. Diese Form der Energieberatung ist im Vergleich zur eben dargestellten institutionellen Energieberatung meist deutlich umfangreicher, hat jedoch den entscheidenden Vorteil der objektbezogenen und ausführlichen Analyse und damit entsprechend auf das sanierungsbedürftige Haus zugeschnittene Empfehlungen für Energieeffizienzmaßnahmen. Zudem werden Vor-Ort-Beratungen in Deutschland unter Einhaltung bestimmter Anforderungen vom Bundesamt für Ausfuhrkontrolle (BAfA) im Auftrag des Bundesministeriums für Wirtschaft und Technologie (BMWi) finanziell bezuschusst (Vgl. BMWi, 2009).

Neben der jeweiligen Art der Energieberatung lassen sich zudem unterschiedliche Anbieter für Energieberatung identifizieren. So gilt die Verbraucherzentrale als das bekannteste Beispiel für die institutionelle Energieberatung in Deutschland. Ihr kommt zugute, dass sie als neutral gilt und die Konsumenten daher sehr offen und vor allem herstellerunabhängig berät. Neben der Energieberatung der Verbraucherzentralen gibt es weitere institutionelle Einrichtungen, die Energieberatung als Dienstleistung anbieten. So finden sich auf regionaler und lokaler Ebene unabhängige Energieberatungszentren, die sich in vielen Fällen als eingetragene Vereine über Mitgliederbeiträge finanzieren. Zudem bietet auch eine Vielzahl von Energieversorgern Energieberatungen an. Hier sei kritisch angemerkt, dass ein klassischer Interessenkonflikt vorliegt, der durch das parallele Angebot von Energieberatung und Energieversorgung entsteht. Die Energieberatung, die hauptsächlich dem Ziel der Energieeinsparung dienen sollte, könnte damit hypothetisch zu Absatzeinbußen im Kerngeschäft, dem Verkauf von Energie als Produkt, führen. (Jahnke, 2010, S. 36).

Ausgehend von Rogers Diffusion of Innovation (DoI) Model wird im Folgenden der theoretische Einfluss von Energieberatung auf den Entscheidungsprozess von Konsumenten betrachtet. Energieberater nehmen dabei eine Hauptrolle als Vermittler von Informationen und Multiplikator von Überzeugungen bei der Adoption von Innovationen ein. Aus dieser Sicht ist besonders relevant, inwiefern die Energieberater Einfluss auf die Konsumenten ausüben können. Der potenzielle Einfluss bezieht sich dabei sowohl auf die Steuerung und Beeinflussung des Informationsgrades der Konsumenten, als auch auf eine Beeinflussung des resultierenden Handelns selbst.

Tab. 4.1 Übersicht über verschiedene Beratungstypen (Dunkelberg & Stieß, 2011, S. 35)

	Energiechecks	Energiefach-beratung im Baustoffhandel	Initialberatung stationär	Initialberatung vor Ort	Orientierungsbera-tung vor Ort	Konzeptorien-terte Beratung
Dauer des Beratungsgesprächs	< 30 min	< 30 min	< 30 min	1–2 h	1–2 h	2 h
Ort der Beratung	Vor Ort	Baustofffachhandel	Verbraucherzentralen, Rathäuser, etc.	Vor Ort	Vor Ort	Vor Ort
Themenvielfalt						
Baulicher Wärmeschutz, Anlagentechnik	(X)	X	X	X	X	X
Fördermittel				(X)	(X)	X
Wirtschaftlichkeit						X
Beratungstiefe zu den Themen						
Sanierungsempfehlungen	allgemein	allgemein	allgemein	gebäudebezogen	gebäudebezogen	gebäudebezogen
Energetischer Zustand des Gebäudes		computergestützte Berechnung	–	–	computergestützte Berechnung	computergestützte Berechnung
Maßnahmenspezifische Energieeinsparpotenziale	–	computergestützte Berechnung	–	–	computergestützte Berechnung	computergestützte Berechnung
Kosten	–	–	< 25 €	< 100 €	100–300 €	> 300 €
Produkt	Energiecheckbogen	Berechnungsergebnisse	ggf. Notizen	Beratungsprotokoll	Gebäudeenergiegutachten	umfassender Beratungsbericht

Abb. 4.2 Abbildung: Shake hands. (Quelle: iStockphoto.de)

4.4 Energieberater als Change Agents in Rogers DoI-Model

Das besondere Charakteristikum der Energieberater ist, wie oben bereits angedeutet, dass sie mit ihren Handlungen, Angeboten und Entscheidungen direkt das Wärmekonsumverhalten der Konsumenten durch die Generierung von Wissen (Knowledge) und Überzeugungen (Persuasion) beeinflussen können sowie indirekt die damit verbundenen Adoptions- und Diffusionsprozesse nachhaltiger Konsumhandlungen. Eine Anwendung von Rogers Modell auf den Energiekonsum wurde bereits im Jahre 1981 von Darley und Beniger vorgenommen (Vgl. Darley & Beniger, 1981). Jedoch liegt in der nachfolgenden Betrachtung der Fokus auf der Frage: Wie kann die Rolle der Change Agents im Sinne Rogers von den Energieberatern übernommen und erfolgreich umgesetzt werden?

Im Kontext der Erreichung politischer Ziele geht es hier darum aufzuzeigen, wie Energieberatung als Mittler zwischen der politischen Zielsetzung und der Umsetzung auf der Konsumentenebene agieren kann und welche wesentlichen Einflussfaktoren beachtet werden müssen. In Bezug auf das Wissen liegt hier ein Schwerpunkt auf der intrinsischen Motivation des Konsumenten, etwas Neues zu brauchen oder zu erwerben. Zudem lassen sich nach Rogers fünf Faktoren identifizieren, die auf die Persuasion beeinflussend wirken. Die Kompatibilität, also die Konsistenz mit den existieren Einstellungen der Nutzer, die Erprobbarkeit und die Beobachtbarkeit sind dabei von entscheidender Bedeutung sowie der relative Vorteil, der sich aus der Innovation ergeben muss, und die nicht zu hohe Komplexität der Innovation. Darley und Beniger (1981) betonen in Hinblick auf Energie sparendes Verhalten die genauere Definition der Attribute einer Innovation, die ausschlaggebend für deren Adoption sind. Anders als Rogers unterteilen sie den Faktor Relativer Vorteil in zwei Unterfaktoren: Kapitalkosten der Innovation und erwartete Einsparungen (Darley & Beniger, 1981, S. 155f.). Insbesondere bei Investitionen ist eine solche stärker an ökonomischen Grundsätzen orientierte Definition des relativen Vorteils als wesentlich realitätsnäher und operationalisierbarer zu betrachten. In Bezug auf erwartete Einsparungen spielt laut Darley und Beniger (1981) auch die Sicherheit des Eintritts dieser Einsparungen eine entscheidende Rolle. Wie oben bereits erläutert, führt die Unsicherheit über zukünftige Energiepreisentwicklungen und damit die Unsicherheit über zukünftige Einsparungen bei Investition zu eher zögerlichem oder gar abwartendem Adoptionsverhalten, insbesondere bei Investitionen in energieeffiziente Technologien.

Ein weiterer wichtiger Aspekt, der in Rogers Modell nicht betrachtet wird, ist die Unzufriedenheit mit der aktuellen Situation. Sind Konsumenten zufrieden, sehen sie meist auch keinerlei Handlungsbedarf. So wird sich bei diesen auch kein Adoptionsprozess auslösen lassen (Darley & Beniger, 1981, S. 158). Bezogen auf den Prozess der Energieberatung haben verschiedene Studien belegt, dass Hauseigentümer erst dann diese Dienstleistung nachfragen, wenn sie sich bereits mit dem Thema Energieeffizienz und Sanierung auseinandergesetzt haben (siehe dazu Abschnitt zur Empirischen Relevanz des Einflusses von Energieberatung).

Anhand der Darstellung des DoI-Models wurde bereits deutlich, dass in den verschiedenen Entscheidungsstufen verschiedene Kommunikationskanäle auf die Entscheidung einwirken können. Innerhalb des sozialen Umfeldes von Konsumenten lassen sich nach Rogers verschiedene Akteure mit besonderen Funktionen für den Diffusionsprozess identifizieren. Diese Akteure wirken als eine Art Vermittler. Zu unterscheiden sind die sogenannten Opinion Leaders und die Change Agents. Rogers spezifiziert die Aufgabe der Change Agents als mittelnde Akteure, die auf Seiten der Nutzer den Bedarf einer Innovation generieren, Probleme der Nutzer identifizieren und im Nutzer einen Willen zur Veränderung initiieren sollen. Schlussendlich mit dem Ziel, diesen Willen in die Umsetzung zu bringen. Gleichzeitig fungieren die Change Agents als eine Art Puffer, um externe Störfaktoren, die den Adoptionsprozess behindern könnten, auszuschließen. Der Prozess ist dann zum Abschluss gebracht, wenn der Change Agent den Nutzer wieder in die eigene und unabhängige Handlungsfähigkeit entlässt. Auch diese moderierenden Aufgaben als Change Agent können in Bezug auf eine Diffusion nachhaltiger Wärmekonsummuster von Energieberatern erfüllt werden. Insbesondere die vermittelnde Rolle der Energieberater zwischen den politischen Zielen und den Konsumenten greift die Funktion als Change Agent auf. Change Agents sind zudem häufig institutionell gebunden und versuchen, die Entscheidung der Nutzer gemäß dem institutionellen Auftrag zu lenken (Paech, Buchmann & Stüwe, 2009, S. 53). Dieser institutionelle Auftrag kann sich z. B. aus den Anforderungen der durch das BAfA geförderten Vor-Ort-Energieberatung ergeben (Vgl. BMWi, 2009).

Es ist anzunehmen, dass der Einfluss von Energieberatern auf Konsumenten, unter anderem entscheidend davon abhängt, inwiefern sie von den Konsumenten als kompetent und vertrauenswürdig anerkannt werden. Anerkennung in Form von Autorität oder Legitimität ist essentiell für den Einfluss eines jeden Praxisakteurs, da andere bekannte soziale Mechanismen der Einflussnahme, wie z. B. Macht oder Zwang weitgehend entfallen. Auch wenn zwischen Energieberater und Konsumenten keine Herrschaftsbeziehung im klassischen Sinne besteht, so wird hier doch angenommen, dass sie Einfluss auf die Konsumenten nehmen können, z. B. mittels ihres weitgehend anerkannten sozialen Status als kompetente und vertrauenswürdige Instanzen. Die von Rogers besonders hervorgehobene Klientenorientierung, im Gegensatz zur Institutionsorientierung, konstituiert den Schwerpunkt der Energieberatung in der dialogischen Kommunikation mit den Konsumenten. Unterstützend wirkt hier, dass der Energieberater seitens der Kunden als jemand wahrgenommen wird, der dem eigenen Umfeld entspringt und eben nicht den politischen Kreisen. Damit erhöht sich seine Glaubwürdigkeit gegenüber den Konsumenten. Ein Faktor, der ausschlaggebend für den Adoptionsprozess sein kann (Rogers, 1995, S. 340).

Folgende Hypothesen lassen sich anhand dieser Annahmen für das Einflusspotenzial der Energieberater ableiten:

- Je eher ein Akteur als neutraler Experte wahrgenommen wird, desto größer ist seine soziale Anerkennung und desto größer ist auch sein Einflusspotenzial.
- Je enger die Beziehungen zwischen einem Energieberater und den Konsumenten sind, desto eher wird dem Berater Vertrauen geschenkt.

Demnach ist davon auszugehen, dass der Einfluss von Familie, Freunden, Nachbarn und Kollegen aufgrund der engeren Beziehung zu den Konsumenten und der dadurch meist gegebenen, persönlichen Vertrauensbasis stärker ist als der Einfluss von Praxisakteuren, hier insbesondere Energieberatern und deren fachlicher Vertrauensbasis aus Sicht der Konsumenten. Bereits 1986 bezogen sich Coltrane, Archer und Aronson bei ihrer Betrachtung der geringen Adoptionsraten von Energieeinspartechnologien in den USA auf die sozial-psychologischen Grundsätze, die bei entsprechenden Programmen zur Förderung von Energieeinsparung beachtet werden sollten (Vgl. Coltrane, Archer & Aronson, 1986). Die Vertrauenswürdigkeit und Expertise sind ihnen zufolge die Schlüssel erfolgreicher Informationsprogramme (Coltrane, Archer & Aronson, 1986, S. 139f).

Für kostenpflichtige Energieberatungsangebote lässt sich annehmen, dass eine entsprechende Nachfrage dieser Informationsdienstleistung häufig erst in der fortgeschritteneren ersten Knowledge-Stufe von Rogers Diffusionsmodell entsteht. Dabei hängt der Einfluss der Energieberater in ihrer Rolle als Change Agents auf den Adoptionsprozess energieeffizienter Innovationen von der Qualität der Informationen ab, die der Konsument bereits im Vorfeld hat.

4.5 Empirische Relevanz des Einflusses von Energieberatung

Nachfolgend soll für etablierte Arten der Energieberatung in Deutschland deren empirische Relevanz in Bezug auf den Einfluss auf das Adoptionsverhalten von Konsumenten dargestellt werden. Im Kontext der nachfolgenden Darstellung werden unter anderem Ergebnisse einer im Rahmen der Sozial-ökologischen Forschung (SÖF) „Vom Wissen zum Handeln – Neue Wege zu Nachhaltigem Konsum" durch das Bundesministerium für Bildung und Forschung (BMBF) geförderten Forschungsprojektes: „Energie nachhaltig konsumieren – nachhaltige Energie konsumieren" durchgeführten qualitativen Befragung von Praxisakteuren in Hinblick auf ihren Einfluss auf die Diffusion nachhaltiger Wärmekonsummuster einbezogen. Es wurden im April/Mai 2009 insgesamt 18 leitfadengestützte Tiefeninterviews mit Praxisakteuren aus verschiedenen Bereichen des Wärmesektors geführt. Neben Akteuren, die unterschiedliche Energieberatungsangebote anbieten (Verbraucherzentrale, Energieberatungszentren, Energieversorger, freie Energieberater) wurden unter anderem auch Schornsteinfeger, Handwerker und Vertreter von Wohnungsbaugesellschaften befragt. Die Interviews dienten der Aufdeckung konkreter Handlungsfeldern und direkten sowie indirekten Einflusspotenzialen der einzelnen Akteure bzw. Akteursgruppen (eine ausführliche Darstellung der Ergebnisse dieser Befragung ist zu finden in: Jahnke, 2010). Aus sozialwissenschaftlicher Perspektive wurden die Praxisakteure nach den Instrumenten gefragt, die ihnen zur Verfügung stehen, um die Konsumenten zu einem nachhaltigen Wärmekonsum zu motivieren. Die Praxisakteure wurden daher zum einen hinsichtlich ihrer Informationsleistungen für Konsumenten analysiert, zum anderen aber auch bezüglich der Möglichkeiten und Blockaden, die sie den Konsumenten aufzeigen, die einen nachhaltigen Wärmeenergiekonsum anstreben.

Nachfolgend werden die Ergebnisse für den Bereich der Energieberatung dargestellt (Vgl. Jahnke, 2010). In diesem Bereich wurden Interviews mit institutionellen Energieberatern der Verbraucherzentrale und regionaler Energieagenturen sowie freier Energieberater durchgeführt. Zudem wurden hinsichtlich einer empirischen Belegung der Ergebnisse Studien zur Evaluation von in Deutschland geförderten Informationsinstrumenten einbezogen, zu nennen sind hier insbesondere die Evaluationsstudien des Instituts für Energie- und Umweltforschung (ifeu) aus den Jahren 2005 und 2008.

4.5.1   Institutionelle Energieberatung

Aufgrund der gleichgerichteten Zielsetzung werden die institutionell angebotenen Energieberatungen „Energieberatung der Verbraucherzentralen" und „lokale, regionale Energieberatungszentren" zusammengefasst dargestellt. Da der Kontakt hauptsächlich durch die Konsumenten selbst zustande kommt, konnte bei der Nachfrage nach Beratungsinhalten festgestellt werden, dass hier meistens Beratung zu einem konkreten Vorhaben nachgefragt wird (Jahnke, 2010, S. 28f.). Das heißt die intrinsische Motivation, die nach Rogers für den Adoptionsprozess von Innovation gegeben sein muss, ist vor der Inanspruchnahme einer Energieberatung bereits vorhanden. Für die Zielgruppe der Eigenheimbesitzer beziehen sich diese nachgefragten Maßnahmenvorschläge entweder auf Sanierungsvorhaben, wie Verbesserung der Wärmedämmung oder Erneuerung der Heiztechnik (Jahnke, 2010, S. 28). Diese Beobachtung wird gestützt durch die Ergebnisse der ifeu Studie. In ifeu (2005) konnte zudem eine Rangfolge der nachgefragten Themen festgestellt werden, wobei die Beratung zur Erneuerung der Heiztechnik (45 %) vor einer nachträglichen Wärmedämmung (33 %) rangiert (ifeu, 2005, S. 34). Diese Bevorzugung des Themas Heiztechnik lässt sich auch in den Ergebnissen unserer Befragung von freien Energieberatern zu vorhandener Wissensbasis und Vorinformation der Konsumenten sowie der eigentlichen Motivation zum Handeln finden (Jahnke, 2010, S. 42).

Neben dem Nachweis der intrinsischen Motivation spielt der vorhandene Wissens- und Informationsstand, als erste Stufe in Rogers Diffusion of Innovation Model, eine ausschlaggebende Rolle für das Ergebnis des Adoptionsprozesses. Die Einschätzung zum Informationsstand der Konsumenten fiel den von uns befragten Vertretern der Energieberatungsinstitutionen eher schwer, zum einen aufgrund der Vielzahl unterschiedlichster Kundenprofile, zum anderen aufgrund sehr unterschiedlicher Informationsgrade, die nicht unbedingt abhängig von der jeweiligen Zielgruppe waren. Es konnte jedoch festgestellt werden, dass sich die Konsumenten grob unterscheiden lassen in bereits Vorinformierte und kaum bis wenig Informierte. Hinsichtlich der Vorinformierten wurde von den Beratern teilweise konstatiert, dass häufig insbesondere der Bezug zu den durch das Gebäude vorgegebenen, teils eingeschränkten Umsetzungsmöglichkeiten, fehlt. Gerade technisch gut Vorinformierte sind sich dieses Zusammenhangs häufig nicht bewusst und prüfen oft nicht, ob eine technische Maßnahme für das Gebäude überhaupt geeignet ist (Jahnke, 2010, S. 29f.).

Zudem sind die frei verfügbaren Informationen auf dem Markt sehr vielschichtig. Konsumenten stehen aus Sicht der befragten Berater deshalb häufig vor dem Problem, diese Flut an Informationen zu verarbeiten. Diese Problematik und die hohe Komplexität der Entscheidungsfindung sind meist auch ein Hauptgrund für die Inanspruchnahme einer Beratung (Jahnke, 2010, S. 30). Die *Kernaufgabe* der Berater ist daher die möglichst einfache Darstellung und Aufbereitung des Entscheidungsproblems als wichtige Voraussetzung für die spätere Umsetzung von Energieeffizienzmaßnahmen. In Bezug auf die fachliche Vertrauensbasis der Berater wurde die Unabhängigkeit der angebotenen Beratung als ein wichtiger Faktor für die Konsumenten genannt (Jahnke, 2010, S. 30). Laut ifeu (2005) stuften 88 % der Hauseigentümer und 79 % der Mieter, die bisher noch keine Energieberatung in Anspruch genommen hatten, die Unabhängigkeit als sehr wichtiges Qualitätsmerkmal ein.

Die im Rahmen des Projektes befragten Berater merkten an, dass sich die Konsumenten nicht immer sicher sind, ob im Vorfeld, z. B. bei Handwerkern, eingeholte Angebote für ihren spezifischen Fall auch die Besten sind, meist vor allem aus finanzieller Sicht (Jahnke, 2010, S. 30). Auch ifeu (2005) fand heraus, dass viele Konsumenten sich im Vorfeld bereits informiert hatten und im Beratungsgespräch nun eine weitere und anbieterunabhängige Absicherung suchten, um ihr zur Verfügung stehendes Budget optimal einzusetzen. Insbesondere diese Unabhängigkeit der Beratung bildet eine wesentliche Grundlage für den Einfluss der Energieberatung auf den Informationsstand der Konsumenten. Neben der zusätzlichen Bestärkung bei der Entscheidung und damit des Einflusses auf die in Rogers Modell zweite Stufe im Adoptionsprozess, der Persuasion, kann damit durch die Beratung auch eine mögliche Fehlinvestition frühzeitig verhindert werden.

Die Informationsvermittlung stellt eine wichtige Aufgabe der Energieberatung dar, dies allein reicht jedoch nicht aus, um eine Verhaltensänderung bei den Konsumenten auszulösen. Vielmehr ist es relevant, ob die Konsumenten die gewonnenen Informationen auch in die Praxis umsetzen. Um entsprechende Umsetzungen im Nachgang einer Energieberatung zu prüfen, wurde in der bereits angesprochenen ifeu-Studie eine Wirkungsanalyse durchgeführt. Von rund 200 im Jahr 2004 beratenen Hauseigentümern hatten 79 % ihre Heizung zum Zeitpunkt der nachfolgenden Umfrage die von Oktober bis Dezember 2005 stattfand, bereits erneuert, 21 % planten dies in den darauffolgenden 5 Jahren. Des Weiteren gaben 17 % an, dass sie den Austausch aufgrund der Beratung um durchschnittlich 2,5 Jahre vorgezogen hatten. Ein Drittel der Befragten bestätigte, dass die Beratung ein ausschlaggebender Impuls für die Durchführung der Heizungserneuerung war (ifeu, 2005, S. 63). Bei Dämmmaßnahmen ergaben sich folgende Ergebnisse: 38 % hatten bereits eine Dämmung angebracht, weitere 35 % planten dies in den darauffolgenden 5 Jahren. Neben der Anbringung einer Dämmung konnte auch Einfluss auf die Dämmstärke genommen werden, so wurden in vielen Fällen nach einer Beratung höhere Dämmstärken eingesetzt (ifeu, 2005, S. 65f.).

Neben den quantifizierbaren Effekten durch Energiesparmaßnahmen, die von den Beratenen selbst umgesetzt werden, benennt ifeu (2005) konkret so genannte Mitgebereffekte, die entstehen, wenn die in der Energieberatung erhaltenen Informationen an Dritte weitergegeben werden und bei diesen Energieeinsparungen und entsprechende Maßnahmen anregen. Diese Mitgebereffekte im sozialen Umfeld sind für den Diffusionsprozess von nachhaltigem Wärmekonsum nicht zu unterschätzen. Da die persönliche Vertrauensbasis zu Personen im näheren Umfeld oft größer ist, kann durch ein „Weitersagen" von relevanten Informationen rund um Energieeinsparung und Effizienz das Bewusstsein für notwendige Veränderung und damit die intrinsische Motivation zur Adoption nachhaltiger Wärmekonsummuster auch bei bislang unbekümmerten Konsumenten aktiviert werden. Ergebnisse einer aktuellen Befragung vom Institut für sozial-ökologische Forschung (ISOE) unter insgesamt 1.008 Ein- und Zwei-Familienhausbesitzern zeigte, dass von rund 50 % der befragten 541 energetischen Sanierern Kollegen, Verwandte und Freunde als wichtige Informationsquellen genutzt wurden, um sich über eventuelle Sanierungsvorhaben zu informieren (Stieß, van der Land, Birzle-Harder & Deffner, 2010, S. 38).

Nachfolgend werden die Ergebnisse der eigenen Befragung von freien Energieberatern vorgestellt. Fokus wird dabei auch auf die vom Bundesamt für Ausfuhrkontrolle (BAfA) geförderte Vor-Ort-Energieberatung und deren Evaluation durch das ifeu gelegt.

4.5.2   Freie Energieberater und Vor-Ort-Beratung

Positive Aspekte der hier betrachteten Vor-Ort-Energieberatung sind die bereits erwähnten Vorteile objektbezogener Beratungen. Die Gruppe der von uns befragten Bauplaner umfasste Architekten und Ingenieure, die neben ihren Hauptaufgaben, die sich aus der Planung und Konzeption von Gebäuden und Technik sowie Bauüberwachung ergeben, zusätzlich Energieberatung als Dienstleistung anbieten. Dabei ließ sich feststellen, dass die thematischen Schwerpunkte der angebotenen Energieberatung stark mit den ursprünglichen Ausbildungsschwerpunkten, also Architektur bzw. Ingenieurswissenschaften zusammenhängen (Jahnke, 2010, S. 41).

Viele der Energieberater inserieren zur Kundenakquise in Energieberaterlisten im Internet. Der überwiegende Teil der Konsumentenkontakte kommt nach Aussagen der Berater jedoch über Empfehlungen anderer Marktakteure zustande. Zurückzuführen ist dies auf ein verstärktes Handeln in Netzwerken und Engagement bei Kooperationen (Jahnke, 2010, S. 42). Eine Studie des ifeu zur Evaluation der vom BAfA geförderten Vor-Ort-Energieberatung zeigte, dass die sogenannte „BAfA-Liste" von 60 % der dort befragten Energieberater als wichtiges Akquisitionsinstrument eingestuft wird. Auf der anderen Seite zeigten die ifeu-Befragungen der beratenen Haushalte, dass nur ca. ein Drittel der Haushalte diese Liste bei der Beratersuche auch nutzten, 38 % gaben an, diese Liste gar nicht zu kennen (ifeu, 2008, S. 50). Die Kundenakquise ist jedoch nicht der schwerwiegendste Knackpunkt bei komplexen Vor-Ort Beratungen. Ein generelles Problem ist die geringe Zahlungsbereitschaft für die Dienstleitung Energieberatung (Jahnke, 2010, S. 47). Laut ifeu fanden mehr als 60 % der Befragten Beträge von maximal 200 Euro als angemessene Bezahlung (ifeu, 2008, S. 83). Der Brutto-Eigenanteil für die Beratung liegt bei einer Förderhöhe von 300 Euro jedoch deutlich über dieser maximalen Zahlungsbereitschaft (ifeu, 2008, S. 71).

Eine weitere nicht zu unterschätzende Barriere für die Berater selbst kann bei der von der BAfA geförderten Vor-Ort-Energieberatung aufgrund der Anforderungen an Art und Umfang der Beratung entstehen. Die Anforderungen, die an den Antrag, den zu liefernden Endbericht und an den Umfang der Beratungsleistung gestellt werden, werden von den Beratern als sehr hoch eingeschätzt und sind für den geforderten Umfang eher schlecht honoriert (Jahnke, 2010, S. 47). Deshalb tendieren einige der von uns befragten Energieberater dazu, die geförderte Beratung gar nicht (mehr) anzubieten. Dies deckt sich mit Ergebnissen des ifeu (2008), nach dem nur ein Teil der auf der BAfA-Liste geführten Energieberater noch aktiv geförderte Vor-Ort-Beratungen anbieten. Bei der Frage, wo die Unterschiede zwischen der vom BAfA geförderten Beratung und der ungeförderten Energieberatung liegen, wurden vor allem eine schnellere Abwicklung, ein geringerer Umfang des Berichts und weniger zeitlicher Aufwand als Antworten genannt (ifeu, 2008, S. 79).

Des Weiteren wurde von den von uns befragten Energieberatern bezweifelt, dass eine solch umfangreiche Beratung für den Kunden wirklich hilfreich ist. Denn häufig fragen Konsumenten nach Lösungen für ein konkretes Problem und bräuchten demnach meist nur eine Teilberatung (Jahnke, 2010, S. 47). Laut ifeu (2008) meinten rund 90 % der Beratenen, dass ein konkretes Vorhaben seitens der Konsumenten bereits geplant war, bevor die Beratung durchgeführt wurde. Die Problematik der Informationsüberflutung und Qualität der frei verfügbaren Informationen wurden von den befragten Beratern besonders hervorgehoben ebenso wie die resultierenden Probleme, die sich daraus bei der Durchführung und für den Erfolg der Energieberatung ergeben können. Denn nicht immer ist der vorinformierte Konsument richtig informiert und häufig tritt aus Sicht der befragten Berater der Fall ein, dass diese Konsumenten bereits auf eine bestimmte Maßnahme fixiert sind und sich schwer auf den „richtigen Weg" zurückbringen lassen (Jahnke, 2010, S. 43). Demnach kann der Einfluss auf der Persuasion-Stufe deutlich erschwert sein. Auf der anderen Seite wurde die Akzeptanz, der von den Beratern gelieferten Informationen seitens der Konsumenten und die Existenz einer fachlichen Vertrauensbasis gegenüber den Energieberatern als sehr positiv bewertet (Jahnke, 2010, S. 43). Wie bereits in Abschn. 4.4 angenommen, ist dieser Zuspruch fachlicher Kompetenz bedeutend, um die Überführung der gelieferten Informationen in konkrete Handlungen in Form von Sanierungsmaßnahmen zu gewährleisten.

Für die vom BAfA geförderte Vor-Ort-Energieberatung wurde von ifeu (2008) ebenfalls eine Wirkungsanalyse durchgeführt. Ergebnis war, dass 95 % der befragten Beratungsempfänger energetische Sanierungen an ihrem Haus durchgeführt haben. Der Großteil der Maßnahmen wurde dabei noch im Beratungsjahr oder direkt im Folgejahr durchgeführt (ifeu, 2008, S. 88ff.). Zudem gaben die Beratenen an, dass viele Sanierungsmaßnahmen früher als ursprünglich geplant umgesetzt wurden. Diese Vorzieheffekte liegen durchschnittlich zwischen zwei und drei Jahren (ifeu, 2008, S. 90). In Bezug auf die bereits angesprochene Vermeidung von Fehlinvestitionen konnte in der ifeu-Befragung bestätigt werden, dass eine Vor-Ort-Energieberatung sehr wirkungsvoll ist. Von den befragten Beratungsempfängern gaben über 40 % an, dass ihnen die Beratung geholfen hätte, eben solche Fehlinvestitionen zu vermeiden (ifeu, 2008, S. 124).

Die bis hierhin dargelegten Aspekte in Bezug auf den Einfluss der Energieberatung auf den Adoptions- und Diffusionsprozess nachhaltigen Wärmekonsums zeigen die Relevanz dieses Instruments, aber auch entsprechende Ansatzpunkte die sich für die praktische Umsetzung ergeben bzw. beachtet werden sollten.

4.6 Schlussfolgerungen

Zur Steigerung der Adoptionsrate von Energieeffizienzmaßnahmen auf Haushaltsebene, wie es derzeit politisch angestrebt wird, scheint die Energieberatung eine wichtige Schlüsselfunktion zwischen der politischen Zielsetzung und der Umsetzung auf privater Ebene zu sein. Die empirischen Ergebnisse der vorgestellten Studien zeigen deutlich die Relevanz der Energieberatung bei der Umsetzung von Investitionen in energetische Sanierung. So konnte gezeigt werden, dass die Inanspruchnahme einer Energieberatung fast immer die Umsetzung bzw. konkrete Planung von Energieeffizienzmaßnahmen nach sich zieht.

Häufig besteht im Vorfeld der Beratung bereits der Wunsch, eine Sanierungsmaßnahme durchzuführen, d. h. eine intrinsische Motivation der Konsumenten ist durchaus gegeben und damit die wichtige Voraussetzung für den Adoptionsprozess von Innovationen, hier nachhaltige Wärmekonsummuster, vorhanden. Die Inanspruchnahme einer Energieberatung kann erheblich dazu beitragen, Maßnahmen kosteneffizienter und insbesondere für den Fall der Vor-Ort-Beratungen an das Objekt angepasst durchzuführen. Damit fungieren die Berater als elementare Mittler zwischen der politischen Zielsetzungs- und der privaten Handlungsebene. Daher sollte dieses Instrument weiterhin finanziell gefördert und dabei insbesondere die Zahlungsbereitschaft der Konsumenten beachtet werden. Zudem sollte es auch dann eine Förderung geben, wenn bereits zu spezifischen Vorstellungen und Maßnahmen beraten wird. Hier gilt es, Fehlinvestitionen zu verhindern und die für die Konsumenten beste Option umzusetzen.

Ein konkretes Problem, welches sich bei der sehr positiven Bewertung von Energieberatungen darstellt, ist die noch geringe Nachfrage nach dieser Dienstleistung ebenso wie die geringe Zahlungsbereitschaft. So kommt eine Inanspruchnahme der Dienstleistung Energieberatung häufig erst dann zustande, wenn bereits eine intrinsische Motivation vorhanden ist, also der konkrete individuelle Wille zur Durchführung von Energieeffizienzmaßnahmen. Dies setzt eine vorherige Beschäftigung mit der Thematik und damit eines Bewusstsein für die Notwendigkeit einer Handlung voraus. Abhilfe können hier mitunter breite Informationskampagnen mit gekoppeltem Angebot kostenloser Initialberatungen schaffen.

Die empirischen Ergebnisse zeigten eine wesentlich höhere Wirksamkeit von individuellen (kostenpflichtigen) Vor-Ort Beratungen, weshalb deren relevante Vorteile umfassend ausgeschöpft werden sollten. Entsprechend sollte darauf geachtet werden, dass bei der Förderung von Vor-Ort-Beratungen die von den Konsumenten zu tragenden Eigenanteile nicht zu hoch sind und der Umfang der Beratung an die Bedürfnisse und den bereits vorhandenen Wissensstand angepasst werden kann. Gefahren bei der Umsetzung liegen jedoch in der möglichen Zunahme von Mitnahmeeffekten. Diese Mitnahmeeffekte werden bisher vor allem im Bereich der direkten finanziellen Förderung von Sanierungsmaßnahmen proklamiert. In Bezug auf eine Förderung der Energieberatung kann angenommen werden, dass diese als geringfügiger erachtet werden können, da allein durch die Beratung noch keine Energieeinsparungen initiiert werden, die auch ohne eine Beratung stattgefunden hätten. Ein weiteres Problem ist der Umstand, dass die Bezeichnung Energieberater in Deutschland kein geschützter Begriff ist. Dies kann zu Unsicherheiten auf Seiten der Konsumenten bei der Wahl eines geeigneten Beraters führen. Konsumenten wünschen sich eine unabhängige Beratung, erste Informationen werden dennoch häufig bei Handwerkern eingeholt, denen oft ein Eigeninteresse, bedingt durch deren hauptberufliches Gewerk, unterstellt wird. Auch sollte keine zu starke Vereinfachung der Anforderungen an den Beratungsinhalt erfolgen, da umfassende Sanierungsmaßnahmen eine hinreichend komplexe Beratung erfordern. Diese Aspekte müssen bezüglich der praktischen Umsetzung der politischen Zielsetzungen beachtet werden, um einen Abbau der Energy Efficiency Gap zu erreichen.

Anhand der Untersuchungen konnte des Weiteren festgestellt werden, dass sowohl die Erfahrbarkeit als auch die Beobachtbarkeit einer Innovation von großer Bedeutung für die Konsumenten ist. In Rogers Modell handelt es sich hierbei um zwei grundlegende Determinanten für die Überzeugung von einer Innovation. Für Energieberatungen lassen sich daraus zwei wichtige Faktoren ableiten. Zum einen gilt es, im Beratungsprozess die Erfahrbarkeit zu gewährleisten, etwa durch Baustellenbesuche. Zum anderen sollte das persönliche Umfeld der Konsumenten Beachtung finden und über den individuellen Beratungsprozess hinaus angesprochen werden. Genau hier liegt die Stärke innovativer Beratungsinstrumente, wie dem in Bremen durchgeführten „Dämmerschoppen", in dem kostenlos für die Teilnehmer exemplarisch eine Vor-Ort-Beratungssituation geschaffen wird. Ein Energieberater erläutert im Vortrag die Grundlagen der energetischen Modernisierung und führt am Gastgebergebäude praktische Untersuchungen durch. Anschließend werden Sanierungsmöglichkeiten für das Haus vorgestellt. Das Konzept bietet einen guten Einstieg in das Thema, ohne dabei auf einem zu allgemeinen Niveau wie normale institutionelle Initialberatungen zu stagnieren. Darüber hinaus findet das Gespräch im Bekanntenkreis statt. Dadurch wird der Dämmerschoppen weiter in den persönlichen Bereich einbezogen. Der wesentliche Vorteil dieser Form der Initialberatung besteht in der Erfahrbarkeit einer umfassenden Energieberatung (Vgl. Müller, 2006). Es wird erwartet, dass dadurch die Hemmschwelle, eine Vor-Ort-Beratung in Anspruch zu nehmen, bei den Teilnehmern gesenkt werden kann. Sollten sich daraus weitere Beratungen ergeben, könnte entsprechend eine höhere Umsetzungsrate von Sanierungsmaßnahmen erreicht werden. Über die dargestellten Mitgebereffekte kann demnach eine über den einzelnen Beratungsfall hinausgehende Verbreitung energieeffizienter Wärmekonsummuster erreicht werden.

Bezogen auf den Diffusionsprozess von Energieeffizienzmaßnahmen lassen sich zwei primäre Aussagen aus den Studien ableiten. Zum einen ergeben sich bereits zu Beginn des Adoptionsprozesses, der Knowledge-Phase, Hürden, die eine Diffusion der kosteneffizientesten Sanierungsmaßnahmen behindern können. Problematisch ist insbesondere die häufige Ungenauigkeit oder vielfach auch Fehlerhaftigkeit der Vorabinformationen, über die die Konsumenten vor Beginn des Beratungsprozesses verfügen. Zwar soll nicht unterstellt werden, dass die Vorkenntnisse grundsätzlich falsch sind, allerdings kommt es häufig auf Grund der heterogenen Informationsquellen in den neuen Medien zur Informationsüberflutung oder zu einer Generalisierung von Einzelfallmaßnahmen. Vor diesem Hintergrund agieren die Energieberater als Filter und müssen die Konsumenten mit den richtigen Informationen versorgen, um einer eventuellen Frustration am Ende des Adoptionsprozesses auf Grund von mangelnder Performance und Effizienz der ergriffenen Maßnahmen entgegenzuwirken.

Schlussfolgernd ergeben sich für die Energieberater folgende Aufgaben: Sie müssen die Informationen in einfacher, verständlicher Form vermitteln. Sie sollten dabei auf die konkret geplanten und vom Konsumenten gewünschten Maßnahmen besonders genau eingehen, auf dessen Vorwissen aufbauen, es ergänzen oder – wenn es fehlerhaft ist – mit glaubhaften Zahlen und Argumenten widerlegen. Des Weiteren sollte die ansteckende Wirkung von privaten Netzwerken und persönlichen Kontakten genutzt werden oder persönliche Erfahrungsberichte von Privatpersonen als wichtige und glaubhafte Ergänzung der Energieberatung einbezogen werden.

Literaturverzeichnis

Albrecht, Tanja; Zundel, Stefan: Gefühlte Wirtschaftlichkeit – Wie Eigenheimbesitzer energetische Sanierungsmaßnahmen ökonomisch beurteilen. Senftenberg, 2010

BMWI: (2010a). Energiedaten: nationale und internationale Entwicklung. Download unter: http://www.bmwi.de/Navigation/Technologie-und-Energie/Energiepolitik/energiedaten.html . letzter Zugriff 30.11.2010,

BMWI: (2010b). Energiekonzept für eine umweltschonende, zuverlässige und bezahlbare Energieversorgung vom 28. September 2010. Berlin

BMWI: Richtlinie über die Förderung der Beratung zur sparsamen und rationellen Energieverwendung in Wohngebäuden vor Ort – Vor-Ort-Beratung – vom 10. September 2009. Bundesanzeiger Nr. 114 vom 25.09.2009, Berlin

CO_2 ONLINE: CO_2 -Gebäudereport 2007. Im Auftrag des Bundesministeriums für Verkehr, Bau und Stadtentwicklung (BMVBS), 2007

Coltrane, Scott; Archer, Dane; Aronson, Elliot: The social-psychological foundations of successful energy conservation programmes. Energy Policy, 14, S. 134–148, 1989

Darley, John M.; Beniger, James R.: Diffusion of energy-conserving innovations. Journal of Social Issues, 37, S. 150–171, 1981

Diekmann, Andreas; Preisendörfer, Peter: Persönliches Umweltverhalten: Diskrepanzen zwischen Anspruch und Wirklichkeit. Kölner Zeitschrift für Soziologie, 44, 226–251, 1992

Dunkelberg, Elisa und Stiess, Immanuel: Energieberatung für Eigenheimbesitzern. Wege zur Verbesserung von Bekanntheit und Transparenz durch Systematisierung, Qualitätssicherung und kommunale Vernetzung. Berlin, 2011

Fritsch, Martin; Wein, Thomas; Ewers, Hans-Jürgen: Marktversagen und Wirtschaftspolitik. Vahlens Handbücher der Wirtschafts- und Sozialwissenschaften, München, 2003

Gillingham, Kenneth; Newell, Richard G.; Palmer, Karen: Energy Efficiency: Economics and Policy. RFF (Resources for the Future) Discussion Paper, 09–13, April 2009

Golove, William H.; ETO, Joseph H.: Market barriers to Energy Efficiency: A Critical Reappraisal of the Rationale for Public Policies to Promote Energy Efficiency. Study funded by the Assistant Secretary of Energy Efficiency and Renewable Energy, Office of Utility Technologies of the U.S. Department of Energy, 1996

Greening, Lorna A.; Greene, David L.; Difiglio, Carmen: Energy efficiency and consumption – the rebound effect – a survey. Energy Policy, 28, 389–401, 2000

Hassett, Kevin A.; Metcalf, Gilbert E.: Energy conservation investment: Do consumers discount the future correctly? Energy Policy, 21(6), 710–716, 1993

Hausmann, Jerry: Individual Dicount Rates and the Purchase and Utilization of Energy-Using Durables. The Bell Journal of Economics, 10, 33–54, 1979

Hirst, Eric; Brown, Marilyn: Closing the efficiency gap: barriers to the efficient use of energy. Resources, Conservation and Recycling, 3, 267–281, 1990

Howarth, Richard B.; Andersson, Bo: Market Barriers to Energy Efficiency. Energy Economics, 15(4), 262–272, 1993

Huber, Joseph: Nachhaltige Entwicklung durch Suffizienz, Effizienz und Konsistenz. In Hummel et al (2005). Bevölkerungsdynamik und Versorgungssysteme – Modelle für Wechselwirkungen. demons working paper 5, Frankfurt am Main, 1995

IFEU Institut für Energie und Umweltforschung Heidelberg GmbH & tms emnid. (2008). Evaluation des Förderprogramms „Energieeinsparberatung vor Ort". Kurzfassung. Im Auftrag des Bundesministerium für Wirtschaft und Technologie (BMWi). Heidelberg

IFEU Institut für Energie und Umweltforschung Heidelberg GmbH & tms emnid. (2005). Evaluation der stationären Energieberatung der Verbraucherzentralen, des Deutschen Hausfrauenbundes Niedersachsen und des Verbraucherservice Bayern. Endbericht. Im Auftrag des Verbraucherzentrale Bundesverbandes e.V. (vzbv). Heidelberg

IEA International Energy Agency (IEA) (2007). Mind the Gap – Quantifying Principal-Agent Problems in Energy Efficiency. In support of the G8 Plan of Action, OECD/IEA, 2007

Jaffe, Adam B.; Stavins, Robert N.: (1994a). The Energy Efficiency Gap, what does it mean? Energy Policy, 22, 804–810, 1994

Jaffe, Adam B.; Stavins, Robert N.: (1994b). The energy paradox and the diffusion of conservation technology. Resource and Energy Economics, 16, 91–122, 1994

Jackson, Tim: Motivating sustainable Consumption. A review of evidence on consumer behaviour and behavioural change. In: A report to the Sustainable Development Research Network, as part of the ESRC Sustainable Technologies Program, Centre for Environmental Strategy, University of Surrey, Guildford, 2005

Jahnke, Katy: Mesoebenenanalyse – Praxisakteure im Blickfeld nachhaltigen Wärmekonsums. Stuttgarter Beiträge zur Risiko- und Nachhaltigkeitsforschung Nr. 17, Stuttgart, 2010

Jahnke, Katy & Schmidt, Marlene: Informieren, Fördern, Finanzieren – rechtliche und förderpolitische Instrumente für den Wärmekonsum. In: Koch, A. und Jenssen, T. (Hrsg.) (2010). Effiziente und konsistente Strukturen – Rahmenbedingungen für die Nutzung von Wärmeenergie in Privathaushalten. Stuttgarter Beiträge zur Risiko- und Nachhaltigkeitsforschung, Nr. 16, 55–91, 2010

Kollmuss, Anja; Agyeman, Julian: Mind the Gap: why do people act environmentally and what are the barriers to pro-environmental behavior? Environmental Education Reasearch, Vol. 8, No. 3, 239–260, 2002

Levine, Mark D.; Hirst, Eric; Koomey, Jonathan G.; Mcmahon, James E.; Sanstad, Alan H.: Energy Efficiency, Market Failures, and Government Policy. Study supported by the Office of Energy Efficiency and Renewable Energy, U.S. Department of Energy, 1994

Lipman, Barton L.: Information Processing and Bounded Rationality: A Survey. The Canadian Journal of Economics/Revue canadienne d'Economique, 28(1), S. 42–67, 1995

MOE (Ministry of Education). 2006. *Some Suggestions on Improving the Overall Quality of Higher Vocational Education.* http://www.moe.gov.cn/publicfiles/business/htmlfiles/moe/moe_737/201001/xxgk_79649.html (Accessed 28 August 2011.)

Müller, Werner: Evaluation der Pilotveranstaltungsreihe „Dämmerschoppen" der Bremer Umwelt Beratung e.V, Universität Bremen, 2006

Paech, Niko; Buchmann, Marius; Stüwe, Claudia: Klimaschutzinnovationen und Diffusion. Universität Oldenburg, 2009

Paech, Niko; Pfriem, Reinhard: Mit Nachhaltigkeitskonzepten zu neuen Ufern der Innovationen. UmweltWirtschaftsForum (uwf), 10(3), 12–17, 2002

Rogers, Everett M.: Diffusion of Innovations. 4. Auflage. New York, 1995

Sanstad, Alan H.; Blumstein, Carl; Stoft, Steven E.: How high are option values in energy-efficiency investments? Energy Policy, 23(9), 739–743

Stiess, Immanuel; Van Der Land, Victoria; Birzle-Harder, Barbara; Deffner, Jutta: Handlungsmotive, -hemmnisse und Zielgruppen für eine energetische Gebäudesanierung – Ergebnisse einer standardisierten Befragung von Eigenheimsanierern. Frankfurt am Main, 2010

TECHNOMAR GmbH: Abbau von Hemmnissen bei der energetischen Sanierung des Gebäudebestandes. Kurzbericht. Projekt gefördert vom Bundesamt für Bauwesen und Raumordnung (BBR), 2005

Van Raaij, W. Fred; Verhallen, Theo M. M.: A behavioral model of residential energy use. Journal of Economic Psychology 3, 39–63, 1983

Weiß, Julika; Vogelpohl, Thomas: Politische Instrumente zur Erhöhung der energetischen Sanierungsquote bei Eigenheimen – Eine Analyse des bestehenden Instrumentariums in Deutschland und Empfehlungen zu dessen Optimierung vor dem Hintergrund der zentralen Einsparpotenziale und der Entscheidungssituation der Hausbesitzern. Institut für ökologische Wirtschaftsforschung, Berlin, 2010

Weiß, Julika; Dunkelberg, Elisa: Erschließbare Energieeinsparpotenziale im Ein- und Zweifamilienhausbestand. Institut für ökologische Wirtschaftsforschung, Berlin, 2010

Wilson, Charlie; Dowlatabadi, Hadi: Models of Decision Making and Residential Energy Use. Annu. Rev. Environ. Resour. 2007.32, 169–203, 2007

Wittmann, Tobias; Morrision, Robbie; Richter, Julius; Bruckner, Thomas: A Bounded Rationality Model of Private Energy Investment Decisions. Working Paper Social Science Research Network (SSRN), 2006

Warmduscher contra Umweltfreak: Warum der Einzug der Nachhaltigkeit in die Privathaushalte so schwierig ist

Diana Gallego Carrera und Marlen Schulz

5.1 Zusammenfassung

Dieses Kapitel widmet sich der Frage wieso der Einzug der Nachhaltigkeit in die Privathaushalte so schwierig ist. Im Nachfolgenden werden potenzielle Barrieren für die Umsetzung der Nachhaltigkeit im Privathaushalt diskutiert und mit Umfrageergebnissen aus unserem Projekt „Energie nachhaltig konsumieren – nachhaltige Energie konsumieren. Wärmeenergie im Spannungsfeld von sozialen Bestimmungsfaktoren, ökonomischen Bedingungen und ökologischem Bewusstsein" unterfüttert. Im Anschluss an das Aufzeigen von Barrieren sollen potenzielle Lösungswege zur Steigerung der Nachhaltigkeit im Privathaushalt vorgestellt werden.

5.2 Einleitung

Das Duschwasser heiß laufen lassen während des Einshampoonierens oder gar die Bevorzugung der „Katzenwäsche" – zwischen diesen beiden Extrempolen liegen unter Nachhaltigkeitsgesichtspunkten Welten. Beide Verhaltensweisen können in Privathaushalten angetroffen werden und hinter beiden Verhaltensweisen stecken individuelle Persönlichkeiten, die sich mehr oder weniger mit dem Thema der Nachhaltigkeit auseinandersetzen. Ob Menschen beim Aufdrehen des Wasserhahns tatsächlich an ihre Umwelt denken, darf bezweifelt werden. Der Wasserverbrauch in deutschen Haushalten liegt heute bei knapp 130 Liter pro Einwohner und Tag – 128 Liter mehr als vor 100 Jahren. (vgl. BUND 2011) Aber warum ist das Thema „Nachhaltigkeit" in den Köpfen der Menschen nicht stets präsent? Prangt es uns doch immer wieder auf den Titelseiten der Medien, auf Plakaten und Verpackungshinweisen entgegen. Ja sogar die Politik hat längst diesen Begriff für sich entdeckt und wird nicht müde, ihn den willigen Wählern an den Kopf zu werfen. So schaffte es beispielsweise unsere Bundeskanzlerin Angela Merkel 2009, auf gerade mal drei Seiten Lektüre

D. Gallego Carrera et al. (Hrsg.), *Nachhaltige Nutzung von Wärmeenergie*,
DOI 10.1007/978-3-8348-8650-7_5,
© Vieweg+Teubner Verlag | Springer Fachmedien Wiesbaden 2012

den Begriff „Nachhaltigkeit" 26 Mal zu verwenden (Merkel 2009 nach Hamberger 2009). Nicht verwunderlich ist es daher, dass der Begriff „Nachhaltigkeit" unlängst zum Gummibegriff avanciert, zu einer „Allzweckwaffe für inhaltsloses Gerede" (Zwick 2009), die den Bürgern wohl kaum als Orientierungspunkt für ihr Handeln dienen kann. Dabei hatte doch einst die Brundtland-Kommission Nachhaltigkeit im Detail definiert, indem sie sagte: Nachhaltigkeit ist eine „Entwicklung, die die Bedürfnisse der Gegenwart befriedigt, ohne zu riskieren, dass künftige Generationen ihre eigenen Bedürfnisse nicht befriedigen können." (Hauff 1987: 46; Brundtland 1987) Somit scheint klar: Der Begriff der Nachhaltigkeit zielt darauf ab, mit kollektiven Ressourcen, wie etwa Wasser oder Energie allgemein, verantwortungsbewusst umzugehen, damit künftige Generationen die gleichen Entfaltungsmöglichkeiten haben wie wir heutzutage (vgl. Gallego Carrera/Mack 2010; Renn et al. 2007: 09). Warum also ist die Umsetzung des Begriffs im Alltag der Menschen so schwer? Ist es doch nicht so klar, was mit dem Begriff gemeint ist oder fühlt sich am Ende gar niemand angesprochen?

Nachfolgend werden potenzielle Gründe, die eine Umsetzung des Nachhaltigkeitsbegriffs im Privathaushalt erschweren, exemplarisch genannt und diskutiert. Anschließend sollen Vorschläge für einen aktiveren Einsatz des nachhaltigen Handelns in Privathaushalten aufgezeigt werden.

5.3   Von den Mühen einen Gummibegriff umzusetzen

„Man könnte bilanzieren: Seit Rio (1992) ist nichts so nachhaltig wie das Reden und Schreiben über ‚Nachhaltige Entwicklung' oder ‚Sustainable Development' und gleichzeitig nichts so aussichtslos wie der Versuch, den Begriff konsensfähig und allgemein verbindlich zu definieren" (Jüdes 1997: 1). Mit diesen kritischen Worten kommentiert der Wissenschaftler Jüdes die Nachhaltigkeitsdebatte in Deutschland. Wenn nun aber nicht einmal die Wissenschaft es schafft, diesen Begriff konsensfähig zu interpretieren und allgemein verbindlich zu definieren, wie soll dann der gemeine Bürger sich damit zurechtfinden?

Ein Blick auf die „Historie" und Nutzung des Begriff zeigt das Problem in vollem Ausmaß: denn, von Carlowitz im Jahre 1713 erstmals eingeführt, entstammt der Nachhaltigkeitsbegriff ursprünglich der Fortwirtschaft. Dort bezeichnet er ganz konkret das Bemühen, nur so viel Holz zu ernten, wie in einem bestimmten Anbaugebiet wieder nachwächst. Doch diese enge Definition des Nachhaltigkeitsbegriffs ist seit dessen Nutzung durch die Brundtlandkommission (1987) und seit der internationalen Umweltkonferenz in Rio (1992) passé. Der Nachhaltigkeitsbegriff steht nun für eine ganze Reihe von Konzepten und Definitionen. Er avanciert zum Leitbild, welches sowohl „(…) die Frage der Verteilung von Chancen und Ressourcen im Vergleich der Völker und Individuen innerhalb der heute lebenden Bevölkerung (intragenerationale Gerechtigkeit) wie auch der Langfristverantwortung gegenüber kommenden Generationen" beinhaltet (Renn et al. 2007: 6). Doch wie können Ressourcen gerecht verteilt werden und welche Ressourcen sind überhaupt gemeint? Was bedeutet eigentlich Chancengleichheit und für welche Generationen tragen wir die Mitverantwortung? Über diese Fragen gibt es bislang keinen Konsens, im Gegenteil, die Wissenschaft verstrickt sich in immer neue Konzepte und Überlegungen. Auch die Politik scheint ihre Mühe mit diesem Begriff zu haben: Jänicke et al. 1997 und Swanson et al. 2004 haben in einer Vergleichsstudie von 19 Ländern, die sich zu einer Nachhaltigkeitsstrategie verpflichtet haben, herausgefunden, dass die Nachhaltigkeitsstrategien zumeist nicht umgesetzt wurden. Die Gründe lagen in den fehlenden finanziellen Mitteln oder aber in der fehlenden konkreten Umsetzung von Maßnahmen. Wenn nun also weder die Wissenschaft noch die Politik den Nachhaltigkeitsbegriff konsensfähig definieren und umsetzen können, wie soll dies dann der einzelne Bürger in seinem Privathaushalt schaffen? Eine allgemeingültige Definition des Nachhaltigkeitsbegriffs, die verständlich und konkret in Handlungsanweisungen umgesetzt werden kann, fehlt also. Das „Nichtwissen", wie man nachhaltig agieren kann, scheint ohnehin ein wesentliches Element für den mangelnden Umweltschutz in Privathaushalten zu sein. Einer der Gründe hierfür mag in der Aufbereitung von Informationsbroschüren liegen, wie der nachstehende Abschnitt näher erläutert.

5.4 Informationskampagnen: ein Sammelsurium für Jedermann

Das Bundesministerium für Umwelt, Naturschutz und Reaktorsicherheit tut es, die Verbraucherzentralen tun es und der Bund für Umwelt und Naturschutz sowieso: ihnen allen ist gemein, dass sie Informationsbroschüren für nachhaltiges Handeln in Privathaushalten ausgeben. Der interessierte Bürger kann sich also informieren, wenn er will. Dass er es oftmals nicht tut, mag verschiedene Gründe haben. Ein Grund kann sein, dass die Vielzahl der unterschiedlichen Informationen sowie die Aufbereitung so manch einer Broschüre für den Bürger verwirrend ist. In unserem Projekt „Energie nachhaltig konsumieren – nachhaltige Energie konsumieren. Wärmeenergie im Spannungsfeld von sozialen Bestimmungsfaktoren, ökonomischen Bedingungen und ökologischem Bewusstsein" haben wir im Jahr 2009 eine schriftliche Umfrage unter Mietern in Leipzig und Stuttgart durchgeführt. Hierbei wurde u. a. danach gefragt, ob die Befragten sich über das Thema Wärmeenergie gut informiert fühlen. Von 126 befragten Personen gab fast die Hälfte (47 %) an, dass sie sich nur teilweise gut informiert fühlen. Unsicher im Verhalten aufgrund von zu vielen unterschiedlichen Informationen fühlen sich immerhin noch 24 % der Befragten (vgl. Schulz et al. 2009: 22). Obgleich der großen Unsicherheiten schöpft kaum ein Befragter aus dem reichhaltigen Angebot der Informationen zur Nachhaltigkeit in Privathaushalten. Nur 8 % der Befragten gaben an, dass sie sich informieren. Vielleicht mag dies daran liegen, dass die Verwirrung durch das große Informationsangebot so stark ist, dass die Bürger in ihrem Handeln eher gelähmt als motiviert werden. Allerdings mag auch die Aufbereitung so mancher Broschüren nicht ansprechend genug sein. Zwar ist allen Informationsbroschüren gemein, dass sie inhaltlich wichtige und interessante Informationen weitergeben, doch diese wirken für den Leser vielfach weder ansprechend noch handlungsanleitend. In der Broschüre unseres Projektes „Informieren, Fördern und fordern. Handlungsempfehlungen zur Unterstützung eines nachhaltigen Wärmekonsums" (Zech et al. 2011) wird auch aufgeführt wieso dies so ist: vielfach sind Broschüren nicht adressatengerecht aufbereitet, sondern bieten lediglich ein Sammelsurium an Informationen. Diese Informationen sind für einen Teil der Bevölkerung ansprechend, für einen anderen Teil nicht. Ein einfaches Beispiel hierfür wäre, wenn Informationen für Eigenheimbesitzer und Mieter in einer einzigen Broschüre ohne Trennung nach Adressatengruppe aufgelistet sind. Das Wühlen durch den Informationsdschungel ist mühselig und raubt schnell das Interesse am Thema, wohingegen das Aufzeigen konkreter Tipps, das Aufstellen von Checklisten (Do-it-yourself-Anweisungen) sowie die Beschreibung von potenziellen Problemen bei der Umsetzung von Handlungsanweisungen und das Aufzeigen von Lösungswegen bewirken können, dass sich Bürger intensiver mit Informationsbroschüren zum Thema Nachhaltigkeit im Haushalt auseinandersetzen.

5.5 Umweltschutz? Ja bitte, aber nicht bei mir zuhause

Dass dem Wissen um die Nachhaltigkeit in Privathaushalten noch keine Handlungen folgen müssen, zeigen aktuelle Umfragen. Eine im Jahr 2009 durchgeführte repräsentative Bevölkerungsumfragen legt dar, dass bei der Gegenüberstellung verschiedener politischer Aufgabenbereiche 49 % der Deutschen den Umweltschutz als „sehr wichtig", weitere 42 % als „eher wichtig" einstufen (vgl. Wippermann et al. 2009: 10). Diese Befunde lassen annehmen, dass das Thema Umwelt und Nachhaltigkeit viele Bürger zu interessieren scheint. Umso erstaunlicher, dass dem Interesse kein konkretes Handeln folgt. Auch die Befunde aus unserer Projektbefragung zeigen diese Diskrepanz zwischen Einstellung und Verhalten auf. So haben wir beispielsweise gefragt, ob die Befragten das Thema „umweltfreundliche Energienutzung" interessant finden. Von 170 befragten Personen gaben 112 (66 %) an, dass sie das Thema interessant finden. Allerdings wären nur ein Viertel der Befragten auch dazu bereit, in den Umweltschutz mehr Geld zu investieren. Auch im Heizverhalten lässt sich eine Kluft zwischen Einstellung und Verhalten erkennen: So zeigt sich der Durchschnitt der Befragten bei der Aussage „für eine sparsame Wärmeenergienutzung in unserem Haushalt setze ich mich aktiv ein" eher ambivalent[1]. Noch deutlicher wird die Tendenz zur Antwortkategorie „teils/teils" bei der Aussage „Wenn es in der Wohnung einmal etwas kühler ist, drehe ich lieber die Heizung auf, anstatt mir einen Pullover anzuziehen."[2] Gleichzeitig würde es jedoch der Großteil der Befragten begrüßen, wenn der Vermieter für die

---

[1] Auf einer Antwortskala von 1 „stimme ganz und gar nicht zu" bis 5 „stimme voll und ganz zu" liegt der Durchschnitt bei 3,62.
[2] Auf einer Antwortskala von 1 „stimme ganz und gar nicht zu" bis 5 „stimme voll und ganz zu" liegt der Durchschnitt bei 2,86.

Abb. 5.1   (Quelle: istockphoto.de)

Heizung ausschließlich erneuerbare Energieressourcen nutzen würde[3]. Diese Ergebnisse legen nahe, dass der Umweltschutz in den eigenen vier Wänden zwar prinzipiell begrüßt wird, die Umsetzung jedoch nur schleppend erfolgt bzw. auch gerne an andere Personen abgegeben wird. Die Gründe für diese Kluft zwischen Einstellung und Verhalten mögen vielseitig sein: zum einen belegen Studien (Diekmann 1997: 382ff., Kuckartz 1998: 2), dass Befragte bei Umweltthemen gerne sozial erwünscht antworten. Dies kann mittels zweier sozialwissenschaftlicher Ansätze erläutert werden: Personen antworten zum einen als Persönlichkeitsmerkmal sozial erwünscht, um Anerkennung zu erhalten (Umweltschutz als erstrebenswertes Gut), zum anderen als situationsspezifische Reaktion, um bestimmte Konsequenzen aus ihrem Antwortverhalten zu vermeiden (wenn Umweltschutz ein erstrebenswertes Gut ist, dann will man nicht der Buhmann sein, der sich hier verwehrt) (vgl. Schnell/Hill/Esser 1999: 332). Zum anderen ist gerade das Alltagshandeln durch Routinen geprägt, die sich nicht so leicht aufbrechen lassen. Selbst wenn Personen wissen, wie sie in ihrem Privathaushalt nachhaltiger handeln können, so folgt diesem Wissen oftmals keine konkrete Umsetzung, da Routinen in der Regel unbewusst erfolgen. Nur die gezielte und bewusste Umsetzung von Handlungen kann mit der Zeit ein Aufbrechen alt eingebrachter Routinen erzeugen. Zu guter Letzt darf angenommen werden, dass nachhaltiges Handeln im Privathaushalt mit einem gewissen Maß an Komforteinbußen einhergeht. Sei es das Abstellen des Duschwassers während des Einshampoonierens oder das Überstreifen eines Pullovers bei nicht allzu hoher Raumtemperatur: das eine lässt uns kurzweilig auf mollige Wärme verzichten, das andere fordert den Extragang zum Kleiderschrank. Wie viel angenehmer erscheint es da doch, das Wasser einfach laufen zu lassen oder die Heizung aufzudrehen.

---

[3] Durchschnittswert: 3,75

5.6 Konsumentscheidungen innerhalb eines vorgegebenen sozioökonomischen, technischen und finanziellen Rahmens

Selbst wenn Personen ihrem Wissen um die Nachhaltigkeit Handlungen folgen lassen, so sind ihnen doch Grenzen gesetzt (vgl. hierzu Huber 2004 sowie Schulz et al. 2003). Das vermeintlich freie Handeln, welches auf Basis von Vorlieben, Geschmäckern und Werthaltungen erfolgen soll, wird insbesondere bei Kaufentscheidungen durch vorgegebene Rahmenbedingungen angeleitet. Die Bürger müssen ihre Präferenzen an das Angebot des Marktes anpassen, denn dieser gibt zu einem bestimmten Zeitpunkt vor, welche Produkte zu welchem Preis erworben werden können. Individuen können ihre Vorlieben in der Regel nur durch Kauf/Nutzung bzw. Nicht-Kauf/Nicht-Nutzung eines Produktes ausleben. Wer also eine Spülmaschine kaufen möchte, die beim Spülgang besonders wenig Wasser verbraucht, verzichtet auf die Ware mit hohem Verbrauch und sucht sich innerhalb des Angebots der Spülmaschinen mit wenig Wasserverbrauch die für ihn geeignete Maschine aus. Eine Person, die gerne ein Einliterauto kaufen möchte, muss ihre Bedürfnisse hingegen ganz und gar zurückstecken und sich an das Angebot des Marktes mit Drei-, Vier- oder Mehrliterautos anpassen. Doch selbst wenn man dann die für sich passende Ware auf dem Markt gefunden hat, so lässt einen vielfach der Blick in die Haushaltskasse vor dem Kauf zurückschrecken. Dies belegen auch die Resultate unserer Mieterbefragung. In unserer Umfrage bei den Mietern in Leipzig und Stuttgart gab ein Großteil der Befragten an, dass Investitionen zur Energieeinsparung an den finanziellen Möglichkeiten scheitern.[4] Es ist nicht verwunderlich, dass mit sinkendem Haushaltseinkommen dieser Aussage stärker zugestimmt wird. Interessanterweise sehen ältere Personen die Wirtschaft und die Politik primär in der Handlungspflicht. Der Aussage „Energiesparen bei Privathaushalten bringt gar nichts. Zuerst müssen sich Wirtschaft und Politik bewegen" stimmen vor allem über 60jährige Befragte zu. Hier sind es 39 % der Altersgruppe, während es beispielsweise in der Gruppe der 20- bis 35-Jährigen nur 21 % sind, was aber immer noch eine beachtlich hohe Anzahl ist. Dass die Wirtschaft und die Politik von den Befragten zur Handlung aufgefordert werden, kann in dreifacher Weise interpretiert werden: Zum einen ist zu vermuten, dass die Bürger der Politik, als gewählte Vertreter des Volkes eine Leitbild – wenn nicht gar eine Vorbildfunktion zuschreiben und sich als Orientierung für ihr eigenes Handeln entsprechende Vorgaben aus der Politik wünschen. Zum anderen kann davon ausgegangen werden, dass Bürger ihre Kaufentscheidungen nach dem Angebot des Marktes richten. Sind hier Grenzen durch ein minimiertes Angebot gesetzt, folgen automatisch Einschränkungen im Handeln der Käufer. Und zu guter Letzt: nachhaltige Produkte sind vielfach noch keine Massenware und u. a. daher im Erwerb oftmals teurer als die weniger umweltfreundlichen Vergleichsstücke. Da die Umfrageergebnisse ganz klar die Begrenzung der finanziellen Möglichkeiten beim Erwerb nachhaltiger Produkte aufzeigen, ist davon aus-

---

[4] Auf die Frage: „Investitionen zur Energieeinsparung scheitern an meinen finanziellen Möglichkeiten" gaben die Befragten auf einer Antwortskala von 1 „stimme voll und ganz zu" bis 5 „stimme ganz und gar nicht zu" im Durchschnitt den Wert 2,66 an.

zugehen, dass sich die Verbraucher kostengünstigere umweltfreundliche Ware wünschen. Um dies jedoch zu realisieren, bedarf es der Mithilfe der Politik und der Wirtschaft.

Fasst man die Überlegungen aus dem vorherigen Abschnitt zusammen, so sind dem Nachhaltigkeitsgewillten in mehrfacher Hinsicht Schranken gesetzt. Sowohl aus sozioökonomischer Sicht (Angebot des Marktes), aus technischer Sicht (siehe das Beispiel des Einliterautos) als auch aus finanzieller Sicht. Findet der Nachhaltigkeitsgewillte innerhalb dieser Beschränkungen nun doch das umweltfreundliche Produkt seiner Wahl, so droht schon das nächste Problem: der Reboundeffekt.

5.7 Der Reboundeffekt – oder: wenn sich die Katze in den Schwanz beißt

Das Ersetzen der Glühbirne durch die Energiesparlampe, das Umweltsiegel bei Putzmitteln oder aber der Slogan: „Jute statt Plastik". Sie alle zeugen davon, dass es stete Bemühungen gibt, um der Nachhaltigkeit Einzug in die Privathaushalte zu gewähren. Doch was ist, wenn hierbei ungewollte Nebeneffekte entstehen, die niemand so recht mitbedacht hat, die jedoch den Umweltschutz negativ beeinflussen und sogar aufheben können? Dieser klassische Rebound-Effekt (vgl. Hertwig 2005) bewirkt, dass beispielsweise Einsparungen, die z. B. durch effizientere Technologien entstehen, durch vermehrte Nutzung und Konsum einer Technologie überkompensiert werden (Beispiel: die Energiesparlampe, die immer brennt). Weiterhin beinhaltet die intensivere Nutzung einer umweltfreundlichen Ware, dass das Produkt verstärkt nachgefragt wird, und somit kann es zu günstigeren Preisen ebendieser kommen, was die Konsumspirale weiter beschleunigt. Damit sorgt die gesteigerte Effizienz eines Produktes dafür, dass die Genügsamkeit (also die Suffizienz) außer Kraft gesetzt wird.

5.8 Lösungsansätze

Die vorherigen Abschnitte zeigten diverse Probleme auf, die beim Bemühen um nachhaltiges Handeln in Privathaushalten auftreten können. Begonnen beim Unverständnis dessen, was Nachhaltigkeit eigentlich bedeuten soll, über undurchsichtige und verwirrende Informationen bis hin zu externen Begrenzungen, die das nachhaltige Handeln stark einschränken. Aber sogar dann, wenn man sich bewusst für das nachhaltige Handeln entschieden hat, lauern noch weitere Gefahren, wie etwa die des Reboundeffektes. Ohne den Anspruch auf Vollständigkeit der Probleme zu erheben, so zeigt dieser Text doch, dass es mit der Umsetzung der Nachhaltigkeit in Privathaushalten alles andere als einfach ist. Was also tun? Welche Anreize und Hilfestellungen können dem einzelnen Bürger gegeben werden, damit dieser sich im Nachhaltigkeitsdschungel zurechtfindet? In den nachfolgenden Absätzen sollen potenzielle Lösungsansätze vorgestellt werden.

5.9 Akteursspezifische Maßnahmen

Wie unter Absatz 1.2 aufgezeigt, ist der Markt an Handlungsempfehlungen im Nachhaltigkeitssektor zu unübersichtlich und teilweise verwirrend. Hilfreich wäre es hier, Informationen gebündelt und akteursspezifisch (z. B. Informationsmaterialien für Mieter und Eigentümer) aufzubereiten. Dies hat den Vorteil, dass potenzielle Interessenten direkt hinsichtlich ihrer Bedürfnisse angesprochen werden können und sich nicht erst mühselig durch einen Informationsdschungel kämpfen müssen. Wenn für spezifische Bevölkerungsgruppen Handlungsempfehlungen formuliert und getestet werden sollen, dann haben sich in den Sozialwissenschaften qualitative, dialogorientierte Verfahren bewährt. Sogenannte Fokusgruppen, also moderierte Bürgergesprächsgruppen beispielsweise sind ein ressourcenschonendes Instrument, um Empfehlungen zu formulieren und zu testen (vgl. Dürrenberger & Behringer 1999). Der große Vorteil dieses Verfahrens ist es, dass man in den Gesprächsgruppen verstärkt auf die Bedürfnisse der Bürger eingehen kann, neue Impulse bekommt und spezifische Aspekte vertieft diskutieren kann.

5.10 Einsparpotenziale nutzen

In unserer Umfrage, die wir im Jahr 2009 bei den Mietern in Leipzig und Stuttgart durchgeführt haben, wurde ein Anreizmittel für einen nachhaltigeren Umgang mit Wärmeenergie im Privathaushalt immer wieder genannt: Geld. Die Finanzen spielen im Hinblick auf die Möglichkeit, Kosten durch einen effizienteren Umgang mit Ressourcen zu sparen, in der Nachhaltigkeitsdebatte eine wesentliche Rolle. Beim Thema „Wasserverbrauch" wurde in unserer Umfrage z. B. deutlich, dass steigenden Energiekosten einen Einfluss auf das Spül-, Dusch- und Badeverhalten haben. So haben 37 % der Befragten durch steigende Kosten ihr Spülverhalten und 44 % der Befragten ihr Dusch- bzw. Badeverhalten verändert. Auch beim Thema „Wärmeenergie" zeigt sich das Interesse am Geld sparen: 45 % der Befragten geben an, am Thema Wärmeenergie nur dann interessiert zu sein, wenn damit Kostenreduktionen zu erreichen sind (vgl. Schulz et al 2009: 14ff.). Die Umfrageergebnisse legen nahe, dass Menschen ihr Verhalten bei steigenden Kosten zugunsten der Umwelt ändern. Sie gehen sparsamer mit Ressourcen um und interessieren sich auch für weitere Möglichkeiten, Geld zu sparen. Das Einsparpotenzial scheint also ein wichtiger Antriebsfaktor für ein umweltfreundliches Verhalten zu sein. Andersherum kann in den zusätzlichen finanziellen Aufwendungen für den Umweltschutz ein Hemmnis gesehen werden: wie bereits in Abschn. 5.5 dargelegt, ist in unserer Umfrage nur jeder vierte Befragte dazu bereit, in eine umweltfreundliche Wärmeenergie zu investieren, da viele angeben, dass Investitionen an den finanziellen Möglichkeiten scheitern.

Somit gilt es also festzuhalten: ein Anreiz für ein nachhaltiges Agieren in Privathaushalten kann durchaus durch finanzielle Einsparungen gesetzt werden. Weniger reizvoll erscheint es für Miethaushalte zu sein, zusätzliche finanzielle Mittel für den Umweltschutz auszugeben.

5.11   Längere Nutzung von Produkten

Handy, Glühbirne oder Computer: bei zahlreichen Produkten ist das frühe Ableben vorprogrammiert. Der Besitzer dieser Produkte lässt diese im Falle des Defektseins in der Regel nicht reparieren, sondern besorgt sich ein neues Produkt. Aber auch völlig funktionstüchtige Ware wird vielfach weggeworfen, wenn ein neueres, trendigeres und vermeintlich besseres Produkt auf den Markt kommt. Diese Form des „Ex und Hopp" wird gemeinhin als Zeichen unserer heutigen Moderne, als Zeichen der sogenannten „Wegwerfgesellschaft" (vgl. Keller 2009) interpretiert. Unter Nachhaltigkeitsgesichtspunkten ist dies natürlich wenig erstrebenswert. Hier gilt es, Stoffströme zu verlängern, mit anderen Worten: Produkte länger zu nutzen. Dies würde bedeuten, den eigenen Lebensstil zu hinterfragen und sich eine Antwort darauf zu geben, ob man jeden Trend mitmachen muss oder ob es immer die neueste Technik im Hause sein muss. Ein Lebensstil ist „[…] der regelmäßig wiederkehrende Gesamtzusammenhang der Verhaltensweisen, Interaktionen, Meinungen, Wissensbestände und bewertenden Einstellungen eines Menschen" (Hradil 1987: 46). Diese Definition des Lebensstils zeigt, dass Lebensstile ein Konglomerat aus Einstellungen, Werthaltungen und Wissensbeständen ist. Einen Lebensstil zu ändern ist daher ein langwieriger Prozess, der nur durch konsequente Infragestellung der eigenen Handlungen sowie ein bewusstes Umdenken verändert werden kann.

5.12   Gemeinsame Nutzung von Produkten

Ein einfacheres Unterfangen mag da die gemeinsame Nutzung von Produkten sein. Beispiele gibt es hier viele, wie etwa die „Pool-Lösung" oder das „Sharing-Prinzip". Bekannt ist uns dies beispielsweise aus Carsharing-Projekten oder bei vielen Menschen aus dem ganz normalen Alltag: dann nämlich, wenn selten genutzte Güter gemeinschaftlich angeschafft werden (zum Beispiel der Sandkasten im Garten des Mehrfamilienhauses) oder Güter ausgeliehen anstatt gekauft werden. Renn 1997 sieht in dieser Form der nachhaltigen Nutzung von Produkten auch Vorteile für den eigenen Geldbeutel: „Die Mehrkosten für solche Geräte kann man sich mit den Mitbenutzern teilen." (Renn 1997: 12) Die gemeinsame Nutzung von Produkten ist also auf zweifache Weise reizvoll: der Bürger vermag ohne viel Aufwand nachhaltig zu handeln und der Geldbeutel wird zusätzlich geschont.

5.13   Beim Kauf von Produkten auf umweltbelastende Stoffe achten

Unsere heutige Konsumgesellschaft bietet uns beim Kauf von Produkten viele Möglichkeiten, um nachhaltig zu handeln. So können wir bei Obst und Gemüse zum Beispiel auf heimische Produkte zurückgreifen und müssen nicht die Ware mit den langen Transportwegen in unseren Einkaufskorb legen. Auch bei der Auswahl unserer Kleidung können wir verstärkt auf organic oder fair trade Produkte zurückgreifen. Renn 1997 hat eine Liste an Fragen erstellt, die für unsere Einkäufe handlungsleitend sein kann:

- Ist das gleiche Produkt auch mit geringeren Materialaufwand oder weniger Verpackung zu haben?
- Ist das Produkt besonders energieintensiv in der Herstellung oder in der Nutzung?
- Ist das Produkt so hergestellt, dass es zumindest die Zeitspanne der vorgesehenen Nutzung überstehen wird? Lässt es sich überhaupt reparieren, falls ein Schaden auftritt?
- Deutet die Materialzusammensetzung auf die Möglichkeit eines geschlossenen Stoffkreislaufes hin? Besteht die Möglichkeit zum Stoffrecycling?
- Hat das Produkt einen sehr langen Transportweg hinter sich? Könnte man ein nutzengleiches Produkt auch aus der eigenen Region beziehen?
- Führt das Produkt zu umweltbelastenden Folgewirkungen, sei es für den eigenen Energieverbrauch oder für den Abfallbereich?

Natürlich wäre es unrealistisch zu erwarten, dass wir bei jedem Einkauf diese Liste auspacken und auf jede einzelne Ware, die wir in den Warenkorb legen, anwenden. Doch was diese Liste zeigt, ist, dass es gilt, Produkte bewusst auszuwählen. Dies kann ohne großen Aufwand und in dem für uns zuträglichen Maß in jedem Supermarkt geschehen.

5.14   Hinterfragen von Alltagsroutinen

Eine simple aber sehr effektive Form, um im Privathaushalt nachhaltig zu agieren, ist das Hinterfragen von Alltagsroutinen. Viele umweltbelastende Handlungen laufen quasi „nebenbei" ohne von den einzelnen Personen wirklich wahrgenommen zu werden. Sei es, das Wasser beim Zähne putzen laufen zu lassen oder den Fernseher per Stand-by-Knopf auszuschalten. Wer wachsam in seinem Alltag ist, findet so mache Überraschung hinsichtlich des nicht-nachhaltigen Handelns und wird verwundert darüber sein, wie einfach sich diese Gewohnheiten ändern lassen.

5.15   Der Nachhaltigkeit nicht die Puste ausgehen lassen

Auch wenn es vielfach abgedroschen und verwirrend klingen mag: die permanenten Dauerdiskussionen zum Thema Nachhaltigkeit haben ihren Sinn. Denn nur wenn öffentliche Debatten zu diesem Thema geführt werden, bleibt das Thema in den Köpfen der Bürger präsent. Öffentliche Diskussionen geben Anregungen zur Führung eines nachhaltigen Lebensstiles und können auf Probleme und deren Lösungen beim nachhaltigen Handeln hinweisen. Darüber hinaus zeigen diese Debatten auf, dass der Bürger nicht alleine die Nachhaltigkeit schultern kann, sondern dass es auch überindividueller Lösungen und einer entsprechenden Infrastruktur bedarf. Hierzu wiederum bedarf es des Zusammenspiels von Wirtschaft, Politik und Zivilgesellschaft. (vgl. auch Lange 2005: 15)

5.16 Schlussbetrachtung

Dieses Buchkapitel hat sich der Frage gewidmet, warum der Einzug der Nachhaltigkeit in die Privathaushalte so schwierig ist. Anhand von Umfrageergebnissen, die das Resultat einer Mieterbefragung in Stuttgart und Leipzig aus dem Jahr 2009 sind, konnte aufgezeigt werden, dass bei den Bürgern durchaus Interesse am Thema Nachhaltigkeit besteht, die konkrete Umsetzung jedoch zu wünschen übrig lässt. Was also sind die Gründe für diese Diskrepanz zwischen Einstellung und Verhalten? Als mögliche Gründe wurden die Uneindeutigkeit des Nachhaltigkeitsbegriffs, verwirrende und wenig handlungsanleitende Informationen, Alltagsgewohnheiten, sozioökonomische und strukturelle Handlungsbegrenzungen, Reboundeffekte und sogar Komforteinbußen durch nachhaltiges Handeln diskutiert. Die Lösungswege zur Steigerung der Nachhaltigkeit in Privathaushalten muten angesichts dieser Problemfülle lapidar an: Informationen akteursspezifisch aufbereiten, gemeinsame Nutzung von Produkten, öffentlich über Nachhaltigkeit diskutieren, Alltagsroutinen hinterfragen und beim Kauf von Produkten auf umweltbelastende Stoffe achten. Dass die Umsetzung dieser Lösungsvorschläge keineswegs lapidar ist, zeigt uns der tägliche Blick auf unser Alltagshandeln. Die Umsetzung der Nachhaltigkeit ist eine mühevolle Aufgabe, die viel Geduld erfordert. Wird doch nicht weniger von uns verlangt, als dass wir unsere Lebensweise komplett infrage stellen. Da hinter Lebensweisen Werte, Einstellungen, Wissensbestände und Bedürfnisse von Menschen stehen, ist dies ein langwieriger Prozess, der permanenter Anreizsetzung und Hilfestellung durch Wissenschaft, Wirtschaft und Politik verlangt.

Literaturverzeichnis

Brundtland Kommission: In: Our Common Future: The World Commission on Environment and Development. Oxford, Oxford University Press, 1987

Bund für Umwelt und Naturschutz: 53 Tipps zum nachhaltigen Umgang mit Wasser. Download unter http://www.bundbwue.de/fileadmin/bawue/pdf_datenbank/themen_projekte/Wasser/BUND_Wassersparttipps_14.05.08.pdf (Zugriff am 05. Mai 2011)

Diekmann, Andreas: Empirische Sozialforschung: Grundlagen, Methoden, Anwendungen. Reinbek bei Hamburg: Rowohlt , 1997

Dürrenberger, Gregor; Behringer, Jeanette: Die Fokusgruppe in Theorie und Anwendung. Stuttgart: Akademie für Technikfolgenabschätzung, 1999

Gallego Carrera, Diana; Mack, Alexander: Sustainability assessment of energy technologies via social indicators: Results of a survey among European energy experts. In: Energy Policy No. 38, (2010), S. 1030–1039

Hamberger, Joachim: Nachhaltigkeit und Nachlässigkeit. Eine Begriffsgeschichte. Wie ein Fachbegriff zum politischen Programm wird. In: lwf aktuell No. 76 (2010), S. 32–34

Hauff, Volker: Unsere gemeinsame Zukunft. Der Bericht der Weltkommission für Umwelt und Entwicklung (Brundtland-Bericht). Greven: Eggenkamp, 1987

Hertwig Edgar G.: Consumption and the Rebound Effect An Industrial Ecology Perspective. Journal of Industrial Ecology. Volume 9, Number 1–2 (2005), S. 85–98

Hradil, Stefan: Sozialstrukturanalyse in einer fortgeschrittenen Gesellschaft. Opladen, Leske + Budrich, 1987

Huber, Joseph: New Technologies and Environmental Innovation. Cheltenham: Edward Elgar, 2004

Jänicke, Martin; Carius, Alexander; Jörgens, Helge: Nationale Umweltpläne in ausgewählten Industrieländern, Berlin und Heidelberg: Springer, 1997

Jüdes, Ulrich: Nachhaltige Entwicklung – wozu Theorie? In: Politische Ökologie 15, Nr. 52, (1997) S. 1–12

Keller, Reiner: Müll: die gesellschaftliche Konstruktion des Wertvollen; die öffentliche Diskussion über Abfall in Deutschland und Frankreich. Wiesbaden, VS Verlag, 2009

Kuckartz, Udo: Umweltbewusstsein und Umweltverhalten. Reihe: Konzept Nachhaltigkeit. Enquetekommission Schutz des Menschen und der Umwelt des Deutschen Bundestages (Hrsg.) Berlin/Heidelberg/New York: Springer, 1998

Llange, Hellmuth: Lebensstile. Der sanfte Weg zu mehr Nachhaltigkeit? artec-paper Nr. 122, Bremen, 2005

Merkel, Angela: Die Bewahrung der Schöpfung im Zeichen einer nachhaltigen Entwicklung. In: KAUL, Henning; ZEHETMAIER, Hans (Hrsg.): Studien zur Umweltökonomie und Umweltpolitik. Unsere Erde gibt es nur einmal. Bekenntnisse zur Verantwortung für die Umwelt. Bd. 8, (2009), Berlin, Duncker und Humblot, S. 19–21

Renn, Ortwin: Nachhaltiger Konsum als Herausforderung. In: Zukünfte, No. 20, (1997), S. 12–15

Renn, Ortwin; Deuschle, Jürgen; Jäger, Alexander; Weimer-Jehle, Wolfgang: Normativ-funktionale Nachhaltigkeit – Konzeption, Indikatoren und Interdependenzen, Wiesbaden: VS Verlag, 2007

Rudolph, Karl-Ulrich; Block, Thomas: Der Wassersektor in Deutschland. Methoden und Erfahrungen. Bundesministerium für Umwelt, Naturschutz und Reaktorsicherheit. (Hrsg.) Berlin, Bonn, Witten, 2001

Schnell, Rainer; Hill, Paul; Esser, Elke : Methoden der empirischen Sozialforschung. München: Oldenbourg, 1999

Schulz, Thomas; Horbach, Jens; Huber, Joseph: Nachhaltigkeit und Innovation. Rahmenbedingungen für Umweltinnovationen. München: Ökom, 2003

Schulz, Marlen; Gallego Carrera, Diana, Alcantara Sophia, Hilpert, Jörg: Konsumanalyse – Nutzung der Wärmeenergie. Universität Stuttgart, Stuttgart, 2010. Abrufbar über http://www.uni-stuttgart.de/nachhaltigerkonsum/de/index.html . (Zugriff am 05. Mai 2011)

Swanson, Darren; Pintér, László et al. 2004 National Strategies for Sustainable Development: Challenges, Approaches and Innovations in Strategic and Co-ordinated Action. Eschborn und Winnipeg: International Institute for Sustainable Development und Deutsche Gesellschaft für Technische Zusammenarbeit, Eschborn, 2004

Wippermann, Carsten; Flaig, Berthold Bodo; Calmbach, Marc; SINUS SOCIOVISION GmbH: Umweltbewusstsein und Umweltverhalten der sozialen Milieus in Deutschland. Hrsg.: Umweltbundesamt. 2010, Abrufbar über:
http://www.umweltdaten.de/publikationen/fpdf-l/3871.pdf , Zugriff im Januar 2010.

Zech, Daniel; Jenssen, Till, Eltrop, Ludger: Handlungsempfehlungen zur Unterstützung eines nachhaltigen Wärmekonsums. Stuttgart, Universität Stuttgart, 2011

Zwick, Yvonne: Nachhaltigkeit – ein Begriff und seine Folgen. Vortrag bei der Jahreskonferenz des Fachverbands Electronic Components and Systems des ZVEI in Wiesbaden am 27.05.2009

Investitionsverhalten von Eigentümern in der ökonomischen Analyse

Katy Jahnke

6.1 Zusammenfassung

In der politischen und wissenschaftlichen Diskussion um einen nachhaltigen Energiekonsum privater Haushalte wird ein Hauptschwerpunkt auf investive Maßnahmen gelegt. Fokus des folgenden Beitrags sind dabei Maßnahmen wie Wärmedämmung und der Austausch veralteter, nicht effizienter Heizungssysteme. Diese Maßnahmen sind jedoch meist mit hohen Kosten für die Konsumenten verbunden. Wobei neben den eigentlichen Kosten der Investition wie Material und Technik nicht der Aufwand eingerechnet ist, den ein derartiger Eingriff in Form von nötigen Baumaßnahmen, Informationseinholung etc. mit sich bringt. Anhand einer Literaturanalyse werden im Folgenden das ökonomische Verhaltensmodell diskreter Entscheidungen, die Methodik ökonomischer Experimente und deren Erklärungsgehalt für nachhaltige Investitionsentscheidungen kritisch beleuchtet. Gegenstand der hier vorgestellten ökonomischen Experimente ist z. B. die Frage, ob zusätzliche ökonomische oder ökologisch relevante Informationen stärkere Auswirkungen auf die Bereitschaft zu Investitionen in effiziente Wärmeenergietechnologien oder energetische Sanierungsmaßnahmen haben. Aufbauend auf den Ergebnissen der ökonomischen Analyse des Investitionsverhaltens privater Haushalte wird hier die Anwendung eines strikten ökonomischen Ansatzes kritisch diskutiert und auf die Bedeutung der bounded rationality verwiesen.

6.2 Investive Wärmekonsumentscheidungen

Bei der Betrachtung von haushaltsbezogenen Konsumentscheidungen im Bereich Wärmeenergie kann man grob unterscheiden zwischen dem alltäglichen Konsum von Wärme, den Routinen bzw. dem sogenannten habitualisierten Verhalten und dem Investitionsverhalten. Bezüglich der drei Nachhaltigkeitsstrategien Suffizienz, Effizienz und Konsistenz

D. Gallego Carrera et al. (Hrsg.), *Nachhaltige Nutzung von Wärmeenergie*,
DOI 10.1007/978-3-8348-8650-7_6,
© Vieweg+Teubner Verlag | Springer Fachmedien Wiesbaden 2012

(vgl. Huber 1995) lassen sich folgende Handlungsfelder nachhaltigen Wärmekonsums für die privaten Konsumenten ableiten: In den Bereich der Effizienz- und Konsistenzstrategie fallen vor allem investive Maßnahmen, wie energetische Sanierungen der Wärmehülle und/oder der Anlagentechnik. Hinsichtlich der Suffizienzstrategie wären z. B. Verhaltensanpassungen in den Nutzungsbereichen Temperaturwahl und Lüftungsverhalten möglich, um Energieeinsparungen zu erzielen. Investive Maßnahmen sind jedoch im Vergleich zu den Suffizienzmaßnahmen hinsichtlich ihres Komplexitätsniveaus der Handlung als deutlich schwieriger in Bezug auf deren Umsetzung zu bewerten. Hier sei darauf verwiesen, dass Hauseigentümern bezüglich der Maßnahmenanalyse im Vergleich zu Mietern mehr Optionen zur Verfügung stehen, in Form von Investitionen wesentlich auf die Höhe des Wärmeverbrauchs einzuwirken.

Investive Maßnahmen zeichnen sich vor allem aufgrund des meist einmaligen und langfristigen Charakters aus. Da eine Investition im Bereich häuslicher Wärmeenergienutzung fast immer eine größere Anschaffung entweder in eine neue Heiztechnologie oder in die Durchführung von Dämmmaßnahmen bedeutet, ist zu erwarten, dass ökonomische Größen wie Investitionskosten, Amortisationsdauer und Kosten-/Nutzenrelationen zu den zentralen Determinanten der Entscheidung für eine energetische Sanierung zählen. Deshalb werden die zwei Verhaltensarten – habitualisiertes Konsumverhalten und Investitionsverhalten – bezüglich Wärmeenergie meist getrennt voneinander untersucht. Dies liegt nicht zuletzt auch an den unterschiedlichen Handlungsempfehlungen, die sich für beide Verhaltensbereiche ergeben. Im Fokus der folgenden Betrachtung des Wärmekonsums steht das Investitionsverhalten. Hierbei soll vor allem der ökonomische Erklärungsansatz und entsprechende Verhaltensmodelle betrachtet werden. Im nächsten Abschnitt wird deshalb zunächst auf das häufig angewendete ökonomische Erklärungsmodell für Investitionsverhalten eingegangen.

6.3 Ökonomische Sichtweise

Die meisten ökonomischen Modelle gehen davon aus, dass Menschen rational handeln, d. h. ihren Entscheidungen liegt eine Nutzenmaximierung in Abhängigkeit der jeweiligen individuellen Präferenzordnung zugrunde. In diesem Sinne lässt sich das Verhalten eines Konsumenten als Optimierung seiner Nutzenfunktion unter bekannten Nebenbedingungen, wie z. B. der Budgetrestriktion, definieren. Voraussetzung ist dabei, dass das entscheidende Individuum geordnete und konsistente Präferenzen hat und über vollständige Informationen verfügt, um eine Entscheidung im Sinne seines Wohlergehens treffen zu können. Um eine optimale rationale Entscheidung zu treffen, müssten Hauseigentümer demnach in der Lage sein, Kosten-Nutzen-Analysen durchzuführen. Nach einer einfachen Investitionsrechnung sollte ein Eigentümer beispielsweise eine Energie einsparende Maßnahme vornehmen, wenn gilt:

$$C_\text{K} \leqslant V_\text{K} = \sum_{t=1}^{T} \left[(P_t(F_\text{C} - F_\text{N}))/(1+r)^t \right]$$

C_K entspricht dabei den anfänglichen Investitionskosten einer Maßnahmen zum Zeitpunkt $t = 1$. V_K entspricht dem Gegenwartswert der eingesparten Energiekosten bei Durchführung der Maßnahme. Eine Investition ist dann ökonomisch vorteilhaft, wenn die Investitionskosten in $t = 1$ geringer sind als die Summe der abdiskontierten zukünftigen Erträge aus Energieeinsparungen. Der Gegenwartswert V_K ergibt sich aus der Differenz zwischen dem Energieverbrauch ohne Maßnahme F_C und dem Energieverbrauch nach der Realisierung der Energie einsparenden Investition F_N, bewertet mit dem Preis für den verwendeten Energieträger in Periode t, P_t, und abdiskontiert mit der Zinsrate r. Entscheidende ökonomische Parameter sind demnach die anfänglichen Investitionskosten einer Maßnahme, erzielte Energie- und damit Kosteneinsparungen und die sich daraus ergebende Amortisationszeit in Abhängigkeit von der zukünftigen Preisentwicklung für Energieträger.

Zur Modellierung von Investitionsentscheidungen wird in der ökonomischen Verhaltensanalyse häufig auf die Theorie diskreter Entscheidungen (Discrete Choice) zurückgegriffen. Diskret bedeutet dabei, dass die Entscheidung für ein Produkt bzw. eine Maßnahme, z. B. eine neue Heizung oder eine Fassadendämmung, nur Ja oder nein sein kann. Im Mittelpunkt des diskreten Entscheidungsmodells steht die Analyse des Verhaltensprozesses eines Individuums. Dieser führt zu einer Entscheidung für oder gegen eine bestimmte Maßnahme, die sich über spezifische Eigenschaften oder Attribute, wie z. B. der oben genannten ökonomischen Parameter einer Investition, definiert (Vgl. Train, 2003). Im Folgenden soll kurz das zugrunde gelegte ökonometrische Modell dargestellt werden. Im Anschluss an diese Darstellung wird die Anwendung dieses Modells in verschiedenen empirischen Studien mit dem Schwerpunkt auf Wärmeenergieentscheidungen vorgestellt. Als letzter Schritt wird die Anwendung des rein ökonomischen Discrete-Choice Ansatzes kritisch diskutiert.

6.3.1 Das Diskrete Entscheidungsmodell

Diskrete Entscheidungsmodelle (Discrete Choice) basieren auf der Annahme, dass sich das Individuum nutzenoptimal verhält und die Produkt- oder Maßnahmenalternative aus einem Güter-/Maßnahmenbündel wählt, die ihm den größtmöglichen Nutzen stiftet. Grundlage des heute weitverbreiteten ökonometrischen Modells der Discrete-Choice-Analyse ist unter anderem die Arbeit von McFadden (1974). Die folgende Darstellung des Entscheidungsmodells basieren auf der Arbeit von Train (2003).

In Bezug auf die Modellierung der Nutzenfunktion eines Individuums i sei angenommen, dass ein Maßnahmenbündel X mit n Alternativen zur Auswahl steht. U_{ik}, mit $k = 1, \ldots, n$ sei dabei der Nutzen von Individuum i, den die Wahl der Alternative k stiftet.

Unter der Annahme, dass sich das Individuum nutzenoptimal verhält, ergibt sich folgende vereinfachte Entscheidungsregel:

$$U_{ik}(z_{ik}, s_i) \rightarrow \text{max!}$$

In Bezug auf die diskrete Entscheidung wird angenommen, dass bestimmte Attribute bzw. Eigenschaften der zu wählenden Maßnahmen die Wahl des Individuums beeinflussen. Die vereinfachte Darstellung der Nutzenfunktion U_{ik} von Individuum i ist abhängig von z_{ik} und s_i. Wobei z_{ik} ein Vektor ist, der alle für Individuum i entscheidungsrelevanten Maßnahmeneigenschaften von Alternative k beinhaltet und s_i ein Vektor, der alle entscheidungsrelevanten Persönlichkeitsmerkmale von Individuum i darstellt. Einige dieser Faktoren sind beobachtbar; andere bleiben jedoch bei der empirischen Analyse unbeobachtbar. Dies ist z. B. der Fall wenn der Beobachter keinen vollständigen Einblick über den Nutzen einer Maßnahme für den Konsumenten hat (Vgl. z. B. Ben-Akiva & Lerman, 1985). Ökonometrische Modelle, die annehmen, dass die Eigenschaften einer Maßnahme zum individuellen Nutzen beitragen und konsistent mit der Nutzenmaximierung sind, werden als Random Utility Models (RUMs) bezeichnet. Die Ausprägungen der unbeobachtbaren Faktoren, im Folgenden mit δ bezeichnet, werden dazu als zufällig angenommen und folgen einer bestimmten Verteilung mit Dichtefunktion $f_\delta(.)$. Die Nutzenfunktion besteht somit aus einer deterministischen Komponente v_{ik} und einer stochastischen Komponente δ_{ik}, so dass gilt:

$$U_{ik} = v_{ik} + \delta_{ik}$$

mit $v_{ik} = (z_{ik}, s_i)$ und δ_{ik} einer Funktion aus nichtbeobachtbaren Produkt- und Persönlichkeitseigenschaften, sowie Spezifikations- und Messfehlern.

Der tatsächliche Nutzen U_{ik} lässt sich aufgrund der Zufallsgröße δ_{ik} nicht direkt messen. Daher ist die vorhergesagte Entscheidung des Individuums nicht deterministisch, sondern wird in Form von Wahrscheinlichkeiten angegeben. Die Auswahlwahrscheinlichkeit ergibt sich dabei nicht aus den absoluten Nutzen U_{ik} bzw. U_{im}, sondern aus den Nutzendifferenzen zwischen den Maßnahmenalternativen k und m. Die Wahlwahrscheinlichkeit für Alternative k lautet demnach:

$$P_{ik} = \text{Pr} \, ob(U_{ik} \geqslant U_{im}; \forall k \neq m; k, m \in X_t)$$

Die Entscheidungsregel ist demnach: Wähle Alternative k, wenn gilt: $U_{ik} > U_{im}$ für alle $k \neq m$. Auf eine ausführliche Darstellung der Spezifikation der deterministischen und stochastischen Nutzenkomponente wird aus Gründen der Verständlichkeit verzichtet und auf einschlägige Literatur verwiesen (Train, 2003; McFadden, 1974; Louviere, Hensher & Swait, 2000). Es werden hier lediglich die in der praktischen Anwendung am häufigsten verwendeten Modellspezifikationen vorgestellt.

Für die deterministische Nutzenkomponenten v_{ik} wird dabei meist ein linearer Zusammenhang angenommen, d. h. es gilt:

$$v_{ik} = \beta_i(z_{ik} + s_i)$$

Wobei die Vektoren der Parameterkoeffizienten α und β die jeweilige Gewichtung der Produkt- bzw. Persönlichkeitseigenschaften angeben.

Im Falle der stochastischen Nutzenkomponente muss eine geeignete Verteilungsfunktion definiert werden. Das Multinomiale Logit-Modell (MNL) ist dabei das am häufigsten verwendete Modell, da es aufgrund seiner vergleichsweise einfachen Berechnung sehr gut handhabbar ist. Danach ergibt sich folgende Auswahlwahrscheinlichkeit des Individuums i für Alternative k:

$$P_{ik} = \frac{e^{v_{ik}}}{\sum\limits_{m \in X_t} e^{v_{im}}}$$

Die hier angenommen Extremwertverteilung der stochastischen Komponente setzt voraus, dass die Zufallsvariablen identisch und unabhängig voneinander verteilt sind. Die Unabhängigkeit der Zufallsvariablen (independence-of-irrelevant-alternatives (IIA)) bedeutet, dass der Zufallsnutzen eines Individuums für eine bestimmte Maßnahmenalternative unabhängig von anderen Maßnahmenalternativen ist. In der Realität ist diese Voraussetzung aber kaum gegeben, so dass vielfach auf komplexere Spezifikationen der stochastischen Komponente zurückgegriffen werden muss. Zu nennen sind hier unter anderem das Nested-logit Modell, conditional logit Modelle mit fixed effects oder Probit Modelle (siehe z. B. Ben-Akiva & Lermann, 1985; McFadden, 1974).

Für die Schätzung der entsprechenden Modellkoeffizienten wird das Maximum-Likelihood-Verfahren angewendet. Hierbei ist insbesondere zu beachten, dass der absolute Wert der geschätzten Koeffizienten keine direkten Aussagen über den Einfluss der erklärenden Variablen (Maßnahmeneigenschaften) auf die Investitionsentscheidung bzw. den Nutzen des Individuums zulässt. Anhand der Vorzeichen der Koeffizienten kann man jedoch bereits ablesen ob sich eine Maßnahmeneigenschaft positiv oder negativ auf den Nutzen einer Maßnahmenalternative auswirkt. Anhand der Koeffizienten werden meist Zahlungsbereitschaften (Willingness to pay (WTP)) oder sogenannte marginale Effekte berechnet. Marginale Effekte geben z. B. an, um wie viel sich eine Auswahlwahrscheinlichkeit ändert, wenn die Ausprägung einer betrachteten Variable, z. B. einer Maßnahmeneigenschaft, um eine marginale Einheit ansteigt. Je nach Art der Zielvariablen können sie mittels der partiellen Ableitung, der Differenz der Auswahlwahrscheinlichkeiten der Produktalternativen oder mittels Elastizitäten berechnet werden. Zahlungsbereitschaften lassen sich mit Hilfe der Relation der partiellen Ableitungen der Maßnahmeneigenschaft und des Preises nach folgender Formel berechnen:

$$\text{WTP} = \frac{\partial v_k / \partial z_j}{-\partial v_k / \partial p}$$

bzw. vereinfacht dem Verhältnis der entsprechenden geschätzten Koeffizienten der Maßnahmeneigenschaft z_j und des Koeffizienten des Preises p:

$$\text{WTP} = \beta_{z_j} / - \beta_p$$

Daten zur empirischen Messung entsprechender Zusammenhänge werden in der ökonomischen Fachwelt häufig über Entscheidungsexperimente erhoben. Diskrete Entscheidungsexperimente verknüpfen die oben dargestellte Theorie diskreter Entscheidungen mit der aus der angewandten Ökonometrie bekannten multivariaten Conjoint-Analyse (Sawtooth, 2008). Die Choice-Based-Conjoint-Analyse (CBCA) ist dabei die am häufigsten eingesetzte Form. Auf Basis von Wahlentscheidungen, die Probanden im Rahmen eines Experiments fällen müssen, können damit Konsumentenpräferenzen und entsprechendes Nachfrageverhalten geschätzt werden. Die wichtigsten zu beachtenden Merkmale dieser Methodik sollen im folgenden Abschnitt zunächst kurz erläutert werden.

6.3.1.1   Diskrete Entscheidungsexperimente

Ein diskretes Entscheidungsexperiment bzw. der in der Literatur übliche Fachbegriff Discrete-Choice-Experiment (DCE) stellt eine simulierte Entscheidungssituation dar, bei der Probanden hypothetische Entscheidungen treffen sollen. Es handelt sich dabei um einen Stated-preference-Ansatz, d. h. die gesammelten Daten basieren nicht auf real durchgeführten Investitionsentscheidungen. Im Unterschied zu Datenanalysen mit revealed preferences, d. h. der Analyse von ex-post erhobenen Daten, besteht hier die Gefahr von Antwortverzerrungen (bias) im Sinne sozialer Erwünschtheit bzw. höherer Gewichtung bestimmter Attributsausprägungen bei der Wahl einer Alternative. Auf diese und weitere Probleme bei der Anwendung von Entscheidungsexperimenten wird in Abschn. 6.3.3 explizit eingegangen.

Die Vorgehensweise bei einem DCE kann in drei Arbeitsschritte aufgeteilt werden. Die einzelnen Teilschritte – Definition des Untersuchungsobjektes, dessen Produkteigenschaften und Ausprägungen, als auch die Zusammenstellungen der Produktalternativen (Erhebungsdesign) – werden in folgender Abb. 6.1 dargestellt.

Als erster Schritt muss das Design des DCE festgelegt werden. Dabei gilt es vor allem, eine genaue Definition des Untersuchungsobjektes und dessen Eigenschaften und der entsprechend möglichen Ausprägungen zu erstellen und dessen Stichhaltigkeit zu gewährleisten. Dieser Schritt ist in der Praxis meist mit einem erheblichen Rechercheaufwand verbunden. Ziel sollte es sein, eine möglichst realitätsnahe Entscheidungssituation zu simulieren, wozu vor allem realistische Attributsausprägungen gehören. Um das Erhebungsdesign und damit den von den Probanden zu leistenden Entscheidungsaufwand nicht ausufern zu lassen, ist es in vielen Fällen nötig, die Anzahl der Attribute zu begrenzen. Beispielsweise ergeben sich bereits bei 6 Eigenschaften mit je drei Ausprägungen $(3^6=)$ 729 Produktalternativen, aus denen bei einem vollständigen faktoriellen Design gewählt werden müsste (Vgl. Sammer & Wüstenhagen, 2006). Daher wird in der Praxis oft ein reduziertes Design genutzt. Um dieses zu erstellen bieten verschiedene Statistikprogramme entsprechende Funktionen an (z. B. Sawtooth). Insbesondere das orthogonale Haupteffekte Design ist ein beliebtes Auswahlverfahren. Anhand von Algorithmen wird dabei die Anzahl der für die einzelnen Wahlentscheidungen (Choice Tasks) verwendeten Produktalternativen reduziert (Sawtooth, 2008). In der Praxis hat sich gezeigt, dass von Befragten um die 20 Choice Tasks mit wenigen Produktalternativen (z. B. 2–3) bearbeitet werden können, ohne dass es zu Ermüdungserscheinungen kommt.

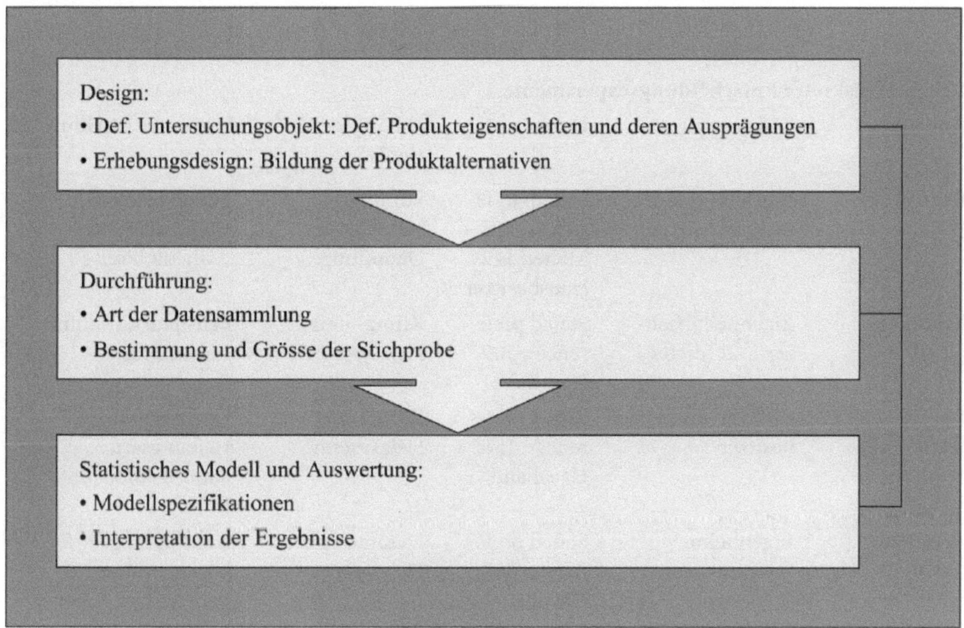

Abb. 6.1 Stufen der Durchführung eines DCE (Sammer & Wüstenhagen, 2006, S. 15)

Neben der Anzahl der Eigenschaften und deren Ausprägungen sind weitere Kriterien
bei der Auswahl der Produkteigenschaften zu berücksichtigen. Zum einen sollten nur Eigenschaften ausgewählt werden von denen man annimmt, dass sie auf Gesamtnutzen und
Investitionsentscheidung des Befragten Einfluss haben. Zudem sollten die gewählten Eigenschaften beeinflussbar sein, d. h. die Produkteigenschaft existiert in unterschiedlichen
Ausprägungen und ein entsprechender Hersteller kann darauf Einfluss nehmen, z. B. verschiedene Dämmstärken. Des Weiteren sollte der Nutzen einer Eigenschaftsausprägung
nicht durch die Ausprägungen anderer Eigenschaften beeinflusst werden d. h. davon unabhängig sein (Vgl. Sammer & Wüstenhagen, 2006).

Neben der Definition des Untersuchungsobjekts und dessen Eigenschaften spielt die zu
untersuchende Bevölkerungsstichprobe eine wichtige Rolle bei der Planung von ökonomischen Experimenten. Je nachdem, wie viele Eigenschaften einer Maßnahme analysiert werden sollen, umso höher ist der erforderlich Stichprobenumfang, um statistische Signifikanz
der Ergebnisse und Validität der Datenanalyse zu gewährleisten. Bei der Untersuchung von
Investitionsentscheidungen im Bereich der Wärmenergie ist zudem zu beachten, dass teils
nur spezifische Zielgruppen über entsprechende Entscheidungsgewalt verfügen. Dies sind
vor allem Hauseigentümern.

Nachfolgend werden eine Reihe empirischer Ergebnisse ökonomischer Experimente für
den konkreten Fall der Anwendung auf Entscheidungen im Bereich der Wärmeenergie vorgestellt.

Tab. 6.1 Ökonomische Experimente – Beispiele

Beispiele diskreter Entscheidungsexperimente

Autor	Zielgruppe	Daten	abhängige Variable	relevante Attribute
Banfi et al. (2008)	Eigenheimbesitzer und Mieter	Stated preferences, 163 Mieter, 142 Hausbesitzer	Lüftungssysteme und Dämmung	Effizienzniveau, Dämmstärken, Ästhetik, Preise
Kwak et al. (2010)	Eigenheimbesitzer und Mieter	Stated preferences, 509 Haushalte	Klima- und Heizsysteme	Fensterart, Dämmstärke, Preise
Bogerd et al. (2009)	Eigenheimbesitzer	Stated preferences, 1565 Haushalte	Dämmung und Heizsystem	Dämmstärke, Heizungsart, Amortisationszeit, Komfort
Achtnicht (2010)	Eigenheimbesitzer	Stated preferences, 400 Haushalte	Dämmung und Heizsystem	Anschaffungskosten, mit/ohne Subvention, Amortisationszeit, Energieeinsparung, Expertenurteil, CO_2-Einsparung

6.3.2 Empirie diskreter Entscheidungsexperimente

In den letzten Jahren gab es eine ganze Reihe von Arbeiten, die sich mit der empirischen Überprüfung des modelltheoretischen Zusammenhangs von Produkteigenschaften und Wahlentscheidungen im Energiebereich befassten. Viele dieser Studien bezogen sich dabei auf Kaufentscheidungen für energieeffiziente Haushaltsgeräte. In Bezug auf den hier gesetzten Schwerpunkt Wärmeenergie und insbesondere Investitionsentscheidungen soll im Folgenden eine Auswahl aktueller Studien betrachtet werden. Tabelle 6.1 gibt hierfür einen kurzen Überblick über die wichtigsten Eckdaten der ausgewählten Studien. Im Fokus stehen dabei die Zielgruppe mit entsprechender Stichprobengröße sowie die abhängige Variable, d. h. die Maßnahme über die in den durchgeführten Discrete Choice Experimenten Wahlentscheidungen getroffen wurden. Des Weiteren sind noch die betrachteten Maßnahmeneigenschaften bzw. die in den Studien als entscheidungsrelevant erachteten Attribute angegeben. Wie bereits erwähnt, lassen sich im Bereich der Investitionsentscheidungen im Wärmebereich zwei Maßnahmenkategorien unterscheiden: zum einen Investitionen in Maßnahmen der Wärmedämmung, zum anderen Investitionen in neue Heiztechnologien.

Allen Studien gemein ist der gewählte Ansatz diskreter Entscheidungsexperimente mit stated preferences, d. h. die analysierten Daten beruhen auf simulierten Entscheidungssituationen. Mit Hilfe von Logit-Spezifikationen wurden die marginalen Effekte der untersuchten Attribute auf den Nutzen betrachtet und in fast allen Studien auch Zahlungsbereitschaften für bestimmte Attribute der Wahlalternativen berechnet.

Die jeweiligen ökonomischen Experimente und deren Ergebnisse werden nun für jede Studie einzeln vorgestellt.

6.3.2.1 Banfi et al. (2008)

Banfi et al. haben ein Wahlexperiment gewählt, bei dem schweizerische Mietern und Eigentümern zwischen ihrem jetzigen Status quo der Wohnsituation und verschiedenen hypothetischen Situationen mit unterschiedlichen Eigenschaften und Preisen wählen sollten. Die ausgewählten Eigenschaften bezogen sich dabei auf die Fenster, die Fassade, das Belüftungssystem und den Preis (Miete pro Monat, zusätzlicher Aufschlag/Abschlag zum aktuellen Kaufpreis) mit jeweils unterschiedlichen Ausprägungen (siehe Tab. 6.2).

Um eine möglichst realistische Wahlsituation zu schaffen wurden kompensatorische Attribute gewählt, d. h. ein Upgrade eines Attributs im Vergleich zum Status quo bedeutet zeitgleich ein Downgrade eines anderen Attributs.

Neben den jeweiligen Ausprägungen wurde den Probanden erläutert, welchen Einfluss die gewählten Attribute auf die Energieeffizienz, den Wohnkomfort, die Luftqualität und den Lärmschutz der Wohnung/des Hauses haben. Zudem wurden die Probanden über Energiekosteneinsparungen und damit verbundene Umweltverbesserungen informiert. Um möglichst realistische choice tasks zu kreieren, wurden bei Bewohnern von neuen Gebäuden nur die jeweils zwei besten Ausprägungen der Eigenschaften Fenster (Window)

Tab. 6.2 Eigenschaften und Ausprägungen, Banfi et al., 2008, S. 506

Attribute	Categories
Window	1. Enhanced insulation (triple glazing, double coated pane, rubber seal)[a]
	2. Standard insulation (coated, rubber seal)
	3. Medium old (low insulation, not coated, no rubber seal)[b]
	4. Very old (single glazing, not coated, no rubber seal)[b]
Facade	1. Enhanced insulation[a]
	2. Standard insulation
	3. No insulation, but newly repainted[b]
	4. Old (not repainted)[b]
Ventilation	1. With air renewal sylstem
	2. Without air renewal system
Price	In 5 levels: approximately –100, –50, 0, 50 and 100 CHF per month for rented apartments and –90 000, –45 000, 0, +45 000, +90 000 CHF per house, in addition to the actual price

[a] Applied only to new buildings.
[b] Applied only to existing buildings
Categories of different attributes (within attributes in deschending order) and price levels considered in the choice experiment

und Fassade (Facade) einbezogen. Wie aus Tab. 6.1 bereits hervor geht, wurden in die Regression und Schätzung 163 Mieterhaushalte hier mit 1928 Beobachtungen und 142 Hauseigentümer mit 1685 Beobachtungen einbezogen. Dabei handelt es sich um eine bereinigte Stichprobe, in der z. B. Fälle ausgeschlossen wurden, in denen konsistent der Status quo gewählt wurde.

Im Rahmen eines fixed-effects logit Modells wurden dann die jeweiligen Koeffizienten der Modellvariablen geschätzt. In diesem Modell wird im Vergleich zur oben dargestellten einfachen logit Spezifikation angenommen, dass eine individuelle spezifische Größe mit teils unbeobachtbaren Parametern Einfluss auf den Nutzen hat. Diese geht als fixed effect in die bedingte Wahlwahrscheinlichkeitsfunktion ein. Dieser individuelle fixed effect kann interpretiert werden als der positive oder negative Nutzen, den die Wahl einer Alternative gegenüber dem Status quo für den Befragten hat (Vgl. Banfi et al., 2008, S. 508).

Nachfolgende Tab. 6.3 gibt die Ergebnisse der Koeffizientenschätzung wieder. Da in der vorliegenden Betrachtung ein Hauptaugenmerk auf Investitionsentscheidungen von Hauseigentümern liegt, wird im Folgenden nur auf die Ergebnisse für diese Zielgruppe eingegangen.

Es wird dabei deutlich, dass bis auf wenige Ausnahmen alle Koeffizienten signifikant unterschiedlich von Null sind. Der Koeffizient für den Preis (Price) hat erwartungsgemäß ein negatives Vorzeichen, d. h. ist der Preis einer hypothetischen Alternative höher als der Preis der momentanen Wohnsituation, so senkt dies den Nutzen der Alternative. Bei der Kontrolle auf eine Kaufpreissenkung im Vergleich zum Status quo (Price*dummy decreasing price) wird deutlich, dass hier ein positiver Effekt entsteht. Die Koeffizienten der Energieeffizienzeigenschaften haben positive Vorzeichen, d. h. eine Verbesserung der Energieeffizienz im Vergleich zum Status quo erhöht den Nutzen einer Alternative. Lediglich die Koeffizienten für verstärkte Isolierverglasung (Enhanced insulated window) und ein Belüftungssystem bei einem neuen Gebäude (Housing ventilation system*new building) sind nicht signifikant.

Anhand der geschätzten Koeffizienten wurden dann für die entsprechenden Attribute, die jeweils eine Verbesserung zum Status quo darstellen, die marginalen Zahlungsbereitschaften berechnet. Diese ergeben sich aus dem Verhältnis zwischen dem Eigenschaftskoeffizienten und dem Preiskoeffizienten. Die Zahlungsbereitschaften sind in Tab. 6.4 dargestellt.

Die Angaben beziehen sich dabei auf den prozentualen Anteil am Kaufpreis bei Häusern und am Mietpreis für Wohnungen, wobei die durchschnittlichen Haus- und Mietpreise als Referenzwerte benutzt wurden (Vgl. Banfi et al., 2008, S. 513, Fußnote 15). Zunächst ist zu erkennen, dass die marginalen Zahlungsbereitschaften für alle betrachteten Maßnahmeneigenschaften positiv sind, jedoch lassen sich teils erhebliche Unterschiede in Abhängigkeit von der Maßnahme und dem Grad der Verbesserung der Energieeffizienz erkennen. So wird deutlich, dass die Zahlungsbereitschaft für eine Standardfassadendämmung (Standard facade insulation) im Vergleich zu lediglich neuem Anstrich der Fassade (Facade painting) bei 7 % und für eine umfassende Fassadendämmung (Enhanced facade insulation) im Vergleich zu einer bereits vorhandenen Standard Fassadendämmung bei 3 % des

Tab. 6.3 Ergebnisse fixed effect logit Modell, Banfi et al., 2008, S. 512

Attributes	Rented flats in apartment buildings			Purchase of single-family houses		
Coeff.	Std. err.	Sig.	Co-eff.	Std. err.	Sig.	
Price[1]	−0.0089	0.0009	***	−0.0229	0.0033	***
Price * dummy decreasing price	0.0047	0.0014	***	0.013	0.0055	**
Enhanced insulated window[2]	0.15	0.21	n.s.	0.14	0.23	n.s.
Enhanced facade insulation[3]	0.50	0.20	**	0.51	0.23	**
Housing ventilation system	0.90	0.17	***	0.54	0.21	***
Housing ventilation system* new building	0.46	0.32	n.s.	1.33	0.38	***
Medium old windows	−1.49	0.22	***	−1.95	0.24	***
Very old windows	−2.68	0.25	***	−3.08	0.29	***
Painted facade	−0.73	0.22	***	−0.97	0.25	***
Unpainted facade	−1.10	0.22	***	−1.48	0.25	***
No. of persons	157			142		
No. of observations (choice tasks)	1928			1685		
Log likelihood	−540.44			−435.12		
Pseudo R^2	0.318			0.298		

[1] Prices are expressed in CHF/month for rented flats and in thousand CHF for single-family houses
[2] Reference category: new standard insulated windows;
[3] Reference category: standard insulated facade.
Sig. = Significance level: ***0.01, **0.05, *0.01, n.s. = not significantly different from 0 at 10 % significance level Estimation results of the logit model with individual fixed effects

Referenzkaufpreises für Einfamilienhäuser liegt. Betrachtet man des Weiteren den Einbau neuer Fenster, zeigt sich für Einfamilienhäuser eine Zahlungsbereitschaft von 13 % des Referenzkaufpreises. In Bezug auf den Einbau eines Belüftungssystems sind die Zahlungsbereitschaften bei neuen Gebäuden mit 12 % des Referenzkaufpreises deutlich höher als bei alten Gebäuden mit nur 4 %. Banfi et al. erklären diese Diskrepanz z. B. anhand der bereits höheren Zahlungsbereitschaft für zusätzlichen Komfort von Bewohnern neuer Gebäude, da diese bereits einen höheren Lebensstandard haben als Bewohner alter Gebäude und demnach auch eine andere Präferenzordnung aufweisen.

6.3.2.2 Kwak et al. (2010)

Kwak et al. haben ein Wahlexperiment durchgeführt, in dem die Zahlungsbereitschaft für Energieeinsparmaßnahmen koreanischer Haushalte evaluiert werden sollte. Betrach-

Tab. 6.4 Marginale Zahlungsbereitschaften, Banfi et al., 2008, S. 513

Attribute	Rented flats in multi-family houses			Purchase of single-family houses		
	WTP	Sig.	95%-interval	WTP	Sig.	95%-interval
Enhanced insulated window (as compared to standard insulated windows)	1%	n.s.	−1%　3%	1%	n.s.	−2%　4%
Enhanced facafde insulation (as compared to standard insulation)	3%	*	1%　5%	3%	**	0%　6%
Housing ventilation system (new buildings)	8%	***	4%　11%	12%	***	6%　17%
Housing ventilation systems (existing buildings)	8%	***	4%　11%	4%	**	1%　7%
New windows (as compared to medium old ones)	13%	***	8%　17%	13%	***	9%　18%
Medium old windows (as compared to very old ones)	10%	***	6%　14%	8%	***	4%　11%
Standard facade insulati-on (as compared to facade painting)	6%	**	3%　10%	7%	***	3%　10%
Facade painting (as compared to unpainted facade)	3%	n.s.	−1%　7%	3%	*	0%　7%

WTP=Willingness To Pay, expressed as % of rental price (flats) and purchase price (single-family housess) respectively. Sig.=significance level: ***0.01, **0.05, *0.01, n.s.=not significantly different from 0 at 10% significance level
Marginal willingness to pay derived from discrete choice models, expressed as % of rental price (flats) and purchase price (single-family houses) respectively

tet wurden dabei die Trade-offs zwischen dem Preis, in Form der Zahlungsbereitschaft für Einsparmaßnahmen gemessen durch zusätzlich anfallende Kosten pro 3,3 m², und drei Eigenschaften der Einsparmaßnahmen (Fenster (Window), Fassade (Facade) und Belüftungssystem (Ventilation system)). Ein Auflistung dieser Eigenschaften und deren Ausprägungen gibt folgende Tab. 6.5.

Insgesamt wurden, wie bereits Tab. 6.1 zeigt, 509 koreanische Haushalte befragt. Dabei konnten über alle Regionen hinweg 2036 Beobachtungen ausgewertet werden. Zu beachten ist hier, dass keine zielgruppenspezifische Unterteilung in Mietern und Hauseigentümern, wie bei Banfi et al., vorgenommen wurde, da anhand der Daten keine stichhalten Verweise auf entsprechend diskriminierende Einflüsse auf das Wahlverhalten der Befragten gefunden werden konnten.

Im Rahmen der statistischen Auswertung wurden zwei Logit Modelle berechnet, deren Koeffizientenschätzungen in Tab. 6.6 dargestellt sind.

Tab. 6.5 Eigenschaften und Ausprägungen, Kwak et al., 2010, S. 674

Attributes	Descriptions	Levels
Window	The type of wiendow located outside the residential buildings	18 mm double glazing 24 mm system glazing Double-sash system
Facade	The level of facade used inside the outer wall of residential buildings	Present level 5 mm thicker than now 10 mm thicker than now
Ventilation system	The establishment of ventilation system	yes no
Price	Willingness to pay for energy-saving measures through costs of interior per 3.3 m^2	KRW 80,000 KRW 150,000 KRW 250,000 KRW 400,000

Attributes and levels of air-conditioning and heating energy-saving measures

Dabei sind die Koeffizienten im Nested-logit (NL) Modell deutlich signifikanter als im Multinominal Logit (MNL) Modell. Alle Koeffizienten der Energie einsparenden Eigenschaften, d. h. für verbesserte Fensterverglasung (Window2-Verbesserung von 18 mm Doppelverglasung auf 24 mm Systemverglasung, Window3-Verbesserung von 18 mm Doppelverglasung auf Doppelfenstersystem mit 16 mm Doppelverglasung und 22 mm Systemverglasung) sowie verbesserte Fassadendämmung (Facade), sind positiv. Der Koeffizient für das Attribut Preis (Price) hingegen wie zu erwarten negativ. Ein höherer Preis schmälert demnach den Nutzen für den Befragten. Hervorzuheben ist hier insbesondere der Koeffizient für die Alternativen spezifische Konstante (ASC), die in beiden Modellen deutlich positiv und statistisch signifikant ist. Dieses Ergebnis ist ein Hinweis auf das Vorliegen eines Status quo bias, d. h. die momentane Wohnsituation wird von den Befragten gegenüber den anderen Wahlalternativen bevorzugt. Banfi et al. haben diesen Effekt in ihrer Modellschätzung verringert, indem sie Fälle, in denen konstant der Status quo gewählt wurde, nicht in die Berechnung einbezogen haben: Von insgesamt 253 befragten Einfamilienhausbesitzern waren es immerhin 111 Haushalte, die strikt ihre aktuelle Wohnsituation präferiert haben (Banfi et al., 2008, S. 509).

Die Koeffizienten der logit Modelle flossen auch bei Kwak et al. ein in die Berechnung der marginalen Zahlungsbereitschaften für die untersuchten Maßnahmeneigenschaften, die in Tab. 6.7 wiedergegeben sind.

Die Werte sind hier in der nationalen Währung, Koreanische Won (KRW), angegeben. Es ist erkennbar, dass die Zahlungsbereitschaft für die Erneuerung der Fenster von 18 mm Doppelverglasung auf ein Doppelfenstersystem (Double sash) (Window3) signifikant größer 0 ist und bei KRW 12,490 im MNL Modell und KRW 17,392 im NL Modell liegt. Für die Verbesserung der Fassadendämmung um 1 mm hingegen ist hier die Zahlungsbereitschaft nur für das NL Modell auf einem 10 %-Signifikanzniveau größer 0 und liegt bei KRW 1,112.

Tab. 6.6 Ergebnisse logit Modell, Kwak et al., 2010, S. 676

Variables[a]	Multinominal logit model		Nested logit model	
	Coefficients	*t*-values	Coefficients	*t*-values
ASC	0.3173	5.08**	0.2248	5.39***
Window2	−0.0972	−1.00	−0.0517	−0.89
Window3	0.2746	3.12**	0.1620	2.46**
Facade	−0.9597	−1.07	0.0104	1.92*
Ventilation system	0.0176	0.28	0.1101	3.18***
Price (per KRW 1,000)	−0.0220	−8.66**	−0.9313	−2.86***
α			0.4427*	4.96***
Number of observations	2,036		2,036	
Log likelihood	−2,156.9		−2,148.7	
Wald-statistic (*p*-value)	146.50 (0.000)		71.67 (0.000)	

Notes: [a] The variables are defined in Table 1, *, **, and *** indicate statistical significance at the 10%, 5%, and 1% levels, respectively
Estimation results of the model

Tab. 6.7 Marginale Zahlungsbereitschaften, Kwak et al., 2010, S. 677

Attributes	Multinomial logit model	Nested logit model
Window2	n.s.	
Window3	KRW 12,490 (USD 13.1) (3.36)***	KRW (17,392) (USD 18.2) (3.77)***
Facade	n.s.	KRW 1,112 (USD 1.2) (1.75)*
Ventilation system	n.s.	KRW (11,827) USD (12.4) (2.00)**

Notes: At the time of the survey, USD 1.0 was approximately equal to KRW 955.5. The unit is Korean won per 3.3 m^2. The *t*-values, computed using the delta method, are reported in the parantheses below the estimates. *, **, and *** indicate statistical significance at the 10%, 5%, and 1% levels, respectively, ‚n.s.' indicates ‚not significant'.
Marginal willingness to pay estimates of the models.

6.3.2.3 Bogerd et al. (2009)

Im Discrete Choice Experiment von Bogerd et al. wurden die Probanden gebeten, zwischen je zwei Hausalternativen (Gebäude Baujahr zwischen 1946 und 1976) mit sechs Eigenschaften zu wählen. Die betrachteten Eigenschaften bezogen sich auf die Dämmung

Tab. 6.8 Eigenschaften und Ausprägungen, Bogerd et al., 2009, S. 4

Attributes	Level 1	Level 2	Level 3
Insulation of outer wall	Light	Medium	High
Technical measures	Solar boiler	Zoning	Heat pump
Simple pay back	3–7 years	7–14 years	14–21 years
Comfort	No expansion dwelling	Roof dormer	2 floors expansion
Inconvenience during work	1 month in mess	1 month out of house	
Behaviour owner	No change	A++ appliances	dryer out

der Außenfassade (Insulation of outer wall), innovative technische Maßnahmen (technical measures), einfache Amortisationszeit (Simple pay back) der Sanierungsmaßnahmen, Unannehmlichkeiten während der Sanierungsphase (inconvenience during work), Verhaltensanpassungen der Bewohner (Behavior Owner) und den Anstieg des Komforts (comfort) durch die Maßnahme. Tabelle 6.8 fasst die Eigenschaften und deren Ausprägungen zusammen.

Der Auswertung des Choice Experiments lagen hier 1565 Befragungsergebnisse von vornehmlich Hauseigentümern in den Niederlanden zugrunde. Leider gibt es für diese Studie keine zusätzliche Ergebnisdarstellung in tabellarischer Form, wie in den anderen betrachteten Studien. In der Ergebnisdarstellung wird erläutert, dass alle betrachteten Eigenschaften einen signifikanten Einfluss auf die Wahlentscheidung der Hauseigentümer haben. In Hinblick auf Dämmmaßnahmen bevorzugen die Befragten eine geringe Dämmstärke vor mittleren und hohen Dämmstärken. Hier ist zu beachten, dass bei der Wahl der stärksten Ausprägung der Dämmung eine vollständiger Austausch der Außenhülle zugrunde liegt, was einen erheblichen baulichen Eingriff darstellt und die Unannehmlichkeiten während der Sanierungsphase am höchsten sind, da in diesen Fällen ein Auszug für einen Monat nötig wäre (siehe Beispielauswahl in Abb. 6.2, rechte Seite), was von den Befragten sehr ungern in Kauf genommen wird.

Für die technischen Maßnahmen vornehmlich der Heiztechnologie favorisierten die Befragten Solarboiler und Wärmepumpen vor Maßnahmen, die in den Wintermonaten über ein „zoning" (siehe Abb. 6.2, linke Seite) zu niedrigeren Raumtemperaturen in den oberen Etagen führen würden. In Bezug auf die Amortisationszeit der Maßnahme gibt es eine deutliche Präferenz für möglichst kurze Zeiträume, hier in Form der Ausprägung 3–7 Jahre. Die Ausprägung 14–21 Jahre scheint für alle Befragten nicht akzeptabel. Dies deckt sich mit Befragungsergebnissen deutscher Studien (z. B. co2online, 2007; Stieß et al., 2010). Die Steigerung des Komforts durch eine Maßnahme führt ebenfalls zu einem steigenden Nutzen. Verhaltensänderungen in Form des Ersatzes elektronischer Haushaltsgeräte durch A++ Geräte werden ebenfalls bevorzugt. Jedoch sind die Befragten nicht gewillt auf diese

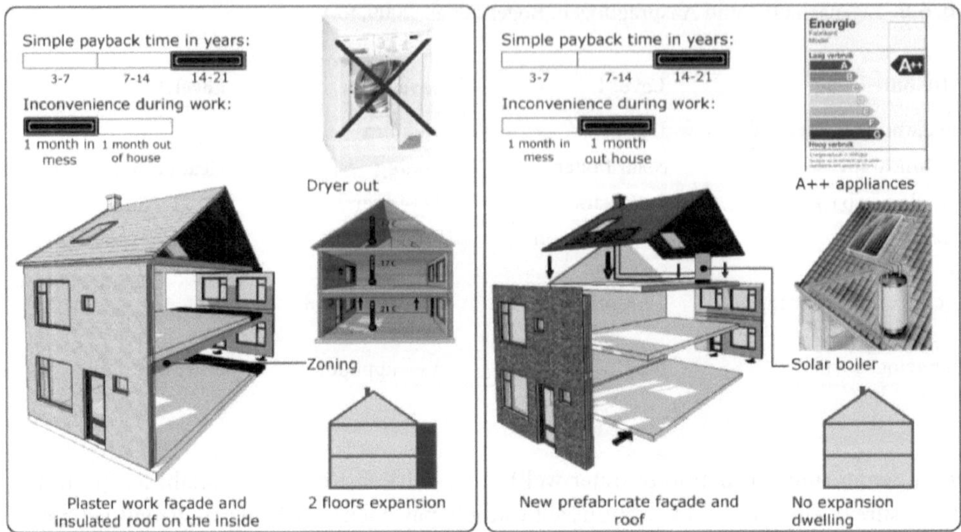

Abb. 6.2 Beispiel für Choice Set, Bogerd et al., 2009, S. 5

Haushaltsgeräte, hier z. B. auf einen Trockner, gänzlich zu verzichten. Zahlungsbereitschaften wurden in dieser Studie nicht berechnet, es wurden lediglich die marginalen Effekte der Eigenschaften auf den Nutzen betrachtet.

6.3.2.4 Achtnicht (2010)

In Achtnichts Choice Experiment wurden Eigenheimbesitzer vor die Wahl gestellt, zwischen je zwei hypothetischen Modernisierungsmaßnahmen zu wählen. Zur Wahl standen auf der einen Seite ein modernes Heizungssystem und auf der anderen eine verbesserte Wärmedämmung. Diese beiden Maßnahmen zeichneten sich durch verschiedene Eigenschaften aus, die in Tab. 6.9 detailliert mit den entsprechenden Ausprägungen dargestellt sind. Darunter zählen unter anderem die Anschaffungskosten (Acquisition costs), abzüglich möglicher staatlicher oder privater Subventionierung (Public and/or private funding), das jährliche Energieeinsparpotenzial bei aktuellen Energiepreisen (Annual energy-saving potential at current energy prices), die Amortisationszeit (Payback period), CO_2-Einsparungen sowie ein Urteil eines unabhängigen Energieberaters (Opinion of an independent energy advisor).

Insgesamt gingen die Antworten von 379 Hausbesitzern mit 4548 beobachteten Wahlentscheidungen in das Regressionsmodell und die Koeffizientenschätzung ein. Die Ergebnisse der Schätzung sind in Tab. 6.10 dargestellt.

Hier zeigt die Koeffizientenschätzung, dass die Empfehlung eines unabhängigen Energieberaters, staatliche oder privatwirtschaftliche Subventionierung der Maßnahme sowie eine Garantiezeit positiv auf die Wahlwahrscheinlichkeit bzw. den Nutzen einer Alternative wirken. Die Anschaffungskosten und die jeweilige Amortisationszeit wirken hingegen wie

Tab. 6.9 Eigenschaften und Ausprägungen, Achtnicht, 2010, S. 9

Attributes	Heating system	Insulation
Aquisition costs (including, if any, public and/or private funding)	€ 10,000 € 20,000 € 30,000	€ 10,000 € 20,000 € 40,000 € 30,000
Annual energy-saving potential at current energy prices (including fuel and electricity costs related to heating)	25% 50% 75% of current value, in €	25% 50% 75% of current value, in €
Payback period (number of years after which the modernisation measure will pay off)	10 years 20 years 30 years	10 years 20 years 30 years
CO_2 savings	0% 25% 50% 75%	25% 50% 75% 100%
Opinion of an independent energie adviser	recommendable *blank*	recommendable *blank*
public and/or private funding	Yes No	Yes No
Period of guarantee	2 years 5 years 10 years	2 years 5 years 10 years

erwartet negativ auf den Nutzen einer Wahlalternative. Zudem konnten mit Hilfe von Kontrollvariablen Unterschiede zwischen dem Entscheidungsverhalten von westdeutschen und ostdeutschen Hauseigentümern gefunden werden. So scheint es, dass das Wahlverhalten ostdeutscher Haushalte viel eher von Kostenattributen einer Maßnahme beeinflusst wird.

Des Weiteren zeigen sich deutliche Unterschiede bei der Beurteilung der CO_2-Einsparung einer Maßnahme. Zwar werden diese für beide Wahlalternativen, d. h. Heizsystem und Wärmedämmung mit einen positiven Nutzenbeitrag bewertet, jedoch ist nur die CO_2-Einsparung eines neuen Heizsystems signifikant. Obwohl beide Maßnahmen gleich auf die Energieeffizienz und damit auf die CO_2-Emissionen wirken, werden diese Vorteile der Maßnahmen für die Umwelt von den befragten Hauseigentümern als ungleich betrachtet. Achtnicht vermutet, dass die negativen Umwelteinflüsse der Verbrennung fossiler Brennstoffe zum Heizen viel direkter wahrgenommen und daher stärker mit dem Heizsystem verbunden werden. Jedoch fehlt bisher eine rationale Erklärung dieses Phänomens. Neben der Betrachtung der allgemeinen marginalen Effekte der gewählten Maßnahmenattribute wurden auch von Achtnicht Zahlungsbereitschaften berechnet, hier jedoch in Form der mittleren (median) Zahlungsbereitschaft.

Tab. 6.10 Ergebnisse logit Modelle, Achtnicht, 2010, S. 17

Variable	Standard logit	Mixed logit		
	Mean	Mean	Median	SD
Acquisition costs	−0.0401*** (0.00241)	−0.0568*** (0.00310)		
Acquisition costs × East	−0.0257*** (0.00552)	−0.0187*** (0.00707)		
Energy saving potential	−0.000494*** (6.08e-05)	−0.000625*** (7.23e-05)		
Payback period	−0.0186*** (0.00233)	−0.0235*** (0.00278)		
CO$_2$ savings × Heating	0.00668*** (0.000743)	0.0114*** (0.00168)	0.00500*** (0.00120)	0.0232** (0.00929)
CO$_2$ savings × Insulation	0.00213*** (0.00161)	0.0432*** (0.0287)	0.000543 (0.000612)	3.432 (7.813)
Energy adviser	0.201*** (0.0330)	0.268*** (0.0394)		
Funding	0.153*** (0.0330)	0.198*** (0.0389)		
Guarantee period	0.0217*** (0.00578)	0.0256*** (0.00686)		
Heating system	−0.380*** (0.109)	−0.278* (0.143)		0.841*** (0.100)
New heating × Heating	−0.288*** (0.0730)	−0.148 (0.155)		
Age<46 × Heating	0.276*** (0.0750)	0.203 (0.150)		
Education × Heating	−0.251*** (0.0759)	−0.306* (0.158)		
Wood-burning × Heating	−0.269*** (0.104)	−0.186 (0.221)		
Price expectations × Heating	0.197*** (0.0683)	0.289** (0.142)		
State of insulation × Heating	0.580*** (0.0805)	0.431*** (0.164)		
Observed choices	4548	4548		
Persons	379	379		
Log likelihood	−2688.92	−2420.59		
Pseudo $R2$	0.147	0.232		

Standard errrors in parantheses
*** p<0.01, ** p<0.05, * p<0.1

Tab. 6.11 Mittlere Zahlungsbereitschaften, Achtnicht, 2010, S. 21

Mean	Median	SD
WTP of Western Germans (based on acquisition costs)	200.3*** (30.8)	88.0*** (21.6)	409.2** (164.4)
WTP of Eastern Germans (based on acquisition costs)	150.6*** (25.6)	66.2*** (16.8)	307.8** (125.9)
WTP (based on energy-savings per year)	18.2*** (3.4)	8.0*** (2.1)	37.1** (15.5)

Standard errrors in parantheses
*** p<0.01, ** p<0.05, * p<0.1

Die Ergebnisse der Berechnung von Zahlungsbereitschaften sind in Tab. 6.11 wiedergegeben.

Da der Einfluss der CO_2-Einsparung bei der Wärmedämmalternative nicht signifikant ist, wurde hier auch keine Zahlungsbereitschaft berechnet. Die angegebenen Werte beziehen sich demnach nur auf die Heizsystemalternative. Aufgrund der erwähnten Unterschiede in Bezug auf den Einfluss des Kostenattributs zwischen ost- und westdeutschen Haushalten, werden die Zahlungsbereitschaften getrennt angegeben. Es zeigt sich, dass für jeden zusätzlichen Prozentpunkt CO_2-Einsparung, den ein Heizsystem erbringt, die Anschaffungskosten für westdeutsche Hauseigentümern um schätzungsweise 88 € ansteigen können, ohne dass der Nutzen dieser Alternative sinkt. Für ostdeutsche Eigentümern liegt die Zahlungsbereitschaft lediglich bei 66 €. Die durchschnittliche mittlere Zahlungsbereitschaft für das Attribut Energieeinsparung liegt in der Stichprobe bei 8 €.

6.3.3 Kritik an DCE-Methode

DCEs sind insbesondere in den letzten Jahren eine beliebte Methode, um die Relationen der Wichtigkeit unterschiedlicher (Produkt-)Eigenschaften bei einer Kaufentscheidung zueinander zu messen. Jedoch sollte die Anwendung dieser Forschungsmethode kritisch betrachtet und deren Ergebnisse nicht als allgemeingültig bewertet werden. Der Hauptkritikpunkt liegt dabei in der Vereinfachung von komplexen Entscheidungssituationen. Die Befragten treffen ihre Wahlentscheidungen dabei auf Grundlage der im Vorfeld für das Experimentdesign extern festgelegten Produkteigenschaften und deren Ausprägungen. In der Realität sind die entscheidungsrelevanten Attribute einer Maßnahme jedoch eher selten in einer solch systematischen und vergleichbaren Form anzutreffen. Aufgrund des häufig gesetzten Fokus auf Energieeffizienzeigenschaften oder auch CO_2-Einsparung kann es zu einer Überbetonung dieser Eigenschaften kommen, die in einer realen Kaufentscheidung von den Konsumenten vielleicht gar nicht als ausschlaggebend für oder gegen eine Maßnahme sein könnten. Je besser ein DCE der realen Kaufentscheidung nahekommt und die tatsächlich relevanten Produkteigenschaften und die im Markt real anzutreffenden Ausprägungen einbezieht, umso aussagekräftiger wäre das Ergebnis. Jedoch zeigt sich bei den meisten der hier dargestellten Studien, dass die Eigenschaftsausprägungen und auch die Anzahl der Eigenschaften, die in ein Entscheidungsexperiment einbezogen werden, oft gering ausfallen, um notwendige Stichprobengrößen und Choice tasks in einem überschaubaren Rahmen zu halten. Je plakativer und schlüssiger die Eigenschaften sind, umso eher geht auch der tiefere Sinn der Ergebnisinterpretation verloren. Häufig zeigt sich in der Ergebnisdarstellung, dass oftmals triviale Erkenntnisse aus den Daten gewonnen werden, die zudem nicht ohne weiteres übertragbar oder auch vergleichbar sind. Die Erhebung der Daten ist lediglich eine statische Aufnahme und geht oft mit Unsicherheiten einher. Zudem können in den wenigsten Studien die berechneten Zahlungsbereitschaften für z. B. die Verbesserung von Förderprogrammen oder ähnlichem genutzt werden. Grund hierfür sind mögliche Antwortverzerrungen, die z. B. durch soziale Erwünschtheit oder die bedingt durch die hypothetische Entscheidungssituation fehlende finanzielle Verbindlichkeit einer Wahlentscheidung entstehen. Die Ergebnisse können daher zu einer Überbewertung der Zahlungsbereitschaft führen. Daher gibt es eine Reihe von Ansätzen, die versuchen mit revealed preferences zu arbeiten. Dieser Ansatz ist ebenfalls mit Problemen behaftet, auf die in dieser Ausführung jedoch nicht weiter eingegangen wird.

Neben den Problemen, die sich aus der Methodik experimenteller Studien ergeben, können sie zudem nur einen kleinen Einblick in den Entscheidungsfindungsprozess von Konsumenten geben, da sie nur den Ausschnitt der gewählten Parameter der Entscheidung beleuchten. Für die nicht-beobachtbaren Einflüsse auf die Wahlentscheidung werden häufig unrealistische Annahmen getroffen, um die Berechnung des ökonometrischen Modells zu ermöglichen bzw. nicht ausufern zu lassen. Sie können zudem nicht erklären, warum ökonomisch lohnende Maßnahmen nicht gewählt werden. In einigen Studien werden sogar Fälle, die aus ökonomischer Sicht ein eindeutig wenig rationales Verhalten, wie z. B. dem Status quo bias zeigen, nicht in die Regressionsanalyse einbezogen. Die dem Modell zugrunde gelegte Rationalitätsannahme begrenzt somit in gleichem Maße die Aussagekraft der gewonnen Ergebnisse. Train (2003) unterstreicht explizit, dass die Ableitung der diskreten Entscheidungsmodelle vor dem Hintergrund der mikroökonomischen Nutzenmaximierung lediglich sicherstellt, dass die Modelle mit diesem Ansatz konsistent sind. In der Realität zeigt sich jedoch häufig, dass das Entscheidungsverhalten von der Rationalitätsannahme abweicht.

„It is frequently asserted that there exist significant, cost-effective opportunities for increasing energy efficiency that fail to be adopted as common practice. Why do people not invest in more energy efficient housing, when it is in their economic interest to do so? Why do consumers overlook energy efficient appliances that will save them money in the long run?" (The Allen Consulting Group (2004), p. 13).

Im folgenden Abschnitt wird deshalb auf entsprechende Phänomene wie dem sogenannten „Energy Efficiency gap" und entsprechende Erklärungsansätze eingegangen.

6.4   Rationale Wärmekonsumentscheidungen: ein Paradoxon?

Wird eine Investition nicht durchgeführt, obwohl sie aus ökonomischer Sicht lohnend wäre, spricht man in der Literatur vom sogenannten „Energy Efficiency gap" (Vgl. u. a.: Hirst und Brown, 1990; Jaffe und Stavins, 1994), welches die geringe Diffusion energieeffizienter Maßnahmen bzw. Technologien thematisiert. Aus neoklassischer Standardtheoriesicht wird versucht, diese mangelnde Diffusion anhand von Marktversagen zu erklären. Insbesondere wird dabei auf Unvollkommenheiten des Informationsmarktes hingewiesen. Asymmetrische oder schlichtweg ein Fehlen von Informationen führen dabei zu einer Verletzung der Rationalitätsannahme vollständiger Informationen und können damit ineffiziente Marktallokationen hervorrufen. Jakob (2007) sieht weniger ein direktes Informationsdefizit im Sinne nicht vorhandener Informationen als Hauptproblem an, sondern verweist eher auf einen Mangel an Markttransparenz und anfallende Suchkosten. Ein Erklärungsansatz in Bezug auf Informationsprobleme lässt sich daher aus der Transaktionskostentheorie ableiten, in der die Kosten für die Suche und Verarbeitung von Informationen in das Nutzenkalkül des Entscheiders einbezogen werden. Des Weiteren konnte in vielen Studien, die direkte Befragungen von Konsumenten beinhalteten, festgestellt werden, dass die Befragten sich selbst häufig als gut informiert fühlen (Vgl. z. B. Jakob, 2007, Stieß et al., 2010). Dies ist jedoch eine höchst subjektive Einschätzung. In einer Befragung von Praxisakteuren, wurde deutlich, dass der Informationsstand von Konsumenten sehr unterschiedlich ausfällt und das insbesondere bei vorinformierten Konsumenten bereits bestimmte Maßnahmen in den Köpfen festgelegt sind, die jedoch nicht immer für die jeweilige Situation die besten und ökonomisch sinnvollsten wären (Vgl. Jahnke, 2010). Damit zeigt sich, dass sich Konsumenten ihres eigenen Informationsdefizits oftmals nicht bewusst sind und sie ihren tatsächlichen Informationsstand falsch beurteilen.

Die hier angesprochenen investiven Maßnahmen gehen in vielen Fällen mit recht hohen Initialkosten einher und könnten daher aus Sicht der Konsumenten auf den ersten Blick vielleicht monetär gar nicht lohnend erscheinen. Zudem liegen Einsparungen meist weit in der Zukunft, sodass der abdiskontierte Wert vielleicht erst nach Jahrzehnten kostendeckend ist. Ergebnisse einer Eigentümerbefragung im Rahmen des CO_2-Gebäudereports 2007 zeigen, dass Energieeinsparpotenziale im Raumwärmebereich in vielen Fällen deutlich unterschätzt werden. Zudem werden Sanierungskosten um bis zu 40 % überschätzt (co2online, 2007). Unsicherheiten über die zukünftige Energiepreisentwicklung erschweren dabei die Berechnung der tatsächlichen Amortisationszeit. Die Befragung von Stieß et al. (2010) unter Hauseigentümern zeigt, dass eine Amortisationszeit von 15 Jahre oftmals als „Schmerzgrenze" angesehen wird (Stieß et al., 2010, S. 45).

Hinzu kommt, dass die Wirtschaftlichkeitsberechnungen vieler Energiesparmaßnahmen sehr komplex sind. Das gilt sowohl für kleine als auch für größere Maßnahmen, weil der Aufwand, die Komplexität zu bewältigen, im Verhältnis zum erwarteten Ergebnis gesehen werden sollte. Diese relative Komplexität führt dazu, dass anscheinend rationales Verhalten nicht eingehalten wird.

Tab. 6.12 Barrieren für Energieeffizienz, Wittmann et al., 2006, S. 2

Perspective	Issues	Actors
Neoclassical	imperfect information, asymmetric information, hidden cost and risk, heterogeneity	individuals and organizations conceived as rational and utility maximizing
Behavioral	inability to gather and process information, trust, *status quo* bias	individuals conceived as boundedly rational, who apply identifiable rules and heuristics to decision making
Institutional	organizational culture, management time and attention	organizations conceived of as social systems influenced by goals, routines, internal culture, power structures, etc.

Laut Wittmann et al. (2006) lassen sich daher neben der neoklassischen Sichtweise weitere Barrieren für Investitionen in Energieeffizienz ableiten, die in Tab. 6.12 dargestellt sind:

In Bezug auf die Heterogenität der Konsumenten sei angemerkt, dass Präferenzen und damit die individuellen Nutzenfunktionen innerhalb der Bevölkerung bzw. untersuchten Zielgruppe, hier Hauseigentümer, sehr unterschiedlich sein können, wodurch als durchschnittlich wirtschaftlich erachtete Maßnahmenalternativen für Teile der Zielgruppe dennoch unwirtschaftlich im Sinne der Nutzenmaximierung sind.

Wittmann et al. (2006) benennen neben der neoklassischen Perspektive die verhaltensbezogene (behavioral) Sichtweise. Die in der Tabelle genannten Phänomene können unter dem von Herbert Simon entwickelten Begriff „bounded rationality" – begrenzte Rationalität – gefasst werden. Simons Theorie begrenzter Rationalität nimmt, wie auch die neoklassische Theorie, im Kern rationales Verhalten der Konsumenten an, allerdings unter expliziter Berücksichtigung von relativer Komplexität, Informationsbeschränkungen und Unsicherheit. In Simons Ansatz ist das menschliche Verhalten durch kognitive und externe Bedingungen eingeschränkt (Vgl. Simon, 1959, 1982): „Human rational behavior…is shaped by a scissors whose two blades are the structure of the task environment and the computational capabilities of the actor."(Simon, 1990, S. 7)

Die externen Faktoren können sich dabei auf die in der neoklassischen Theorie betrachteten Marktversagensansätze beziehen, die zu einer Nutzenoptimierung unter Nebenbedingungen führt. Der Zugang zu Informationen und deren Aufbereitung sowie entsprechende anfallende Transaktionskosten sind nur zwei Beispiele für solche Nebenbedingungen. Zu den kognitiven Beschränkungen (cognitive bias) zählen vor allem mangelnde Informationsverarbeitungskapazitäten des menschlichen Gehirns (vgl. Lipman, 1995), aber auch psychologische Einflüsse wie Emotionen und intrinsische Motivation, insbesondere hinsichtlich komplexer Entscheidungssituationen. „Full rationality requires unlimited cognitive capabilities. Fully rational man is a mythical hero who knows the solutions of all mathematical problems and can immediately perform all computations, regardless of how difficult they are. Human beings are very different. Their cognitive capabilities are quite li-

Abb. 6.3 Expensive Heating. (Quelle: iStockphoto.de)

mited. For this reason alone the decision behavior of human beings cannot conform to the ideal of full rationality."(Selten, 1999, S. 3). Traditionsgemäß behandeln standardökonomische Modelle diese kognitiven Beschränkungen als Black Box. Die cognitive biases definieren sich durch die Tendenz von Individuen, Fehler bei der Beurteilung von Maßnahmen oder Maßnahmeneigenschaften während des Nutzenkalküls zu machen. Der bekannteste und auch bereits in Abschn. 6.3.2 erwähnte Status quo bias ist nur einer der in vielfältigen Studien identifizierten cognitive biases. In Weiterführung von Simons Ansatz haben in den 70er Jahren insbesondere Wissenschaftler wie Tversky und Kahneman eine Reihe von Verhaltensanomalien in experimentellen Studien aufgezeigt. Neben diesen Verhaltensanomalien führen Zeitbeschränkungen, limitiertes Wissen und begrenzte Möglichkeiten der Informationssuche und -verarbeitung dazu, dass für die Entscheidungsfindung Heuristiken oder sogenannte Faustregeln verwendet werden (Simon, 1955; Todd & Gigerenzer, 2003, Tversky & Kahneman, 1974, 1979 und 1981).

Weitere Kritiker der strikten Rationalitätsannahme ökonomischer Modelle verweisen auf den Einfluss des sozialen Umfelds bei der individuellen Entscheidungsfindung (Jackson, 2005, S.35ff). In diesem Zusammenhang kritisieren vor allem Soziologen die angenommene Exogenität und Statik von individuellen Präferenzen. Sie gehen vielmehr davon aus, dass Präferenzen und damit die Parameter der Nutzenfunktion durch soziale Faktoren beeinflusst werden und dadurch veränderlich sind. Zudem ignorieren ökonomische Modelle die Diskrepanz zwischen kurzfristigen und langfristigen Zielen sowie zwischen individuellen und gesellschaftlichen Werten. Bounded rationality Modelle versuchen zu beschreiben, wie der Entscheidungsfindungsprozess von statten geht, in dem sie die beobachteten Verhaltensanomalien und Entscheidungsheuristiken einbeziehen. Dies setzt eine detaillierte Untersuchung der kognitiven Fähigkeiten der Entscheidungsträger sowie der

Struktur des sozioökonomischen Umfelds voraus (Wittmann et al., 2006, S. 4). In Bezug auf die Analyse von nachhaltigen Wärmekonsumentscheidungen sollte z. B. auch der Einfluss von Energieberatungen auf das Investitionsverhalten berücksichtigt werden. Theoretisch könnte mit einer gezielten Informationsaufarbeitung, die die typischen Entscheidungsmuster bei bounded rationality in die Beratung einbezieht, die Nachhaltigkeit des Wärmekonsums verbessert werden.

6.5 Schlussfolgerungen

Ziel des vorliegenden Artikels war die Darstellung des ökonomischen Verhaltensmodells in seiner Anwendung auf den Energiekonsum im Besonderen dem Investitionsverhalten von Hauseigentümern im Bereich Wärmeenergie. Die meisten ökonomischen Modelle gehen davon aus, dass Menschen rational handeln, d. h. ihren Entscheidungen liegt eine Nutzenmaximierung in Abhängigkeit der jeweiligen individuellen Präferenzordnung zugrunde. Es konnte jedoch gezeigt werden, dass eine rein ökonomische Betrachtung von Wärmekonsumentscheidungen zu kurz greift und vor allem die Rationalitätsannahme ökonomischer Modelle sich nicht mit den realen Marktergebnissen und empirischen Befunden von Konsumentenbefragungen deckt. Investive Maßnahmen sind meist mit hohen Kosten für die Konsumenten verbunden. Wobei neben den eigentlichen Kosten der Investition wie Material und Technik nicht der Aufwand eingerechnet ist, den ein derartiger Eingriff in Form von nötigen Baumaßnahmen, Informationseinholung etc. mit sich bringt. Die Wirtschaftlichkeitsberechnungen vieler Energiesparmaßnahmen sind sowohl für kleine als auch für größere Maßnahmen sehr komplex. Diese relative Komplexität führt dazu, dass anscheinend rationales Verhalten nicht eingehalten wird.

Zudem sollte eben dieser Ansatz und vor allem die empirische Analyse mit Hilfe von Discrete Choice Experimenten kritisch diskutiert werden. Der Hauptkritikpunkt liegt dabei in der Vereinfachung von komplexen Entscheidungssituationen. Die Befragten treffen ihre Wahlentscheidungen auf Grundlage der im Vorfeld für das Experimentdesign festgelegten Produkteigenschaften und deren Ausprägungen. In der Realität sind die entscheidungsrelevanten Attribute einer Maßnahme jedoch eher selten in einer solch systematischen und vergleichbaren Form anzutreffen. Neben den Problemen, die sich aus der Methodik experimenteller Studien ergeben, können sie zudem nur einen kleinen Einblick in den Entscheidungsfindungsprozess von Konsumenten geben, da sie nur den Ausschnitt der gewählten Parameter der Entscheidung beleuchten. Häufig zeigt sich in der Ergebnisdarstellung ökonomischer Experimente, dass oftmals triviale Erkenntnisse aus den Daten gewonnen werden, die nicht ohne weiteres übertragbar oder auch vergleichbar sind und daher auch wenig konkrete Ansatzpunkte für Anpassungen und Verbesserung von Förderprogrammen oder ordnungspolitischen Maßnahmen liefern. Demnach sollte eine genauere Analyse des Konsumentenverhaltens erfolgen. Bounded rationality ist ein theoretischer Erklärungsansatz, der mehr Licht in den tatsächlichen Entscheidungsfindungsprozess geben kann. Insbesondere Verhaltensanomalien wie der Status quo bias können mit Hilfe dieser Modelle erläutert werden und damit einen Beitrag zum besseren Verständnis von Investitionsverhalten leisten.

Literaturverzeichnis

Achtnicht, Martin: Do Environmental Benefits Matter? A Choice Experiment Among House Owners in Germany. ZEW Discussion Paper No. 10-094, Mannheim, 2010

Albrecht, Tanja; Zundel, Stefan: Gefühlte Wirtschaftlichkeit – Wie Eigenheimbesitzer energetische Sanierungsmaßnahmen ökonomisch beurteilen. Senftenberg, 2010

Banfi, Silvia; Farsi, Mehdi; Filippini, Massimo; Jakob, Martin: Willingness to pay for energy-saving measures in residential buildings. Energy Economics 30, 503–516, 2008

Ben-Akiva, Moshe E.; Lerman, Steven R.: Discrete Choice Analysis: Theory and Application to Travel Demand. Cambridge, MIT Press, 1985

Bogerd, Arjan; van Oel, Clarine; de Haas, Guus: Occupant-owners preferences in deciding about innovative renovation concepts. In: Changing Housing Markets: Integration and Segmentation, (ENHR 2009 Conference), Prague, 2009

co2online (2007). CO_2-Gebäudereport 2007. Im Auftrag des Bundesministeriums für Verkehr, Bau und Stadtentwicklung (BMVBS).

Hirst, Eric; Brown, Marilyn: Closing the efficiency gap: barriers to the efficient use of energy. Resources, Conservation and Recycling, 3, 267–281, 1990

Huber, Joseph: Nachhaltige Entwicklung durch Suffizienz, Effizienz und Konsistenz. In Hummel et al. (2005). Bevölkerungsdynamik und Versorgungssysteme – Modelle für Wechselwirkungen. demons working paper 5, Frankfurt am Main, 1995

Jackson, Tim: Motivating sustainable Consumption. A review of evidence on consumer behaviour and behavioural change. In: A report to the Sustainable Development Research Network, as part of the ESRC Sustainable Technologies Program, Centre for Environmental Strategy, University of Surrey, Guildford, 2005

Jaffe, Adam B.; Stavins, Robert N.: (1994a). The Energy Efficiency Gap, what does it mean? Energy Policy, 22, 804–810, 1994

Jahnke, Katy: Mesoebenenanalyse – Praxisakteure im Blickfeld nachhaltigen Wärmekonsums. Stuttgarter Beiträge zur Risiko- und Nachhaltigkeitsforschung Nr. 17, Stuttgart, 2010

Jakob, Martin: The drivers of and barriers to energy efficiency in renovation decisions of single-family home-owners. Working paper series 07–56, CEPE Center for Energy Policy and Economics, ETH Zurich, 2007

Kwak, So-Yoon; Yoo, Seung-Hoon; Kwak, Seung-Jun: Valuing energy-saving measures in residential buildings: a choice experiment study. Energy Policy 38, 673–677, 2010

Lipman, Barton L.: Information Processing and Bounded Rationality: A Survey. The Canadian Journal of Economics/Revue canadienne d'Economique, 28(1), S. 42–67, 1995

Louviere, Jordan J.; Hensher, David A.; Swait, Joffre D.: Stated Choice Methods: Analysis and Applications. Cambridge, University Press, 2000

McFadden, Daniel: Conditional Logit Analysis of Qualitative Choice Behaviour. Frontiers in Econometrics. P. Zarembka. New York, Academic Press: 105–142, 1974

Sammer, Katharina; Wüstenhagen, Rolf: Der Einfluss von Ökolabelling auf das Konsumentenverhalten – ein Discrete Choice Experiment zum Kauf von Glühlampen. Innovationen für eine nachhaltige Entwicklung. Pfriem, Reinhard; Antes, Ralf; Fichter, Klaus; Müller, Martin; Paech, Niko; Seuring, Stefan; Siebenhüner, Bernd (Hrsg.). Wiesbaden, Deutscher Universitäts Verlag (DUV), 2006

Sawtooth (2008). Choice-based Conjoint (CBC). Sawtooth Software Technical Paper Series: 24.

Selten, Reinhard: What is bounded Rationality. SFB Discussion paper B-454, 1999

Simon, Herbert A.: Invariants of human behavior. Annual Review of Psychology, 41, pp. 1–19, 1990

Simon, Herbert A.: Models of Bounded Rationality. Volumes 1 and 2, Cambridge Mass.: MIT Press, 1982

Simon, Herbert A.: Theories of Decision-Making in Economics and Behavioral Sciences. The American Economic Review, Vol 49, No. 3, pp. 253–283, 1959

Simon, Herbert A.: A behavioral Model of Rational Choice. Quarterly Journal of Economics, February 1955, 69(1), pp. 99–118, 1955

Stiess, Immanuel; Van Der Land, Victoria; Birzle-Harder, Barara; Deffner, Jutta: Handlungsmotive, -hemmnisse und Zielgruppen für eine energetische Gebäudesanierung – Ergebnisse einer standardisierten Befragung von Eigenheimsanierern. Frankfurt am Main, 2010

The Allen Consulting Group (2004). The Energy Efficiency Gap: Market Failures and Policy Options. Report to the Business Council for sustainable Energy, the Australasien Energy Performance Contrasting Association and the Insulation council of Australia and New Zealand

Todd, Peter M.; Gigerenzer, Gerd: Bounding rationality to the world. Journal of Economic Psychology, Vol. 24, pp. 143–165, 2003

Train, Kenneth E.: Discrete choice methods with simulation. Cambridge University Press, Cambridge, 2003

Tversky, Amos; Kahneman, Daniel: Judgement under Uncertainty: Heuristics and Biases. Science, New series, Vol. 185, No. 4157, pp. 1124–1131, 1974

Tversky, Amos; Kahneman, Daniel: Prospect Theory: An Analysis of Decision under Risk. Econometrica, Vol. 47, No. 2, pp. 263–292, 1979

Tversky, Amos; Kahneman, Daniel: The Framing of Decisions and the Psychology of Choice. Science, New series, Vol. 211, No. 4481, pp. 453–458, 1981

Wittmann, Tobias; Morrision, Robbie; Richter, Julius; Bruckner, Thomas: A Bounded Rationality Model of Private Energy Investment Decisions. Working Paper Social Science Research Network (SSRN), 2006

Ökostress beim Heizen

Sandra Wassermann und Marlen Schulz

7.1 Zusammenfassung

Dieses Kapitel diskutiert am Beispiel des Wärmekonsums inwiefern die in der Genderliteratur thematisierte These vom Ökostress operationalisiert werden kann und ob diese zutreffend ist. Im ersten Teil wird der Begriff des Ökostresses im Hinblick auf Wärmekonsum anhand von vier möglichen Dimensionen konkretisiert. Im zweiten Teil werden diese vier Dimensionen anhand empirischer quantitativer und qualitativer Daten über MieterInnen in Stuttgart und Leipzig explorativ diskutiert. Im Ergebnis scheint die These von Ökostress für Frauen zutreffend. Sowohl die Informationsbeschaffung und die Erziehung zum nachhaltigen Wärmekonsum, als auch die Selbstinszenierung als umweltbewusste Konsumentin, das höhere weibliche Wärmebedürfnis und das alltägliche Aushandeln der richtigen Raumtemperatur mit anderen Haushaltsmitgliedern sind Anzeichen dafür, dass Frauen im Gegensatz zu Männern einem größeren Ökostress ausgesetzt sind.

7.2 Einleitung

Das politische und gesellschaftliche Ziel einer nachhaltigen Entwicklung und stärker noch das Themenfeld des nachhaltigen Konsums stehen seit Jahren auf dem feministischen und gendertheoretischen Prüfstand. Während radikale Ökofeministinnen die besondere Naturnähe von Frauen betonen und in einer gesellschaftlichen und politischen Hinwendung zum Umweltschutz die Chance sehen, diesen als originär weibliches Thema zu besetzen (Baker 1993; Mies/Shiva 1995; Weller 1995: 25f.), wird diese biologisch begründete Konnotation und Aufgabenzuteilung von konstruktivistischen und poststrukturalistischen Genderforscher stark kritisiert (Thorn 2002: 41). Durch die „Feminisierung der Umweltverantwortung" (Vinz 2005: 10), befürchten diese, erfolge eine „… Erweiterung der Haushälterinnenrolle auf den Globalhaushalt und die Zwangszuschreibung von sozialer und öko-

D. Gallego Carrera et al. (Hrsg.), *Nachhaltige Nutzung von Wärmeenergie*,
DOI 10.1007/978-3-8348-8650-7_7,
© Vieweg+Teubner Verlag | Springer Fachmedien Wiesbaden 2012

logischer Mütterlichkeit" (Wichterich 2004: 12). Sie identifizieren mögliche Zielkonflikte zwischen dem Paradigma einer ökologischen Nachhaltigkeit und den dadurch entstehenden geschlechtsspezifischen Zusatzbelastungen (Weller 2005: 174). Unter dem Stichwort „Öko-Stress im Haushalt" (Schwartau-Schuldt 1990) wird für verschiedene Lebensbereiche gezeigt, wie das Paradigma der Nachhaltigkeit bei Frauen zu Mehrarbeit führt und dadurch Stress verursacht (Dörr 1991; 1993).

Im folgenden Kapitel wird die These vom Ökostress für das Themenfeld Wärmekonsum konkretisiert und anhand empirischer Daten über MieterInnen in Stuttgart und Leipzig explorativ diskutiert. Die zentrale Fragestellung lautet, ob Frauen im Vergleich zu Männern besonders von Ökostress beim Wärmekonsum betroffen sind und welche Faktoren als „Stressoren" identifiziert werden können. In der Analyse des Wärmekonsums fokussieren wir auf Aspekte des alltäglichen Gebrauchs von Wärmeenergie: auf das Heizverhalten sowie auf den Warmwasserverbrauch. Grundlage der empirischen Analysen sind qualitative und quantitative Untersuchungen, die mit Mietern aus Stuttgart und Leipzig 2009/2010 im Rahmen eines vom BMBF geförderten Projektes zum nachhaltigen Wärmekonsum[1] durchgeführt wurden.

7.3 Dimensionen von Ökostress

Die Genderforschung thematisiert sowohl die individuelle als auch die strukturelle Ebene der Geschlechterverhältnisse im Zusammenhang mit nachhaltigem Konsum (Weller/Hayn/Schultz 2001: 6). Aus der Analyse der strukturellen Ebene der Geschlechterverhältnisse lassen sich gesellschaftliche Werte und soziale Praxen sowie die Mechanismen ihrer Verfestigung und Reproduktion ableiten (Weller/Hayn/Schultz 2001: 6). Übertragen auf das Untersuchungsfeld des Wärmekonsums lässt sich diese strukturelle (männlich konnotierte) Ebene sowohl ideell als auch materiell konkretisieren:

- Auf der materiellen Ebene bilden (männlich geprägte) Siedlungs- und Gebäudestrukturen sowie Heizungsanlagen und Versorgungstechnologien das strukturelle Umfeld des Wärmekonsums und determinieren diesen. Um der These der vergeschlechtlichten Sphärenaufteilung gerecht zu werden, fokussieren wir in dem folgenden Kapitel ausschließlich auf die Situation von MieternInnen. Hauseigentümern haben auf dieser Ebene einen erweiterten Handlungsspielraum und müssten deshalb separat untersucht werden.
- Aus den Arbeiten zur männlichen Dominanz bei der Technikgestaltung (Weller 2004) und männlich geprägten Energiepolitik (Röhr 2002b: 10f.) lässt sich für Miethaushalte die These ableiten, dass der Energiekonsum bei gemischtgeschlechtlichen Wohnformen in den männlichen Zuständigkeitsbereich fällt und der männlichen Kontrolle unter-

---

[1] Einzelheiten zum Projekt unter http://www.uni-stuttgart.de/nachhaltigerkonsum/de/index.html.

liegt. Dieser Aspekt der geschlechtsspezifischen Zuständigkeitsbereiche ist als ideelle Strukturebene zu verstehen.

Die gesellschaftlichen Zuschreibungen von typisch männlichen und typisch weiblichen Territorien (Krüger 2002), die Männern die Attribute Technik, Geld und Macht zuschreiben (Zwick 2004: 10), Frauen dagegen Fürsorge, Pflege und Natur (Mies/Shiva 2001; Ostner/Beck-Gernsheim 1979), machen eine Analyse des nachhaltigen Wärmekonsums in Miethaushalten besonders interessant. Denn die Zuständigkeiten überschneiden sich an dieser Stelle: Konsum, Wärme und Nachhaltigkeit wird gesellschaftlich gemeinhin als weiblich assoziiert, das übergeordnete Thema – Energie – jedoch als männlich.

Inhaltlicher Schwerpunkt der vorliegenden Untersuchung von Ökostress ist nicht die strukturelle, sondern die individuelle Ebene der Geschlechterverhältnisse, die die beschriebenen strukturellen Machtverhältnisse sowie gesellschaftlichen Zuschreibungen reflektiert. Hier kann Ökostress zum einen auf der Verhaltensebene, z. B. durch die mit Konsumreduktion oder ökologischem Konsum verursachte Mehrarbeit für Frauen, im Haushalt erfasst werden. Zum anderen berücksichtigt die individuelle Ebene der Geschlechterverhältnisse Unterschiede bei Werten und Einstellungen, wie z. B. einer stärkeren Ausprägung der Umweltverantwortung von Frauen. Stress kann darüber hinaus durch einen objektiven Widerspruch zwischen individuellen Bedürfnissen und fehlenden Ressourcen zur Bedürfnisbefriedigung erzeugt werden (Lazarus/Folkman 1984). Aus den genannten Aspekten lassen sich vier relevante Themenfelder von Ökostress ableiten:

1. Ökostress durch Mehrarbeit bei der Haus- und Carearbeit.
2. Ökostress durch gesellschaftliche Werte und Normen, die Umweltbewusstsein als weiblich definieren.
3. Ökostress durch frauenspezifische Bedürfnisse.
4. Ökostress durch männliche Ressourcenkontrolle.

Im Folgenden werden wir diese vier Themenfelder weiter ausführen und in einem weiteren Schritt empirisch diskutieren.

7.3.1 Ökostress durch Mehrarbeit bei der Haus- und Carearbeit

Die Argumentation der Genderforschung, derzufolge nachhaltiger Konsum v. a. Mehrarbeit für Frauen bedeutet, gründet sich zunächst darin, dass Haus- und Carearbeit als typisch weibliches Zuständigkeitsgebiet gelten. Selbst berufstätige Frauen übernehmen nach wie vor den größten Teil der Haus- und Reproduktionsarbeit: Der Familienmonitor 2008 des Bundesministeriums für Familie, Senioren, Frauen und Jugend stellt fest, dass 81 Prozent der Mütter für die Betreuung und Pflege der Kinder vollständig oder zum größten Teil verantwortlich sind. Unter voll berufstätigen Müttern haben 62 Prozent die größte oder die alleinige Verantwortung für die Reproduktionsarbeit (BmFSFJ 2008). Selbst bei Doppelkarrierepaaren zeigen sich, wenn Kinder zu versorgen sind, Annäherungen an das traditionelle Muster der alltäglichen Arbeitsteilung mit einer stärkeren Zuständigkeit der Frauen für Familie und Haushalt (Schulz 2011: 94ff.; Dettmer/Hoff/Grote/Hohner2003: 323; Henninger/Wimbauer/Spura 2007: 69f). Einer Studie von Metz-Göckel und Müller (1986) zufolge beteiligen sich Männer zwar am Anfang des Zusammenlebens überdurchschnittlich stark an der Hausarbeit, das männliche Engagement nehme allerdings im Zeitverlauf rapide ab. Gleichzeitig verändern sich mit dem Paradigma des nachhaltigen Konsums die Aufgaben und die Anforderungen für Frauen im Haushalt (Schwartau-Schuldt 1990: 119). Insbesondere Mehrarbeiten wie Mülltrennung, ökologisches Putzen, Einkauf von Bioprodukten sowie die aufwendige Zubereitung frischer Mahlzeiten werden unter dem Stichwort Ökostress genannt. Laut Gestring (2000) führt auch nachhaltiges Wohnen und damit auch nachhaltiger Wärmekonsum zu Mehrarbeit für Frauen. Mehrarbeit sieht Gestring v. a. im Wissens- und Informationserwerb, die Voraussetzungen dafür sind, dass z. B. Wärmeenergie effizienter genutzt werden kann. Auch Röhr (2002a) sieht mit der Beschaffung von verständlichen Informationen über einen nachhaltigen Energiekonsum Mehrarbeit verknüpft. Konkret bedeutet dies, dass Frauen sich für Maßnahmen zum Wärmeenergiesparen verantwortlich fühlen, entsprechende Informationen einholen, sich das Wissen aneignen und dieses umsetzen.

Unter Berücksichtigung der Tatsache, dass Kindererziehung nach wie vor hauptsächlich von Frauen übernommen wird, kann darüber hinaus die These formuliert werden, dass auch die Erziehung zu einem nachhaltigen Konsum, dem sparsamen Umgang mit Wärmeenergie, zu einer weiteren weiblichen Aufgabe, sprich Mehrarbeit, geworden ist. Diese äußert sich z. B. in der zusätzlichen Kommunikation über Strategien für einen nachhaltigen Umgang mit Wärmeenergie sowie in der permanenten Überprüfung, ob diese von den Kindern auch eingehalten werden.

7.3.2 Ökostress durch gesellschaftliche Normen und Werte, die Umweltbewusstsein als weiblich definieren

Unter dem Stichwort „Doing Gender" (West/Zimmermann 1987) haben Konstruktivistinnen vielfach untersucht, wie geschlechtsabhängige Wahrnehmungen, Selbstwahrnehmungen und Rollenverständnisse erzeugt und festgeschrieben werden. In Anlehnung an Goffmans Arbeiten, die gezeigt hatten, dass Prozesse der Differenzbildung zwischen den Geschlechtern einerseits in zwischenmenschlichen Interaktionen und Alltagssituationen entstehen, darüber hinaus aber ihre Parallele in der sozialen Ordnung aufweisen (Goffman 1994), ist als weitere Dimension zu diskutieren, inwiefern Umweltschutz als gesellschaftliche Norm sich möglicherweise aufgrund der „Feminisierung der Umweltverantwortung" (Vinz 2005: 10) in besonderer Weise an Frauen richtet. Untersuchungen bestätigen zunächst, dass das Umweltbewusstsein bei Frauen im Vergleich zu den Männern stärker ausgeprägt ist. Nach einer von Zelezny et al. (2000) durchgeführten Meta-Analyse über 13 Studien zur Geschlechterdifferenz bei Umwelteinstellungen kommen die meisten Studien zu dem Ergebnis, dass Frauen ein deutlich umweltfreundlicheres Verhalten als Männer zeigen. Frauen räumen dem Umweltschutz eine hohe politische Priorität ein, zeigen sich bei Umweltrisiken besorgter und spenden häufiger für den Natur- und Umweltschutz als Männer (Wippermann et al. 2009).

Doch dieses ausgeprägte Umweltbewusstsein kann im Alltag zur Belastung werden. Durch diese weibliche Zuschreibung werden Frauen unter Druck gesetzt, die zuvor geschilderte, mit nachhaltigem Konsum verknüpfte Mehrarbeit klaglos zu akzeptieren. Die Mehrbelastung durch den Nachhaltigkeitsanspruch wird von Frauen insbesondere dann nicht in Frage gestellt, wenn diese mit Carearbeiten[2] verknüpft sind, da sich Frauen sonst im Widerspruch mit der eigenen und der gesellschaftlichen Zuschreibung einer guten Mutter und Hausfrau sehen. So schreibt z. B. Röhr (2002a), dass sich Frauen in Folge des Paradigmas des nachhaltigen Energiekonsums zwar vielfältigen konfligierenden Anforderungen ausgesetzt sehen, dabei jedoch großen Willen zeigen, die neuen Aufgaben in ihre Alltagsroutinen zu integrieren (Röhr 2002a: 5f.). Eine schwedische Studie über die Auswirkungen veränderter, energiesparender Verhaltensweisen auf die Routinen der Hausarbeit konnte nachweisen, dass energiesparende Verhaltensweisen für die Frauen Mehrarbeit bedeuteten, sich die Frauen über diese Mehrarbeit jedoch nicht beschwerten (Carlsson-Kanyama/Lindén 2007: 2170). Wenn auch der Zusammenhang zwischen frauentypischen und nachhaltigkeitsförderlichen Kompetenzen keineswegs als empirisch belegt gilt (Keppler 2005: 13), so ist er doch bereits wirkungsmächtig und setzt Frauen unter Ökostress, weil sie sich daran halten (wollen).

7.3.3 Ökostress durch frauenspezifische Bedürfnisse

Neben Stress durch Mehrarbeit und Umweltbewusstsein, kann für den Bereich des Wärmekonsums noch ein weiterer Stressor identifiziert werden. Heine und Mautz (1996: 107) verweisen darauf, dass nachhaltiges Wohnen ohne Veränderung der baulichen oder technologischen Strukturen mit Komforteinbußen verknüpft ist, und dass KonsumentInnen hierzu nur bis zu einer bestimmten „Schmerzgrenze" bereit sind. Spezifiziert man diese These für den Wärmekonsum, bedeutet dies, nachhaltiger Wärmekonsum führt zu Einschränkungen im Alltag, wenn damit die Aufforderung verbunden ist, seltener zu baden, kürzer zu duschen und sich in kühleren Wohnräumen aufzuhalten. Dabei werden die Einschränkungen mit steigendem Wärme- und Pflegebedürfnis virulenter. Ein größeres Bedürfnis der Frauen nach Wärme kann biologisch aufgrund einer geringeren Wärmetoleranz bei Frauen und ihrer weniger ausgeprägten Möglichkeit der Thermoregulation begründet werden (Weineck 2004: 467). Darüber hinaus gelten Körper, Ornamentierung und Pflege als typisch weibliche Zuschreibungen (Ostner/Beck-Gernsheim 1979; Miers 2001; Uschok 2005). Da für die

---

[2] Carearbeit ist auch stark durch Wärmekonsum geprägt: In der Literatur gilt z. B die Anwesenheit von Kindern in einem Haushalt als eine zentrale Variable, die den Energiekonsum beeinflusst (Carlsson-Kanyama et al. 2005: 240)

Pflege und Ornamentierung des eigenen Körpers auch warmes Wasser verwendet wird, lässt sich aus dieser Zuschreibung für Frauen auch ein größeres Bedürfnis nach Wärmeenergie ableiten. In einer schwedischen Studie über Energieeinsparung in Privathaushalten wurde erhoben, dass Männer mit dem Einsparen von Warmwasser leichter zurechtkamen als Frauen. Darüber hinaus betonten Frauen deutlich stärker auch gesundheitliche Argumente, wie den heilenden Effekt eines heißen Bades (Carlsson-Kanyama/Lindén 2007: 2170). Empacher et al. (2001: 80) sehen dagegen weiteren Forschungsbedarf, um vorhandene Unterschiede zwischen den Geschlechtern speziell in Bezug auf verschiedene mit Energiekonsum verknüpfte Handlungsfelder (wie z. B. Heizen oder Körperpflege) empirisch zu verifizieren.

7.3.4   Ökostress durch männliche Ressourcenkontrolle

Aus sozialpsychologischer und medizinischer Sicht sind Konflikte in der Partnerschaft bedeutende Stressoren (Grau/Bierhoff 2003). Vor diesem Hintergrund kann eine vierte Dimension von Ökostress abgeleitet werden. Ausgehend von den zuvor ausgeführten Thesen, Frauen hätten zum einen ein stärker ausgeprägtes Wärmebedürfnis als Männer (Weineck 2004: 467) und seien zum zweiten in besonderem Maße für Carearbeit, und damit verknüpft auch für Wärmekonsum, zuständig, kann die These abgeleitet werden, dass das Thema Wärmekonsum zu Konflikten in der Partnerschaft führen kann. Männliche Attribute wie „Machtausübung und Dominanzverhalten, (…) Sach- und Technikkompetenz" (Zwick 2004: 10), die sich Männer durch Mechanismen der gesellschaftlichen Zuweisung auch selbst zuschreiben, können im Alltag, bei den Routinen des Lüften, Heizens und Duschens, konflikthaft werden, wenn Frauen ein höheres Wärmebedürfnis kommunizieren oder zu verstehen geben und wenn sie die Entscheidungshoheit über das Konsumfeld Wärmeenergie für sich beanspruchen.

7.3.5   Fazit: Dimensionen von Ökostress bei Frauen

Für nachhaltigen Wärmekonsum können die vier Dimensionen von Ökostress bei Frauen folgendermaßen konkretisiert werden.

- Dimension 1: Mehrarbeit durch Informieren und zusätzliche Erziehungsaufgaben
  Die Mehrarbeit durch Informieren und das Umsetzen von Maßnahmen zum Wärmeenergiesparen (auch als Teil der Carearbeit) steigt. Diese Mehrarbeit scheint für Frauen größer als für Männer, da sie in ihren Zuständigkeitsbereich fällt.
- Dimension 2: Ökostress durch gesellschaftliche Normen und Werte, die nachhaltigen Wärmekonsum als weiblich definieren
  Die Gesellschaft schreibt Frauen ein stärker ausgeprägtes Umweltbewusstsein zu als Männern und sieht daher v. a. Frauen für nachhaltigen Wärmekonsum verantwortlich.

Dadurch könnten sich Frauen möglicherweise unter Druck gesetzt fühlen, diesen Erwartungen gerecht zu werden und sich z. B. nicht über anfallende Mehrarbeit beklagen.
- Dimension 3: Ökostress durch ein höheres Wärmebedürfnis der Frauen
  Frauen haben ein höheres Wärmebedürfnis als Männer. Möglicherweise sehen sie sich aufgrund der zugeschriebenen oder tatsächlichen Umweltverantwortung unter Druck, auf die Befriedigung dieses Wärmbedürfnisses zu verzichten bzw. zumindest Einschränkungen klaglos zu akzeptieren.
- Dimension 4: Ökostress durch männlichen Kontrollanspruch über Wärmeenergie
  Aus den geschlechtsspezifischen Zuständigkeiten und dem erhöhten Wärmebedürfnis von Frauen lässt sich die Vermutung ableiten, dass es zwischen Männern und Frauen zu Diskussionen und Streitigkeiten über den alltäglichen Umgang mit Wärmeenergie kommen kann.

Ökostress beim Wärmekonsum ist nach unserem Verständnis ein individueller (und andauernder) Spannungszustand, der sich aus unterschiedlichen Vorstellungen und Aufgabenbereichen zwischen Haushaltmitgliedern über nachhaltigen Wärmekonsum ergeben kann. Ökostress resultiert vor allem aus den mit nachhaltigem Wärmekonsum assoziierten gesellschaftlich geprägten Anforderungen an Haus- und Carearbeit. Da diese Bereiche auch heute noch typischerweise in den Zuständigkeitsbereich von Frauen fallen, sie nach aktuellen Studien umweltbewusster sind als Männer und ein im Vergleich zu Männern erhöhtes Wärmebedürfnis haben, ist die Wahrscheinlichkeit für Frauen, die mit einem männlichen Partner und Kind(ern) in einem Haushalt leben, besonders hoch, unter Ökostress zu leiden. Deshalb beziehen wir uns im empirischen Teil nur auf Befragte, die in einer nichtehelichen Beziehung leben oder verheiratet sind. Single-Frauen und Single-Männer werden ausgeschlossen, da hier jeder selbst für den eigenen Haushalt zuständig ist und damit Diskussionen um Zuständigkeiten entfallen und damit Ökostress weniger virulent ist.

7.4 Empirische Datengrundlage

Im Folgenden wollen wir die vier Dimensionen des Ökostresses bei Frauen empirisch betrachten. Die empirischen Analysen beruhen auf quantitativen und qualitativen Daten von MieterInnen in Stuttgart und Leipzig, die über ihren Umgang mit Wärmeenergie befragt wurden[3].

Die quantitativen Daten beruhen auf einer nicht-repräsentativen Umfrage von MieterInnen aus Wohnungen von Wohnungsbaugesellschaften bzw. Wohnungsbaugenossenschaften in Stuttgart und Leipzig. Insgesamt liegen 185 ausgefüllte Fragebögen vor, davon 135 aus Stuttgart und 50 aus Leipzig. 97 Fragebögen wurden von Frauen und 81 von Män-

---

[3] Ziel der empirischen Analysen war vor allem eine lebensstilspezifische Analyse von Wärmekonsum. Dennoch können aus den Befunden Genderaspekte abgeleitet werden.

Tab. 7.1 Überblick Fokusgruppen

Nr.	Konsumenten	Gruppe	Ort
A	Mieter	Junge (bis 35 Jahre) Frauen mit Kindern[5]	Stuttgart
B	Mieter	Familienväter oder Mütter, mittleren Alters, mit mindestens einem Kind im Haushalt	Stuttgart
C	Mieter	Männer mittleren Alters (zwischen 35 und 60 Jahre), ohne Kinder im Haushalt	Leipzig

nern ausgefüllt und zurückgeschickt. Die folgenden statistischen Berechnungen beziehen sich allerdings nur auf Frauen und Männer, die mit einem Partner in einem Haushalt leben. Das sind 46 Frauen und 56 Männer. Eine Unterscheidung zwischen Stuttgart und Leipzig wird nicht vorgenommen.

Die qualitativen Daten stellen Transkripte von Fokusgruppen mit MieterInnen aus Stuttgart und Leipzig dar. Eine Fokusgruppe ist ein moderiertes Diskursverfahren, bei dem eine Kleingruppe durch einen Informationsinput zur Diskussion über ein bestimmtes Thema angeregt wird (Dürrenberger/Behringer 1999). Die Zusammenstellung der Fokusgruppenteilnehmern erfolgte auf Basis der Ergebnisse der schriftlichen Befragung (siehe Tab. 7.1). Dort wurden mit Hilfe von Faktoren- und Clusteranalysen wärmekonsumbezogene Lebensstiltypen identifiziert.[4] Die jeweiligen typischen soziodemografischen Variablen bildeten die Grundlage für die Zusammenstellung der Fokusgruppenteilnehmern. Die angewendete Auswertungsmethode orientiert sich an der qualitativen Inhaltsanalyse von Mayring (2002; 2003), im Konkreten an der Methode der zusammenfassenden Inhaltsanalyse.

7.5 Ergebnisse der empirischen Untersuchungen

Die folgenden Analysen werden vor dem Hintergrund der theoretisch formulierten Thesen über Ökostress durchgeführt. Dabei sei darauf verwiesen, dass es nur deskriptiv-explorative und keine repräsentativen Ergebnisse sind. Deshalb werden die qualitativen und quantitativen Befunde nicht getrennt behandelt.

---

[4] Weitere Details auf Homepage http://www.uni-stuttgart.de/nachhaltigerkonsum/de/index.html
[5] Diese Fokusgruppe war ursprünglich als Pretest konzipiert. Aufgrund des sehr guten Ablaufs können die Ergebnisse verwendet werden.

7.5.1 Dimension: Mehrarbeit durch Informieren und zusätzliche Erziehungsaufgaben

In der standardisierten Befragung wurden die Informiertheit und der Informationsbedarf bei MieterInnen untersucht. Bei der Frage nach der Verständlichkeit der Heizkostenabrechnung zeigt sich, dass Frauen die Kosten deutlich besser als Männer nachvollziehen können. Während der Anteil der Frauen hier bei 39,4 % ($n = 21$) liegt, geben nur 34,4 % ($n = 21$) der Männer an, die Kosten zu verstehen. Allerdings heißt das nicht, wie im nächsten Kapitel deutlich werden wird, dass sie sich über das Thema Wärmeenergie gut informiert fühlen. Die meisten Befragten wünschen sich häufigere Informationen über ihren Energieverbrauch. Das trifft vor allem auf die Personen zu, die ihre Heizkostenabrechnung leicht verständlich finden, also besonders auf Frauen, die sich zudem stärker für dieses Thema verantwortlich fühlen.

Des Weiteren wurde im standardisierten Fragebogen erfasst, wer im Haushalt für verschiedene Hausarbeitstätigkeiten und die Betreuung der Kinder zuständig ist. Dabei bestätigt sich die in anderen Studien häufig formulierte These der verstärkten Zuständigkeit der Frauen für Haushalt und Familie nur zum Teil. Bei den Items zur Hausarbeit dominiert zwar die weibliche Zuständigkeit – vor allem beim Thema Wäsche waschen. Die Aussagen bezüglich der Betreuung und Pflege anderer Haushaltsmitglieder ist dagegen nicht eindeutig (siehe Tab. 7.2). Hier übernehmen die Haushaltsmitglieder häufig gemeinsam die entsprechenden Aufgaben. Nicht erfragt wurde allerdings, ob es ein Gleichgewicht zwischen Männern und Frauen gibt. Denkbar ist, und diese Vermutung stützen aktuelle Genderstudien, dass Frauen hier den größeren Part übernehmen.

Carearbeit beinhaltet Erziehungsarbeit, d. h. auch die Vermittlung nachhaltiger Verhaltensweisen im Haushalt. Diese Bewusstseinsbildung als Teil des eigenen Erziehungsauftrags bei Kindern erwähnen in den Fokusgruppen ausschließlich Frauen. Dazu zwei typische Aussagen:

Tab. 7.2 Zuständigkeit Betreuung/Pflege, Angaben für Personen in mindestens zwei Personenhaushalten, verheiratet oder NELG

| | Betreuung/Pflege | | | |
| | Frauen | | Männer | |
	Häufigkeit	Prozent	Häufigkeit	Prozent
ich selbst	9	30 %	10	31,2 %
Person ist weiblich	2	6,7 %	3	9,4 %
Person ist männlich				
alle Haushaltsmitglieder	19	63,3 %	19	59,4 %
total	30	100 %	32	100 %

> B/Bw4: … man muss sich bewusst machen, dass wir einfach auf dieser Erde leben, und wir müssen einfach darauf aufpassen. Und das muss man einfach den Kindern und uns selbst irgendwie verklickern. … 02:02:49 – 6
>
> 　A/Bw3: … ich will meinem Sohn auch dieses Bewusstsein beibringen, also darum geht es mir auch ganz oft. 01:09:11 – 9

Die grundsätzliche Relevanz des Themas bestätigen auch die Aussagen der Männer, denn sie stimmen auf die Frage, ob Schulen Kindern den umweltfreundlichen Umgang mit Energieressourcen beibringen sollen, ebenfalls zu.[6] Aber die Männer sehen den Bildungsauftrag in erster Linie bei den ErzieherInnen und LehrerInnen:

> C/Bm1: Ich würde auch noch viel weiter gehen und schon in den Schulen …, vielleicht schon in der Grundschule mit Projekten oder mit vereinfachten Modellen, dass man einfach Kindern das Bewusstsein gibt, wie man mit der Umwelt umzugehen hat und worauf man achten soll … 02:00:18 – 0
>
> 　B/Bw1: Aber ich glaube es ist schon ein Riesenschritt, wenn man sagt, in der Schule ist es ein Unterrichtsfach, … 02:05:17 – 5

Insgesamt zeigt sich, dass insbesondere Frauen die Vermittlung von Umweltbewusstsein als Teil ihrer Carearbeit sehen. Zwar halten dieses Thema auch die Männer für wichtig, aber sie thematisieren vor allem die Notwendigkeit für die Einführung eines neuen Schulfaches Umwelt. Beide Geschlechter halten das Thema also für relevant; ihre eigene Rolle und Verantwortung für diese Aufgabe nehmen jedoch die Frauen stärker wahr.

Dass Frauen die Heizkostenrechnungen besser verstehen, den Wunsch nach regelmäßigeren Informationen über ihren Wärmeenergieverbrauch stärker formulieren als Männer und Bewusstseinsbildung bei Kindern als ihre Aufgabe ansehen, zeigt, dass die im Zusammenhang mit nachhaltigem Wärmekonsum umfangreicher gewordene Haus- und Carearbeit eher in den Zuständigkeitsbereich der Frauen fällt und somit auch Ökostress in dieser Dimension eher auf Frauen als auf ihren männlichen Partner zutrifft.

7.5.2　Dimension: Ökostress durch gesellschaftliche Normen und Werte, die nachhaltigen Wärmekonsum als weiblich definieren

In der standardisierten Befragung wurden verschiedene Items zum Thema Umgang mit Wärmeenergie erhoben (siehe Abb. 7.1). Dabei zeigt sich, dass Frauen aktiver für eine sparsame Wärmeenergienutzung in ihrem Haushalt eintreten, aber sich Männer nach eigener Auskunft besser über das Thema informiert fühlen und eher bereit sind, für einen umweltfreundlichen Umgang mit Wärmeenergie mehr Geld zu investieren. Generell sind die Unterschiede zwischen Männern und Frauen aber sehr gering. Eine vergleichsweise große Differenz findet sich bei dem Item: „Mich interessiert das Thema Wärmeenergie nur dann, wenn ich damit Kosten reduzieren kann". Hier stimmen Frauen im Schnitt stärker zu als

---

[6] Arithmetische Mittel der Frauen = 1,75, arithmetische Mittel der Männer = 1,73 (Skala von 1 „stimme voll und ganz zu" bis 5 „stimme gar nicht zu")

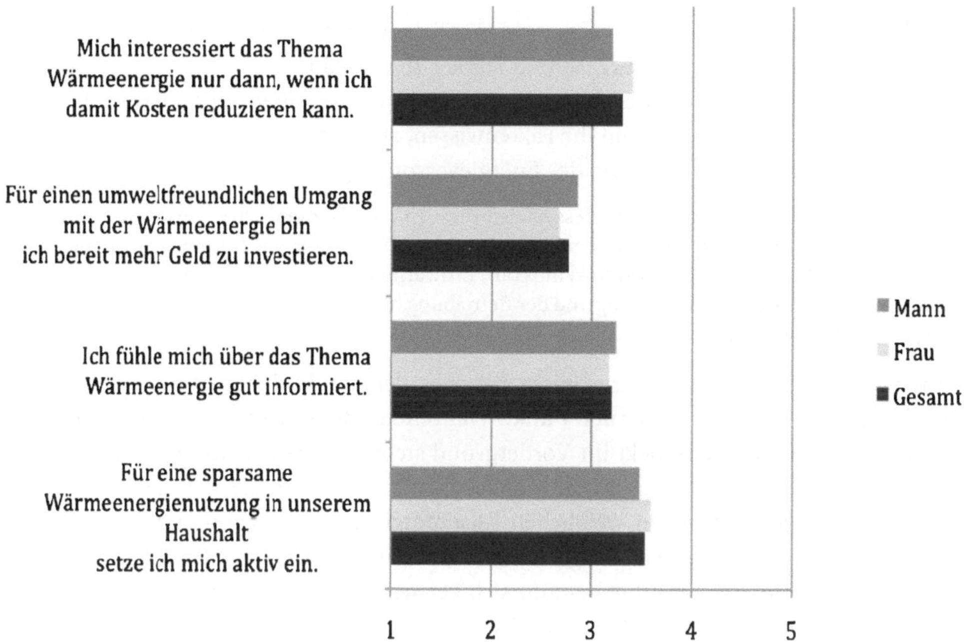

Abb. 7.1 Items zur Wärmenergie, Angabe der arithmetischen Mittel, Skala 1 „trifft gar nicht zu", 5 „trifft ganz und gar zu". Quelle: eigene Befragung, $N = 102$

Männer, was darauf hindeutet, dass ihnen das Thema eher aus finanziellen Aspekten relevant erscheint und erklärt, warum sie, wie im letzten Kapitel dargestellt, angeben, dass sie ihre Heizkostenabrechnung besser nachvollziehen können als die Männer.

In den Fokusgruppen wird das Thema Umwelt und Nachhaltigkeit als Motivation für nachhaltigen Wärmekonsum häufiger von Frauen thematisiert. Dabei spielen sowohl finanzielle als auch Umweltaspekte eine wichtige Rolle. Das wird an folgenden zwei Zitaten deutlich.

> B/Bw4: Trotzdem finde ich das schon auch wichtig, dass man weiß was man einspart. Aber ich finde man sollte … nicht vergessen, was man Gutes tut. Was man ja eigentlich auch damit erreichen will, man will ja die Umwelt schonen …. Es sollte auch im Vordergrund stehen, …die Umwelt und das Nachhaltige …. Das ist ja unser Leben. 00:51:31 – 8
>
> B/Bw4: Ja, aber wenn man das eher ins Bewusstsein holt und sagt, das ist unsere Umwelt, wir leben in dieser Welt, es ist unsere Luft, die wir atmen und … brauchen … das [ist] ein bisschen mehr Grund als zu sparen. … du musst etwas für deine Umwelt tun, für deine Menschen, für die Menschen, die nach dir kommen. 01:26:13 – 1

Die Verantwortung gegenüber Kindern und Enkelkindern ist bei den Frauen stärker ausgeprägt als bei Männern. Auf die Aussage: „Ich finde, wir sind unseren Kindern und Enkeln gegenüber verpflichtet, so wenig Energie wie möglich zu nutzen" stimmen Frauen in der standardisierten Befragung im Durchschnitt stärker zu als Männer[7].

Auch Männer kommen auf den Umweltaspekt zu sprechen, aber mit anderer inhaltlicher Konnotation. Sie verweisen auf ihr Faktenwissen, auf technische Aspekte und Fragen der volkswirtschaftlichen Dimension der Energieversorgung:

> B/Bm5: Also vielleicht wäre noch interessant, wie diese Energie letztendlich generiert wird. … Also gerade was zum Beispiel solche Endlagerungen kosten und was das für eine Umweltbeeinflussung hat oder die Wasserkraft, Windkraft, Erdwärme… Inwiefern die überhaupt Sinn machen, ob die Kosten der Erstellung und der Betreibung höher sind als letztendlich die Energie, die man dabei rauskriegt… 02:00:34 – 2

Im Fazit widersprechen sich die Ergebnisse zwischen der standardisierten Befragung und den Fokusgruppen in einem zentralen Punkt: Während in der schriftlichen Befragung bei den Frauen der finanzielle Aspekt im Vordergrund steht, betonen sie in den Fokusgruppen zusätzlich ihr Umweltbewusstsein. Möglicherweise bemühen sie sich aufgrund der gesellschaftlich zugeschriebenen weiblichen Zuständigkeit für die Umwelt und der daraus resultierenden Erwartungshaltung, in den Fokusgruppen entsprechend konform zu argumentieren. Denn der Einzelne bemüht sich bei seiner verbalen Selbstdarstellung vor anderen darum, die anerkannten Werte der Gesellschaft zu belegen, und zwar in stärkerem Maße als in seinem sonstigen Verhalten (Goffman 2006). Diese Vermutung stützt die These vom Ökostress auch in dieser Dimension. Frauen wissen, dass von ihnen ein entsprechendes Umweltbewusstsein erwartet wird, äußern dies in der Gruppe, aber ein wesentlicher Anreiz zum sparsamen Umgang mit Wärmeenergie sind finanzielle Einsparungen.

7.5.3 Dimension: Ökostress durch ein höheres Wärmebedürfnis der Frauen

Das Wärmebedürfnis von Frauen wurde in der standardisierten Befragung durch das Heiz- und Warmwasserverhalten erhoben. Beide Aspekte werden im Folgenden dargestellt.

7.5.3.1 Heizverhalten

Die meisten Befragten verbinden mit umweltfreundlichem Heizen keine Einschränkung des Wohnkomforts (siehe Abb. 7.2). Im Durchschnitt stimmen Frauen aber der Aussage, Komforteinbußen gehen mit einem sparsamen Wärmeenergieverbrauch einher, stärker zu als Männer. Männer würden eher einen Pullover anziehen als die Heizung aufzudrehen. Gleichzeitig stimmen Männer im Durchschnitt der Aussage „Für mein persönliches Wohlempfinden ist es mir wichtig, dass die Wohnräume immer mollig warm sind", eher zu als die Frauen.

---

[7] Arithmetische Mittel Frauen = 2,21, arithmetische Mittel Männer = 2,31 (Skala 1 „stimme voll und ganz zu" 5 „stimme überhaupt nicht zu") $N = 102$

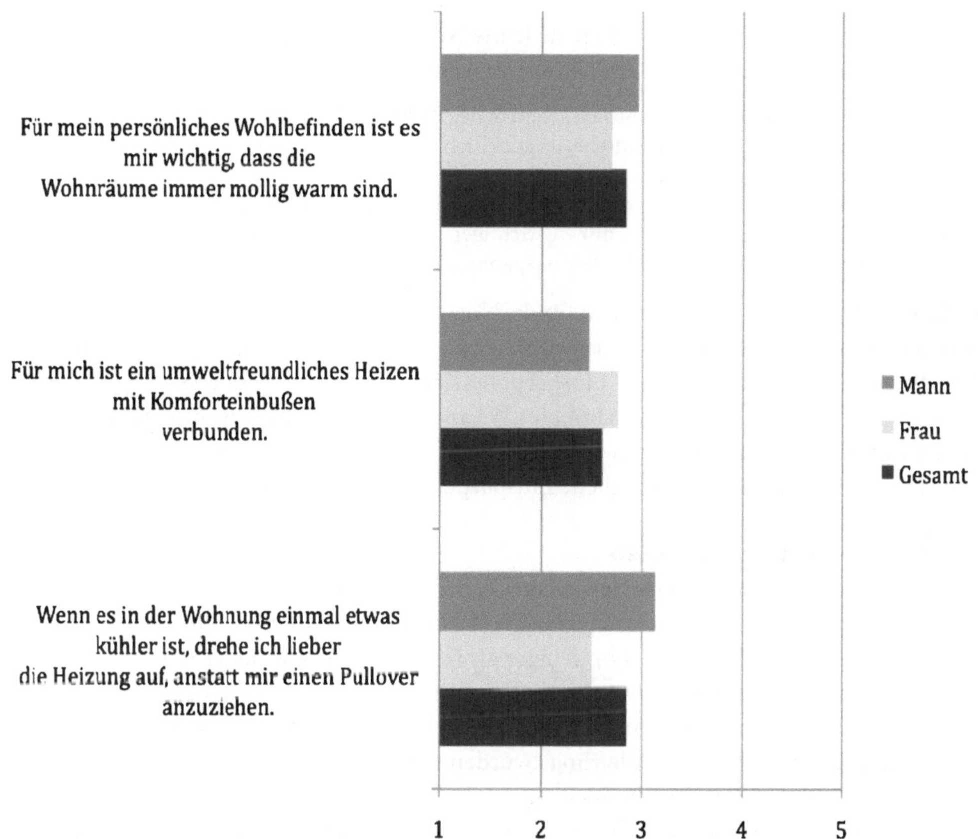

Abb. 7.2 Items zum Wohlbefinden, Angabe der arithmetischen Mittel, Skala 1 „trifft gar nicht zu", 5 „trifft ganz und gar zu", Quelle: eigene Befragung, $N = 102$

Deutlich wird aber, dass sowohl Männer als auch Frauen von einem erhöhten Wärmebedürfnis der Frauen ausgehen und hier auch Unterschiede beim Heizverhalten benennen:

Bm4: … meistens frieren ja doch die Frauen an den Händen, … – oder an den Füßen. … Wenn ich da an meine Eltern denke, …. Während mein Vater noch dasitzt, friert meine Mutter. … 00:37:06 – 1

Doch wie sieht es mit der Bereitschaft zu einer Verhaltensänderung im Sinne eines nachhaltigen Heizverhaltens bei den TeilnehmerInnen der Fokusgruppen aus? Um diese Frage zu beantworten, wurden die TeilnehmerInnen gefragt, ob sie durch ein Thermometer, das den Verbrauch visualisiert, bewusster heizen würden. Die Antworten sind eindeutig: Während die Frauen der Frage eher zustimmen, glauben die Männer nicht an einen Effekt. Hintergrund ist die unterschiedliche Ausgangslage: Da Männer nach eigener Aussage kein besonders ausgeprägtes Wärmebedürfnis besitzen und überzeugt sind, bereits relativ wenig Heizenergie zu verbrauchen, sehen sie keine Notwendigkeit, an ihrem Heizverhalten etwas zu ändern. Zwei typische Genderaussagen lauten:

> C/Bm2: ... ein Thermometer möchte ich schon in der Wohnung haben, so dass ich informiert bin. Also ehe ich die Heizung hochdrehe, da gucke ich schon morgens, ob das wirklich so kalt ist oder ich das bloß so empfinde... 00:53:41 – 0
>
> B/Bw1: Wobei ich sagen muss, mich würde es, glaube ich, nicht beeinflussen, weil ich möchte es warm haben, und das ist mir ... wichtiger. ...ich wäre ... nicht bereit, meine Heizung runterzudrehen, um Energiekosten zu sparen. 00:41:26 – 9

Ob die verbale Zustimmung der Frauen für die Nutzung eines Thermometers wirklich dazu führt, dass sie ihr Heizverhalten ändern würden, kann an dieser Stelle nicht geklärt werden. Aber die Bereitschaft zeigt, dass sie Einsparpotenziale für ein umweltbewussteres Heizen sehen. Ihr im Vergleich zu Männern höheres Wärmebedürfnis und die wahrgenommenen Komforteinbußen durch Konsumreduktion führen möglicherweise dazu, dass sie selbst nach eigener Einschätzung das mögliche Einsparpotenzial nicht ausnutzen.

7.5.3.2 Warmwasserverhalten

Auch beim Warmwasserverhalten zeigen sich Geschlechtseffekte (siehe Abb. 7.3). Frauen haben aufgrund der gestiegenen Energiekosten ihr Bade- und Duschverhalten bewusst geändert. Sie baden und duschen heute weniger als früher, gehen sparsamer mit Wasser um und stellen beim Haare shampoonieren das Wasser ab. Dementsprechend lehnen sie im Schnitt die Aussage „Auf den Luxus, jederzeit baden/duschen zu können, möchte ich nicht verzichten" eher ab als Männer. Allerdings würden sie gerne länger baden/duschen, wenn damit kein Energieverbrauch verbunden wäre.

In den Fokusgruppen wurden die TeilnehmerInnen gefragt, ob sie bereit wären, durch den Einbau eines Wassersparsets, welches die Durchlaufmenge von Wasser reduziert, ihren Warmwasserverbrauch einzuschränken. Die Bereitschaft hierzu variiert nach Nutzung und nach Geschlecht. In der Küche lehnen alle TeilnehmerInnen den Einbau aus praktischen Gründen ab. Die größte Bereitschaft äußern die TeilnehmerInnen im Waschbecken des Bades. Hier stimmen auch die Frauen dem Einsatz zu:

> A/Bw1: Weil ich immer entnervt bin, wenn das zu langsam geht ... Im Bad gerne, aber nicht in der Küche. 01:04:18 – 5

In der Dusche ist die Bereitschaft zur Nutzung sehr unterschiedlich: Frauen sind gar nicht bereit, und die Männer sind zwiegespalten, wie die folgende Aussage zeigt:

> C/Bm6: ... natürlich dusche ich auch gerne lange und verbrauche dadurch mehr, und da möchte ich auch nicht drauf verzichten, also bloß dass mir so eine Zeitschaltuhr irgendwann das Duschwasser abdreht, das möchte ich eigentlich nicht. ... 01:05:46 – 3

Sowohl in der standardisierten Befragung als auch bei den Fokusgruppen zeigt sich das unterschiedliche Warmwasserbedürfnis von Frauen im Vergleich zu Männern. Frauen geben an, dass sie mit steigenden Energiekosten ihr Bade- und Duschverhalten verändert haben, aber eigentlich gerne häufiger baden bzw. länger duschen würden. Hier ist zu vermuten, dass Frauen diese Einschränkung als Stress wahrnehmen. Dies kann eine Erklärung dafür sein, warum sie den Einbau eines Wassersparsets stärker ablehnen als Männer.

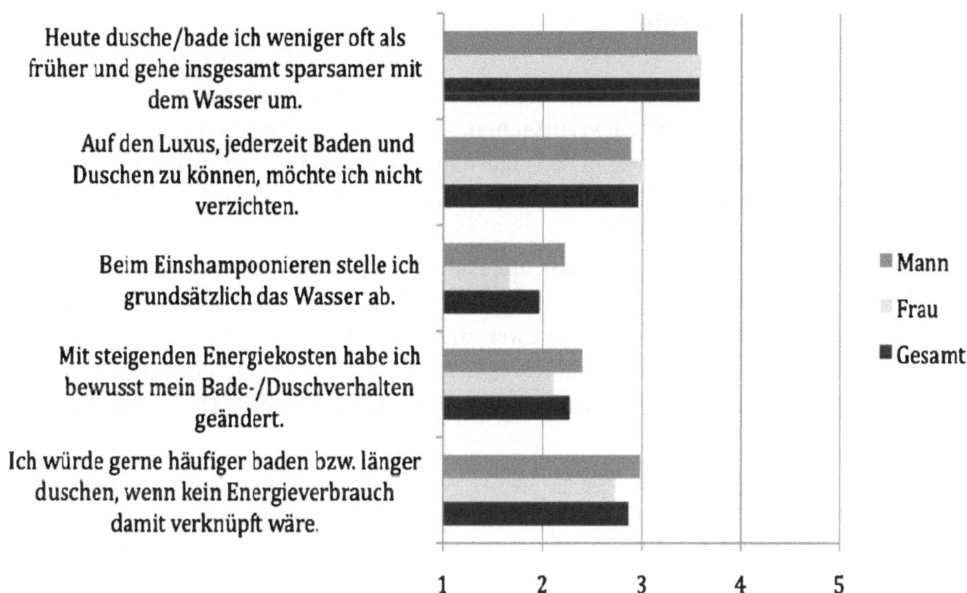

Abb. 7.3 Items zum Bade- und Duschverhalten; Angabe der arithmetischen Mittel, Skala 1 „stimme voll und ganz zu", 5 „stimme überhaupt nicht zu", Quelle: eigene Befragung, $N = 102$

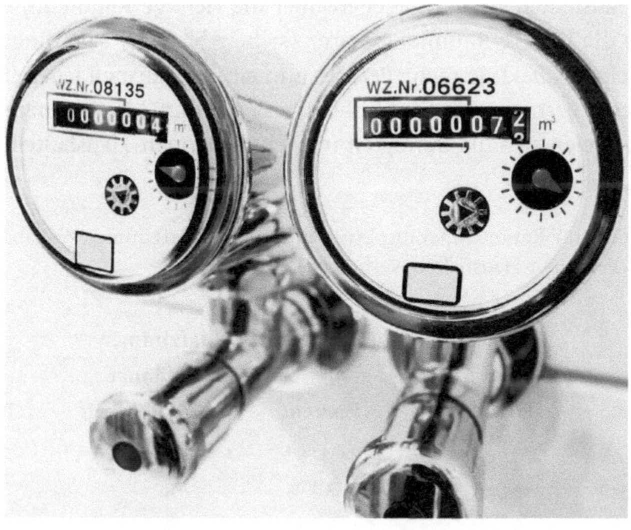

Abb. 7.4 Wasserverbrauchsanzeige. (Quelle: iStockphoto.de)

7.5.4   Dimension: Ökostress durch männlichen Kontrollanspruch über Wärmeenergie

Ob die widersprüchlichen Wärmebedürfnisse von Männern und Frauen partnerschaftliche Diskussionen, eventuell sogar Streit, verursachen, wird als vierte Dimension von Ökostress untersucht. Dazu wurde gefragt, wer in den Haushalten über die Raumtemperatur entscheidet. Dabei zeigt sich, dass i. d. R. die Haushaltsmitglieder gemeinsam über die Raumtemperatur entscheiden (siehe Tab. 7.3).

Doch gemeinsames Entscheiden kann im Falle unterschiedlicher Vorstellungen und Wünsche zu partnerschaftlichen Konflikten führen, die wiederum als Ökostress wahrgenommen werden können. Zwar gibt es in Zwei- und Mehr-Personen-Haushalten eher selten Streit um die richtige Raumtemperatur (siehe Abb. 7.5), dass aber solche Streitigkeiten nicht ausbleiben, vermitteln die Aussagen während der Fokusgruppen. Dazu zwei Aussagen:

> A/Bw 1: … ich werde nicht anfangen in meiner Wohnung – auch wenn mein Mann das manchmal gerne so hätte – mir zehn Jacken überzuziehen weil ich friere und dann auch noch die Decke… das mache ich nicht! Das ist mir einfach zu blöd. Ich sehe es ein, dass ich nicht im T-Shirt rumlaufen muss, das ist o. k., aber dann hört es auch irgendwann auf… 00:39:17 – 8
>
> C/Bm1: Also ich denke zum Beispiel an meine Freundin, wie sie das Wasser verschwendet. Ich kann ihr nicht das Wasser abstellen, aber ich würde es gerne. … sie lässt es gerne laufen und macht dann noch zwei andere Sachen schnell und, ja, da ist dann schon wieder die Hälfte durch … Also ich habe ihr jetzt schon einen Becher hingestellt, den benutzt sie aber nie… 01:06:20 – 8

Wenn es in den Haushalten zu Streitigkeiten über die richtige Raumtemperatur kommt, siegt nicht immer die höhere Raumtemperatur (siehe Abb. 7.5). Allerdings hat die Größe des Haushalts einen Effekt: Je mehr Personen in einem Haushalt leben, desto häufiger wird über das Thema gestritten und umso häufiger „gewinnt" die wärmere Raumtemperatur. Gleichzeitig setzen sich die Befragten in Mehr-Personen-Haushalten weniger aktiv

Tab. 7.3 Zuständigkeit für Raumtemperatur im Wohn- und Schlafzimmer, Angaben für Personen in mindestens Zwei-Personen-Haushalten, verheiratet oder NELG

| | Raumtemperatur im Wohn-/Schlafzimmer | | | |
| | Frauen | | Männer | |
	Häufigkeit	Prozent	Häufigkeit	Prozent
ich selbst	20	24,4 %	23	27,4 %
Person ist weiblich	6	7,3 %	8	9,5 %
Person ist männlich	3	3,7 %	2	2,4 %
alle Haushaltsmitglieder	53	64,6 %	51	60,7 %
total	82	100 %	84	100 %

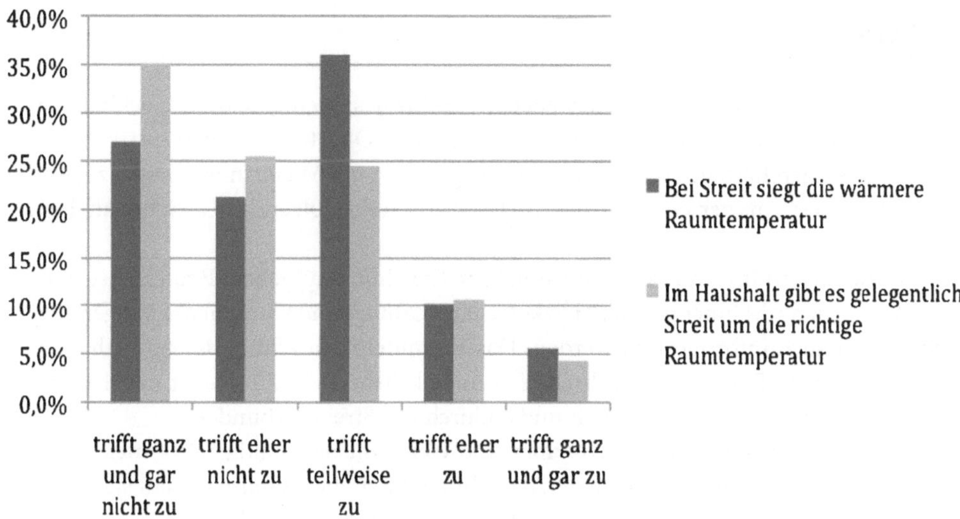

Abb. 7.5 Aussagen zu Streit im Haushalt (nur Zwei- und Mehr-Personen-Haushalte), $N = 102$

für eine sparsame Wärmeenergieversorgung ein. Dass bei Streit die wärmere Temperatur gewinnt, scheint eine Entscheidung zu sein, die schlussendlich von allen Haushaltsmitgliedern mitgetragen wird, da keiner aktiv dagegen arbeitet.

Die empirischen Analysen zeigen, wie bei den oberen Zitaten zu lesen, dass vor allem Männer ihre Frauen auf einen sparsamen Verbrauch hinweisen. In der standardisierten Befragung wurden die TeilnehmerInnen gebeten, ihre Zustimmung zu folgendem Item abzugeben: „Wenn ich sehe, dass andere Personen falsch heizen, dann weise ich sie darauf hin." Im Schnitt stimmen Männer dieser Aussage eher zu als Frauen[8]. Durch solche Hinweise werden die Frauen mit ihrem vermeintlich verschwenderischen Umgang mit Wärmeenergie konfrontiert und Stress wird somit wahrscheinlich.

Im Fazit zeigt sich, dass die unterschiedlichen Wärmebedürfnisse von Männern und Frauen in einem Haushalt zu Streitigkeiten führen können. Auch wenn nicht untersucht wurde, wie schwerwiegend sie von den Haushaltsmitgliedern wahrgenommen werden, kann damit die Vermutung von Ökostress für Frauen untermauert werden. Sie werden von ihren Partnern darauf hingewiesen und sollen sparsamer mit Wasser umgehen und sich wärmer anziehen. Doch letztendlich siegt die wärmere Raumtemperatur – und da die Frauen ein höheres Wärmebedürfnis haben, ist zu vermuten, dass sich die Frauen hier mehrheitlich durchsetzen. Unklar ist allerdings, wie sie dies durchsetzen und dauerhaft etablieren. Möglicherweise bleibt dieses Thema zumindest in der Heizperiode „Dauerbrenner" in den Haushalten und verursacht somit regelmäßigen Stress.

---

[8] Arithmetische Mittel Frauen = 2,71, arithmetische Mittel Männer = 2,94 (Skala: 1 „trifft ganz und gar nicht zu" 5 „trifft ganz und gar zu"), $N = 102$

7.6   Fazit

Die aus der theoretischen Debatte erarbeiteten und für das Themenfeld des nachhaltigen Wärmekonsums konkretisierten vier Dimensionen von Ökostress wurden mit Hilfe einer standardisierten Befragung und mittels Fokusgruppen mit MieterInnen in Leipzig und Stuttgart diskutiert. Aus den empirischen Analysen lassen sich folgende Befunde festhalten:

- Mehrarbeit durch Informieren und zusätzliche Erziehungsaufgaben: Frauen beschäftigen sich mehr als Männer mit der Heizkostenabrechnung und wünschen, häufiger über ihren Verbrauch informiert zu werden. Das Vermitteln umweltbewussten Verhaltens an Kinder sehen Frauen v. a. in ihrem Zuständigkeitsbereich. Für sie ist nachhaltiger Wärmekonsum also mit Mehrarbeit und dadurch mit Stress verbunden.
- Ökostress durch gesellschaftliche Normen und Werte, die nachhaltigen Wärmekonsum als weiblich definieren: Frauen wissen, dass ihnen durch die Gesellschaft ein stark ausgeprägtes Umweltbewusstsein zugeschrieben wird, äußern sich auch in der Gruppe entsprechend dieser Erwartungen, aber wesentliche Motivation zum sparsamen Umgang mit Wärmeenergie scheinen finanzielle Aspekte zu sein. Möglicherweise verursacht dieses Wissen über die gesellschaftlichen Erwartungen an sie Stress, weil sie sich dadurch veranlasst sehen, vor anderen Personen andere Motive für ihr Handeln im Zusammenhang mit nachhaltigem Wärmekonsum verbalisieren zu müssen.
- Ökostress durch ein höheres Wärmebedürfnis der Frauen: Die empirischen Analysen bestätigen, dass Frauen ein höheres Wärmebedürfnis haben. Das betrifft sowohl das Heiz- als auch das Warmwasserverhalten. In diesen Bereichen nehmen sie Einsparungen als Komforteinbußen wahr und gestehen weitere Einsparpotenziale ein. Beide Aspekte verdeutlichen zunächst, dass Frauen nachhaltigen Wärmekonsum auch als Komfortverzicht verstehen. Teilweise wurden bereits neue Routinen entwickelt, die Komforteinbußen in den Alltag integrieren, teilweise gestehen Frauen ein, dass noch weitere Einsparpotenziale existieren würden. Beide Aspekte weisen Ansatzpunkte für Ökostress auf: die Phase der Umstellung in der Vergangenheit, ebenso wie eine mögliche drohende weitere Einschränkung in der Zukunft.
- Ökostress durch männlichen Kontrollanspruch über Wärmeenergie: In der Regel entscheiden die Haushaltsmitglieder gemeinsam über die Raumtemperatur. Streit über die richtige Temperatur gibt es zwar selten, doch in diesen Fällen siegt die wärmere Temperatur. Vor allem Männer weisen andere Personen auf einen sparsameren Verbrauch hin, wodurch es zu Konflikten und dadurch zu partnerschaftlichem Ökostress kommen kann.

Im Ergebnis scheint die Vermutung von Ökostress für Frauen virulent. Sowohl in der Vermittlung nachhaltigen Verhaltens an Kinder, im eigenen Wärmebedürfnis, in der Selbstinszenierung als umweltbewusste Verbraucherin als auch im täglichen Heiz- und Warmwasserverhalten zeigen sich Unterschiede zwischen Männern und Frauen. Durch die verschiedenen Anforderungen und Erwartungen entstehen Widersprüche und Diskussionen, denen vor allem Mütter ausgesetzt sind.

In weiteren Studien müsste genauer untersucht werden, ob Frauen diesen theoretisch formulierten Ökostress auch tatsächlich als Stress empfinden und wie sich dieser äußert. Möglicherweise sind nicht alle hier identifizierten vier Dimensionen gleichermaßen relevant bzw. werden von Frauen als problematisch wahrgenommen. Zudem können in zukünftigen quantitativen Studien schichtspezifische Unterschiede genauer untersucht werden. Vermutlich ist beispielsweise Ökostress in der Dimension 2 eher ein Problem von Frauen in der Mittel- und Oberschicht und bei gut gebildeten Frauen. Denn Umweltbewusstsein ist in diesen Kreisen stärker ausgeprägt und bietet damit mehr Potenzial für Konflikte und Widersprüche, z. B. zwischen dem eigenen Wärmebedürfnis und dem Umweltbewusstsein. Auch EigentümerInnen stellen eine weitere interessante Untersuchungseinheit dar. Sie haben mehr Entscheidungs- und Handlungsspielraum und damit möglicherweise andere Stressoren als MieterInnen.

Literaturverzeichnis

Baker, Susan: The principles and practice of ecofeminism. A review. In: Journal of Gender Studies 2 (1993), Nr.1, S. 4 27

Bundesministerium für Familie, Senioren, Frauen und Jugend: Familienmonitor 2008. Repräsentative Befragung zum Familienleben und zur Familienpolitik, 2008, unter http://www.bmfsfj.de/bmfsfj/generator/RedaktionBMFSFJ/Abteilung2/Pdf-Anlagen/allensbach-familienmonitor,property=pdf,bereich=,sprache=de,rwb=true.pdf . zugegriffen am 10. November 2008

Carlsson-Kanyama, Annika; Lindén, Anna-Lisa: Energy efficiency in residences – Challenges for women and men in the North. In: Energy Policy 35 (2007), S. 2163–2172

Dettmer, Susanne; Hoff, Ernst-H.; Grote, Stefanie; Hohner, Hans-Uwe: Berufsverläufe und Formen der Lebensgestaltung von Frauen und Männern. In: Gottschall, Karin; Voß, G. Günter (Hrsg.): Entgrenzung von Arbeit und Leben. Zum Wandel der Beziehung von Erwerbstätigkeit und Privatsphäre im Alltag, München und Mering, Rainer Hampp Verlag, 2003, S. 307–333

Dörr, Gisela: Haushaltstechnisierung und geschlechtsspezifische Arbeitsteilung. In: Glatzer, Wolfgang; Dörr, Gisela; Hübinger, Werner; Prinz, Karin; Bös, Mathias; Neumann, Udo (Hrsg.): Haushaltstechnisierung und gesellschaftliche Arbeitsteilung, Frankfurt a. M., Campus, 1991, S. 65–78

Dörr, Gisela: Die Ökologisierung des Oikos. In: Schultz, Irmgard (Hrsg.): GlobalHaushalt. Globalisierung von Stoffströmen – Feminisierung der Verantwortung, Frankfurt, Verlag für Interkulturelle Kommunikation, 1993, S. 65–81

Dürrenberger, Gregor; Behringer, Jeanette: Die Fokusgruppe in Theorie und Anwendung, Stuttgart, Akademie für Technikfolgenabschätzung, 1999

Empacher, Claudia; Hayn, Doris; Schubert, Stephanie; Schultz, Irmgard: Analyse der Folgen des Geschlechtsrollenwandels für Umweltbewusstsein und Umweltverhalten. Im Auftrag des Umweltbundesamtes/Förderkennzeichen (UFOPLAN) 200 17 157, 2001

Goffman, Erving: Interaktion und Geschlecht, Frankfurt a.M., Campus, 1994

Goffmann, Erving: Wir alle spielen Theater. Die Selbstdarstellung im Alltag. 8. Aufl., München, Piper, 2006

Grau, Ina; Bierhoff, Hans-Werner: Sozialpsychologie der Partnerschaft, Berlin, Springer, 2003

Heine, Hartwig; Mautz, Rüdiger: Ökologisches Wohnen im Spannungsfeld widerstreitender Bedürfnisse – Chancen und Grenzen umweltverträglicherer Wohnformen, Göttingen, SOFI-Mitteilungen (1996), Nr 23, S. 99–117

Henninger, Annette; Wimbauer, Christine; Spura, Anke: Zeit ist mehr als Geld – Vereinbarkeit von Kind und Karriere bei Doppelkarriere-Paaren. In: Zeitschrift für Frauenforschung und Geschlechterstudien 25 (2007), S. 69–84

Keppler, Dorothee: Kompetenzen zur Nachhaltigen Technikentwicklung – welche Rolle spielt der Faktor Geschlecht? ipublic. Psychologie im Umweltschutz, 9 (2005), Nr. 1, S. 12–20

Krüger, Helga. (2002). Territorien – Zur Konzeptualisierung eines Bindeglieds zwischen Sozialisation und Sozialstruktur. In Eva Breitenbach et al. (Hrsg.), Geschlechterforschung als Kritik. Zum 60. Geburtstag von Carol Hagemann-White (S. 29–47). (Wissenschaftliche Reihe Band 143) Bielefeld: Kleine Verlag.

Lazarus, Richard S., Folkman, Susan: Stress, appraisal, and coping, New York, Springer, 1984

Mayring, Philipp: Einführung in die qualitative Sozialforschung, Weinheim, Basel, Beltz, 2002

Mayring, Philipp: Qualitative Inhaltsanalyse. Grundlagen und Techniken, Weinheim, Basel, Beltz, 2003

Metz-Göckel, Sigrid; Müller, Ursula: Der Mann. Die Brigitte Studie, Weinheim, Beltz Verlag, 1986

Miers, Margaret: Sexus und Pflege: Geschlechterfragen und Pflegepraxis, Bern, Verlag Hans Huber, 2001

Mies, Maria, Shiva, Vandana: Ökofeminismus. Beiträge zur Praxis und Theorie, Zürich, Rotpunktverlag, 1995

Ostner, Ilona, Beck-Gernsheim, Elisabeth: Mitmenschlichkeit als Beruf, Frankfurt a. M., Campus, 1979

Röhr, Ulrike: Gender and Energy in the North. (Background Paper for the Expert Workshop „Gender Perspectives for Earth Summit 2002: Energy, Transport, Information for Decision- Making", Berlin, 2002a

Röhr, Ulrike: Gender & Energie aus der Sicht des Nordens. (Background Paper für den Workshop „Gender Perspectives for Earth Summit 2002: Energy, Transport, Information for Decision-Making". In: http://www.genanet.de/fileadmin/downloads/themen/gender_energy_de.PDF , zugegriffen am 4. Februar 2009, 2002b

Schulz, Marlen: Marginalisierung von Intimität? Eine explorative Studie über WissenschaftlerInnen in festen, kinderlosen Doppelkarrierebeziehungen, Opladen & Farmington Hills MI, Budrich UniPress, 2011

Schwartau-Schuldt, Silke: Ökostress im Haushalt. In: Arbeitsgemeinschaft Hauswirtschaft e.V. (Hrsg.): Haushaltsträume. Ein Jahrhundert Technisierung und Rationalisierung im Haushalt, Königstein, Langewiesche, 1990, S. 119–126

Thorn, Christiane: Nachhaltigkeit hat (k)ein Geschlecht. Perspektiven einer gendersensiblen zukunftsfähigen Entwicklung. In: Aus Politik und Zeitgeschichte B33–34 (2002), S. 38–46

Uschok, Andreas: Körper und Pflege. In: Schroeter, Klaus R.; Rosenthal, Thomas (Hrsg.): Soziologie der Pflege. Grundlagen, Wissensbestände und Perspektiven, Weinheim, Juventa, 2005, S. 323–338

Vinz, Dagmar: Nachhaltigkeit und Gender – Umweltpolitik aus der Perspektive der Geschlechterforschung. Gender...politik...online, 2005. In: zugegriffen am 17 Dezember 2010

Weineck, Jürgen: Sportbiologie., 9. Aufl., Balingen, Spitta, 2004

Weller, Ines: Forschungs- und Diskussionsstand zu „Gender & Environment". In: Schultz, Irmgard, Weller, Ines (Hrsg.): Gender & Environment. Ökologie und die Gestaltungsmacht der Frauen, Frankfurt a. M., Verlag für interkulturelle Kommunikation, 1995, S. 20–41

WELLER, Ines: „...vom Konsumenten aus", zur Bedeutung von Kooperation zwischen KonsumentInnen und ProduzentInnen für nachhaltigere Produktions- und Konsummuster. In: Biesecker, Adelheid; Elsner, Wolfram (Hrsg.): Erhalten durch gestalten, nachdenken über eine (re-)produktive Ökonomie, Frankfurt a.M, Peter Lang, 2004, S. 209–219

Weller, Ines: Inter- und Transdisziplinarität in der Umweltforschung: Gender als Integrationsperspektive? In Kahlert, Heike; Thiessen, Barbara; Weller, Ines (Hrsg.): Quer denken – Strukturen verändern. Gender Studies zwischen Disziplinen, Wiesbaden, VS Verlag, 2005, S.163–181

WelleR, Ines; Hayn, Doris, Schultz, Irmgard: Geschlechterverhältnisse, nachhaltige Konsummuster und Umweltbelastungen. Vorstudie zur Konkretisierung von Forschungsfragen und Akteurskooperationen. BMBF-Sondierungsstudie, Förderkennzeichen: 07SOE34, Abschlussbericht, 2001. In: http://www.isoe.de/ftp/Weller_Hayn_Schultz2001.pdf , zugegriffen am 3. Februar 2009

West, Candace; Zimmermann, Don H.: Doing Gender. In: Gender & Society 1 (1987), Nr. 2, S. 125–151

Wichterich, Christa: Überlebenssicherung, Gender und Globalisierung. Soziale Reproduktion und Livelihood – Rechte in der neoliberalen Globalisierung. Welche Globalisierung ist zukunftsfähig?, Wuppertal, Wuppertal Papers Nr. 141, 2004

Wippermann, Carsten; Flaig, Berthold Bodo; Calmbach, Marc; Kleinhückelkotten, Silke: Umweltbewusstsein und Umweltverhalten der sozialen Milieus in Deutschland, 2009. In: http://www.umweltdaten.de/publikationen/fpdf-l/3871.pdf , zugegriffen am 17.12.2010

Zelezny, Lynette C.; Chua, Poh-Pheng; Aldrich, Christina: Elaborating on Gender Differences in Environmentalism. In: Journal of Social Issues 56 (2000), Nr. 3, S. 443–457

Zwick, Michael M. (2004). Männlichkeit als Risiko, In Irmtraud Munder & Stefan Selke (Hrsg.), Cut and Paste. Die Reproduktion von Männlichkeit und ihre Folgen, Furtwangen, FHF: 7–26.

Nachhaltiger Wärmekonsum und Aspekte der Verbrauchermachtstärkung von Mietern

Kerstin Fink, Sandra Wassermann, Pia Laborgne und Marlen Schulz

8.1 Zusammenfassung

Dieses Kapitel befasst sich mit der Frage, inwiefern Verbrauchermachtstärkung und nachhaltiger Wärmekonsum miteinander gekoppelt sind. Im ersten Teil werden einige theoretische Aspekte zu Verbrauchermachtstärkung und nachhaltigem Konsum diskutiert. Im zweiten Teil werden die Ergebnisse einer explorativen, empirischen Forschungsarbeit vorgestellt, in der existierende Instrumente der Information und Partizipation von Mietern im Hinblick auf ihren Beitrag zur Verbrauchermachtstärkung von Mietern diskutiert und untersucht wurden.

8.2 Einleitung

Die im Rahmen des Projekts „Energie nachhaltig konsumieren – nachhaltige Energie konsumieren: Wärmeenergie im Spannungsfeld von sozialen Bestimmungsfaktoren, ökonomischen Bedingungen und ökologischem Bewusstsein" durchgeführten Arbeiten haben insbesondere auch immer die unterschiedlichen Situationen von Mietern und Eigenheimbesitzern berücksichtigt. Gemeinhin konzentriert sich dagegen die theoretische, technische und praktische Debatte über Nachhaltigkeit im Bereich des Konsums von Wärmeenergie hauptsächlich auf die Perspektive von Wohneigentümern. Im Fokus der Forschung zum nachhaltigen Wärmekonsum steht somit häufig die Frage, unter welchen Bedingungen Eigentümer zu energetischen Sanierungen oder dem Einsatz von erneuerbaren Wärmeenergietechnologien motiviert werden können. Die Perspektive der Mieter wird dabei häufig vernachlässigt (Burholt/Windle 2006; Mahapatra/Gustavsson 2008; Nair et al. 2010; Nyrud et al. 2008). Es ist nicht verwunderlich, dass die einschlägige Literatur sogar „…homeownership as a predictor variable of energy-conserving behavior" (Sardianou 2007: 3782; ebenso Barr et al. 2005) identifiziert hat, da Mieter entweder nicht das Recht

D. Gallego Carrera et al. (Hrsg.), *Nachhaltige Nutzung von Wärmeenergie*,
DOI 10.1007/978-3-8348-8650-7_8,
© Vieweg+Teubner Verlag | Springer Fachmedien Wiesbaden 2012

haben, ihre bauliche Umgebung zu verändern oder aufgrund fehlender Rendite daran nicht interessiert sind (Brandon/Lewis 1999; Meyer-Renschhausen 1983; Walsh 1989). Angesichts der Tatsache, dass in Deutschland die Zahl der Mieter höher als die der Eigenheimbesitzer[1] ist, erscheint es jedoch dringend erforderlich, die Forschung insbesondere auch auf die Möglichkeiten von Mietern hinsichtlich der Verwirklichung eines nachhaltigen Konsums von Wärmeenergie auszudehnen. Dabei ist jedoch zu berücksichtigen, dass Mieter nur über eingeschränkte Handlungsmacht und Entscheidungsmöglichkeiten verfügen. Da nachhaltiger Konsum in der Literatur jedoch vielfach in Kombination mit Verbrauchermachtstärkung abgehandelt wird, soll im folgenden Kapitel nun überprüft werden, inwiefern Instrumente zur Förderung nachhaltiger Wärmekonsumweisen bei Mietern gleichsam auch der Verbrauchermachtstärkung dienen. Hierzu wurde zunächst die bestehende Literatur der Konsum- und Verbrauchermachtforschung ausgewertet und daraus verschiedene Dimensionen der Verbrauchermacht abgeleitet. Im Anschluss wurden diese Dimensionen für das Themenfeld des Wärmekonsums von Mietern expliziert, indem die Rolle von Informations- und Partizipationsinstrumenten im Hinblick auf den nachhaltigen Konsum von Wärmeenergie und Fragen der Verbrauchermachtstärkung explorativ diskutiert wurden.

8.3   Theoretische Ansätze zur Verbrauchermachtstärkung von Konsumenten

Die politische und wissenschaftliche Debatte über nachhaltige Konsummuster ist eng mit der Idee der Verbrauchermachtstärkung verknüpft. Deshalb wollen wir zu Beginn dieses Kapitels die Verknüpfung dieser beiden Perspektiven näher untersuchen. In einem zunächst formalen Verständnis von Verbrauchermachtstärkung sind Aspekte der Nachhaltigkeit unberücksichtigt. Der grundlegende Gedanke einer Verbrauchermachtstärkung beinhaltet zunächst nur die Idee, dass Verbraucher durch die bloße Bereitstellung von Informationen unterstützt werden müssen. Um leicht Zugang zum Bewusstsein der Verbraucher zu finden, ist es wichtig, dass Informationen bestimmte Standards erfüllen. Ein solcher Standard ist z. B. laut Discern (2009), dass Informationen verständlich geschrieben und aufbereitet sind. Dies gilt im Besonderen dann, wenn Informationen auch für schwächere Verbrauchergruppen wichtig sind. Solche schwächeren Verbrauchergruppen sind zum Beispiel Migranten mit Sprachschwierigkeiten oder Menschen mit niedrigem Bildungsstand (Discern 2009; Lima Curvello 2007: 10–11). Des Weiteren müssen Informationen zielgruppenspezifisch aufbereitet sein, denn bei zu allgemein formulierten Adressaten erreichen die Informationen häufig die besonders betroffenen Zielgruppen nicht.

Deutlich umfassender und weiterführender als diese enge Perspektive auf Verbrauchermacht ist das Verständnis der Europäischen Verbraucherpolitik und der Europäischen Ver-

---

[1] Laut Destatis (www.destatis.de) wohnten in 2008, 56,8 % der Haushalte in Deutschland zur Miete, in Ostdeutschland sogar 67,8 %.

braucherorganisationen. Diese folgen der Idee des/der verantwortungsbewussten Verbrauchers/in, die sich auf gesellschaftliche Prinzipien stützt, wie „…social justice and (…) the global environment…" (McGregor 2005: 439) und die der These folgt, „…that citizenship is to be found in consumption" (Davies 2009: 249; ebenso auch Müller 2005: 99). Dabei wird die ethische Idee der Staatsbürgerschaft als Voraussetzung für nachhaltigen Konsum betrachtet. Auf der anderen Seite scheint dieses Prinzip jedoch im Konflikt mit dem rationalen „Homo Oeconomicus" zu stehen, welcher dem Ziel der Nutzenmaximierung folgt (Hansen/ Schrader 1997: 455). Die Verhaltens- und Konsumforschung hat verschiedene Konzepte entwickelt, um diesen scheinbaren Widerspruch aufzulösen. Diese Konzepte unterscheiden sich zunächst bereits deutlich im Hinblick auf ihr theoretisches Verständnis der Verbraucher, angefangen vom rationalen, marktwirtschaftlichen Akteur bis hin zu einem stark normativ handelnden, „…clearly ethics based" (Reisch 2004: 27), verantwortungsbewussten Akteur. Entsprechend der jeweiligen Akteurskonzeption sind verschiedene Strategien zur Beförderung und Verbreitung nachhaltiger Konsummuster entwickelt worden.

Hier können zunächst die eher ökonomisch geprägten Konzepte der Nutzenmaximierung genannt werden. Diese berücksichtigen die Tatsache, dass die größte Verbrauchergruppe die Gruppe der sogenannten Konformitätsorientierten[2] darstellt und haben Ideen entwickelt, wie ökonomische, normative und hedonistische Ziele miteinander kombiniert werden können, um auf diese Weise auch umweltfreundliches Verhalten zu stärken (Lindenberg/Steg 2007).

Dagegen betonen die normativeren Konzepte, dass es unerlässlich sei, Verbraucher explizit über die Vorteile nachhaltigen Konsums zu informieren und aufzuzeigen, inwiefern individuelle Verbraucherentscheidungen auch zum gesellschaftlichen Ziel einer nachhaltigen Entwicklung beitragen können (Ek/Söderholm 2010: 1578; Müller 2005). Diese Konzepte formulieren daher als Strategie zur Verbrauchermachtstärkung die Schärfung des Bewusstseins der Konsumenten über ihr globales Verantwortungsbewusstsein als Staatsbürger. Dies kann z. B. durch Weiterbildung und Erziehung zum nachhaltigen Konsum der Verbraucher gelingen (McGregor 2005: 439). Andere Konzepte haben sich wiederum mit der Frage beschäftigt, wie das Ziel der Konsumentenbildung am besten gelingen kann und die These formuliert, dass v. a. Informationen vor Ort Konsumenten auch tatsächlich erreichen. Diese ermöglichten am ehesten die Internalisierung nachhaltiger Konsummuster und zeigten, wie Informationen sich im Kontext des Konsumentenalltags in konkrete Handlungen umsetzen lassen (Henryson et al. 2000: 170). Hinsichtlich motivationsbedingter Entscheidungen zur Nachhaltigkeit und Veränderungen von Verbrauchergewohnheiten, sollten Handlungen und Interaktionen demnach idealerweise direkt bei den Verbraucher vor Ort stattfinden (Gestring et al. 1996: 167; Heine/Mautz 1995).

---

[2] Die Konsumforschung unterscheidet zwischen drei Typen von Verbrauchern: wertorientierte, unmotivierte und konformitätsorientierte Verbraucher (Müller 2005). Nur eine Minderheit der Verbraucher können als wertorientierte/verantwortungsbewusste Akteure betrachtet werden (Reisch 2004, p. 27).

Andere Konzepte fokussieren v. a. auf die strukturellen Zwänge, welche die Verbraucherentscheidungen determinieren, und beklagen, dass Verbraucher durch „…a variety of factors outside consumers' control" (Stern 1999: 461) beschränkt werden. Im Hinblick auf die Spezifika des Energiekonsums fanden Yust et al. heraus, dass „…decisions about energy services are highly constrained…" (Yust et al. 2002: 188). Aus diesem Grund haben inzwischen „…discourse and information models that involve the consumer early in product decision-making…" (Reisch 2004: 38) an Bekanntheit gewonnen. Diese Idee der Verbraucherbeteiligung stammt einerseits aus der Innovationsforschung, die die Rolle von Konsumenten bei der Entwicklung und Verbreitung nachhaltiger Technologien bereits breit diskutiert hat (Heiskanen et al. 2005; Hoffmann 2007; Rohrbach/Ornetzeder 2003; Truffler 2003; Truffler et al. 2008). Des Weiteren wurde die Idee auch in der Genderforschung im Zusammenhang mit der Frage der strukturellen und technologischen Stärkung von Frauen thematisiert (Weller 2004: 213). In Hinblick auf Wärmekonsum von Mietern sind diese Konzepte v. a. im Zusammenhang mit energetischen Sanierungen von Wohngebäuden relevant. Hier hat sich bereits ein Forschungszweig etabliert, der Methoden zur Partizipation, Konsultation und Mitgestaltung von Mietern entwickelt hat (Suschek-Berger/Ornetzeder 2006; Tappeiner et al. 2004).

Insgesamt gesehen, variieren die Konzepte zum nachhaltigen Konsum und der Verbrauchermachtstärkung erheblich und lassen sich nicht auf eine einheitliche Definition von Verbrauchermacht festlegen. Verbrauchermachtstärkung bezüglich eines nachhaltigen Konsums beinhaltet vielmehr verschiedene, folgende Dimensionen:

1. Eindeutige und zielgruppenspezifische Informationen (Discern 2009),
2. Informationen für Verbraucher, wie nachhaltiges Verhalten mit anderen individuellen Verbraucherbedürfnissen, wie beispielsweise ökonomischen und gesundheitlichen Themen, kombiniert werden kann (Lindberg/Steg 2007),
3. Informationen für Verbraucher inwieweit individuelle Verbraucherentscheidungen auch eine globale und ökologische Dimension aufweisen (McGregor 2005),
4. Motivation für Verbraucher, ihre Konsumentscheidungen und Routinen nachhaltiger zu gestalten (Gestring et al. 1996: 167; Henryson et al. 2000: 170; Reisch 2004: 18),
5. Informationen für Verbraucher über strukturelle Zwänge, institutionelle Grenzen und Lösungsansätze, diese zu überwinden (Hansen/Schrader 1997: 456; Neuner 2001: 352–555),
6. Neugestaltung von Marktbedingungen, sodass diese nachhaltige Verbrauchsgewohnheiten unterstützen (Reisch 2004:18),
7. Einbindung der Verbraucher in Produktions- und Sanierungsprozesse (Suschek-Berger/Ornetzeder 2006; Tappeiner et al. 2004; Weller 2004).

Die empirische Forschung bezüglich der Verbrauchermachtstärkung, die wir im Rahmen des Projektes zum nachhaltigen Konsum von Wärmeenergie durchgeführt haben, war explorativer Natur, mit dem Ziel, erste Ideen zu entwickeln, was „Verbrauchermachtstärkung" in Hinblick auf den nachhaltigen Konsum von Wärmeenergie für Mieter, bedeuten und umfassen könnte. Deshalb wurden alle theoretischen Aspekte der Verbrauchermachtstärkung in den Analysen berücksichtigt. Dieses breite Verständnis des Begriffs hat sich als nützlich erwiesen, nachdem die meisten der oben genannten Aspekte in der Empirie auch gefunden werden konnten, ausgenommen der Dimension der Neugestaltung von Marktbedingungen.

8.4 Methoden

Um einen ersten Einblick zu gewinnen, inwiefern Mieter hinsichtlich eines nachhaltigen Wärmekonsums auch in ihrer Verbrauchermacht gestärkt werden können, wurden explorative Studien durchgeführt. Schriftliche ebenso wie interaktive, eher praktisch orientierte Formen von Informationen wurden im Hinblick auf die verschiedenen Dimensionen von Verbrauchermachtstärkung untersucht. Konkret wurden Informationsbroschüren, Informationen vor Ort und Methoden der Partizipation in Sanierungsprozessen als mögliche Instrumente der Verbrauchermachtstärkung analysiert und diskutiert. Die Analyse wurde anhand zweier Forschungsfragen durchgeführt: (a) welche Dimensionen für Verbrauchermachtstärkung können gefunden werden und (b) was sind die Wahrnehmungen und Einschätzungen der Verbraucher ebenso wie der Wohnungswirtschaft bezüglich schon existierender Instrumente und Methoden der Verbrauchermachtstärkung? Ein zusätzliches Ziel der Studie war, die Voraussetzungen der Effektivität der Instrumente auf eine explorative Weise zu erläutern und zu untersuchen, wie diese durch verschiedene Akteure bereits zum Einsatz kommen.

In einem ersten Schritt wurden Informationsbroschüren mithilfe quantitativer Inhaltsanalysen untersucht. Hierfür wurde ein umfassendes Kategoriensystem entwickelt, um die Form, Hinweise und Argumente der Informationsbroschüren zu zählen und zu evaluieren. Auf diese Weise wurden die Broschüren im Hinblick auf ihren potenziellen Beitrag zu den verschiedenen Dimensionen der Verbrauchermachtstärkung untersucht. Um zum Beispiel Dimension 1 zu messen, enthielt das Kategoriensystem Kriterien wie Häufigkeit, Satzlänge, technische Begriffe und erläuternde Abbildungen. Um die Dimensionen 2 und 3 zu messen, wurden die betreffenden ökonomischen, ökologischen und globalen Argumente berücksichtigt.

In einem zweiten Schritt wurden zwei der untersuchten Broschüren in Fokusgruppen[3] diskutiert und evaluiert. Fünf moderierten, aus Mieter bestehenden Diskussionsgruppen wurden dafür zwei Informationsbroschüren als Stimuli gegeben. Anschließend wurden die Gruppen über ihre Wahrnehmungen und Werthaltungen bezüglich der gegebenen Stimuli befragt. Die Diskussionen der Fokusgruppen wurden mithilfe eines strukturierten Leitfragebogens durchgeführt. Die Teilnehmer wurden z. B. gefragt, wie ihnen das Design und die Form der Informationsbroschüre gefallen und wie sie deren Inhalt evaluieren. Des Weite-

---

[3] Fokusgruppen sind eine qualitative Methode der Sozialwissenschaften (Dürrenberger/Behringer 1999).

ren wurden die Teilnehmer dazu befragt, ob sie solche Broschüren als effektiv einschätzen und welche Akteure oder Institutionen ihrer Meinung nach Informationen an Mieter bezüglich des Konsums von Wärmeenergie vermitteln sollten.

In einer weiteren Studie wurden interaktive, praktisch orientierte Formen der Informationsvermittlung in den Blick genommen. Hier wurden Möglichkeiten und Methoden der Partizipation von Mietern in Sanierungsprozessen erforscht. Zunächst wurde eine Literaturrecherche zu den Methoden der Partizipation und bereits existierender Fallstudien durchgeführt. Im weiteren Verlauf wurden dann eigene standardisierte Interviews mit Vertretern von drei Wohnungsbaugesellschaften bzw. Genossenschaften aus Südwest- und Ostdeutschland sowie einer Vertreterin des Bundesverbandes für Wohnungsunternehmen geführt. Die Auswertung der Fokusgruppen, ebenso wie die Interviews mit der Wohnungswirtschaft erfolgte mithilfe einer qualitativen Inhaltsanalyse entsprechend der Methode nach Mayring (2007).

In einem letzten Schritt wurden die gewonnenen Forschungsergebnisse im Rahmen eines Gruppendelphis evaluiert. Das Gruppendelphi ist eine Modifizierung der Delphi Methode (Schulz/Renn 2009; Weber et al. 1991). Die konventionelle Delphi Methode basiert auf einem iterativen Prozess, in welchem Experten in einem Panel Design wiederholt gebeten werden, einen standardisierten Fragebogen auszufüllen. Im Gegensatz zur konventionellen Methode basiert die Gruppendelphi Methode auf einem Expertenworkshop. Dabei werden verschiedene Experten zusammengeführt, um im kollektiven Austausch von Argumenten den Fragebogen auszufüllen. Die grundlegende Struktur der Delphi Methode – nämlich ein iterativer Erhebungsprozess – bleibt dabei gleich. Aber die Datenerhebung erfolgt beim Gruppendelphi nicht anonym, sondern diskursiv im Rahmen eines Workshops. Diese Methode wurde im Rahmen des Projektes verwendet, um die am Schluss, als Ergebnis aus den verschiedenen Arbeitsbereichen des Projektes, erarbeiteten Handlungsempfehlungen zu evaluieren und zu verbessern. Darunter waren auch mehrere Fragen bezüglich verbesserter Informationsbroschüren, ebenso wie zu Informationen vor Ort und Fragen der Mieterpartizipation während Sanierungsprozessen.

8.5 Verbrauchermachtstärkung durch schriftliche Informationen?

Die Analyse schriftlicher Informationen konzentrierte sich auf Informationsbroschüren über den Konsum von Wärmeenergie. Die Analyse basierte auf den theoretisch entwickelten sieben Dimensionen von Verbrauchermachtstärkung.

Um Informationsbroschüren zu untersuchen, wurde ein umfassendes Kategoriensystem entwickelt. Selbst in einem engen Verständnis von Verbrauchermachtstärkung, wie es in Dimension 1 verwendet wird, müssen Informationsbroschüren bestimmte Standards aufweisen (Discern 2009). Um Dimension 1 untersuchen zu können, wurden in das Kategoriensystem formale und quantitative Aspekte, wie zum Beispiel die Häufigkeit der Wörter, Satzlänge, technische Begriffe und das Vorhandensein erläuternder Abbildungen, aufgenommen. Diese Kriterien sollten die Verständlichkeit der Broschüre messen. Ein anderes Kriterium zur Messung von Dimension 1 war „Zielgruppenspezifikation" als eine weitere Kategorie des Analysesystems. Darüber hinaus wurden die Argumente und Hinweise der Broschüre analysiert und entsprechend der Dimensionen von Verbrauchermachtstärkung kategorisiert. Broschüren, die auf ökonomische Vorteile fokussieren, die mit wärmeenergiesparenden Maßnahmen erreicht werden können, adressieren in ihrem Verständnis von Verbrauchermachtstärkung Dimension 2. Dagegen entsprechen Broschüren, die v. a. auch ökologische und globale Effekte, die aus individuellem Verhalten resultieren können, thematisieren, in ihrem Verständnis von Verbrauchermacht der Dimension 3. Informationsbroschüren, die einen Beitrag zu Dimension 4 leisten wollen, müssen v. a. konkrete Ratschläge geben, die spezifische Situation von Mietern aufgreifen, und handlungsanleitende Unterstützung geben, wie z. B. Checklisten u. ä. Um Dimension 5 zu messen, wurde analysiert, ob die Broschüren potenzielle, verbraucher- und v. a. mieterspezifische institutionelle und regulative Probleme, wie zum Beispiel asymmetrische Marktstrukturen, antizipieren und über entsprechende Zuständigkeiten und Verantwortlichkeiten informieren (Neuner 2001: 352–355). Denn laut Dimension 5 bedeutet Verbrauchermachtstärkung nicht nur die Thematisierung individueller Verbraucheraufgaben und -pflichten, sondern vielmehr die Schaffung von Bewusstsein auf Seiten der Verbraucher über institutionelle und strukturelle Verantwortlichkeiten. Aus diesem Grund wurde auch untersucht, inwiefern die Informationsbroschüren auch institutionelle Zuständigkeiten konkret benennen (Discern 2009; Neuner 2001). Des Weiteren wurde untersucht, inwiefern in den Broschüren die spezifischen Beschränkungen einzelner Verbrauchergruppen, wie z. B. jene von Mietern angesprochen werden. Daher umfasste das Kategoriensystem auch den Aspekt des Mieter-Vermieter-Dilemmas (Neuner 2001: 352), weitergehende mietrechtliche Aspekte bezüglich Aufgaben und Pflichten bei der Bereitstellung eines den nachhaltigen Wärmekonsum unterstützenden Rahmens und den Aspekt, inwiefern über öffentliche und private Programme zur finanziellen Unterstützung für energieeffiziente Investitionen von Mietern informiert wird (Meyer-Renschhausen 1983: 204). Basierend auf dem zuvor beschriebenen Kategoriensystem, wurden zwölf Informationsbroschüren von zwei großen Deutschen Energieversorgungsunternehmen, der Deutschen Verbraucherzentrale und der DENA (Deutsche Energieagentur) analysiert[4].

Diese Analyse beschränkte sich auf kostenlos zur Verfügung stehende Broschüren, die ebenfalls als Onlinedokumente erhältlich sind.

---

[4] Vattenfall: „Energie sparen macht Spaß und spart Geld",
EnBW: „Ihr Energiesparplaner – So einfach senken Sie ihre Energiekosten",
Deutsche Verbraucherzentrale: „Energie sparen – besser leben", „Richtiges Heizen und Lüften", „Wärmedämmung", „Solare Wärme", „Energiesparen als Mieter", „Moderne Heiztechnik", „Energie-Check", „Wärmepumpen",
DENA: „Machen Sie dicht: Energiesparen in Gebäuden. Mit wenig Aufwand viel erreichen", „Modernisierungsratgeber Energie-Kosten sparen – Wohnwert steigern – Umwelt schonen".

Die Ergebnisse der Analyse zeigen, dass die Dimensionen der Verbrauchermachtstärkung, die sich in den Informationsbroschüren finden lassen, erheblich variieren. Hinsichtlich „Verständlichkeit" und „Klarheit", tragen im Großen und Ganzen alle Broschüren zur Dimension 1 der Verbrauchermachtstärkung bei. Alle verwenden kurze und verständliche Sätze, vermeiden technische Begriffe, verfügen über Zusammenfassungen und haben illustrierende Abbildungen – um einige Kriterien zu nennen, mit der die erste Dimension gemessen wurde (Discern 2009). Aber nur eine Broschüre (der Deutschen Verbraucherzentrale) kann dem Kriterium „Mieter als spezifische Zielgruppe" voll gerecht werden, indem sie Mieter direkt als Adressaten in ihrer Überschrift benennt („Energiesparen als Mieter").

Die Informationsbroschüren der Energieversorgungsunternehmen tragen hauptsächlich zur Dimension 2 bei. Sie informieren weder über strukturelle Zwänge und Strategien, diese zu überwinden, noch verknüpfen sie individuelle Verbraucherentscheidungen mit globalen und ökologischen Effekten. Stattdessen zeigen diese Broschüren ein eher enges Verständnis bezüglich Verbraucherinformationen. Sie zielen v. a. auf Informationen zur Energieeinsparung ab, mit einem klaren Fokus auf damit verknüpfte monetäre Einsparpotenziale. D. h. sie verknüpfen die Ziele hinsichtlich einer Verhaltensänderung mit der klassischen Motivation der Kostenminimierung und Nutzenmaximierung des „Homo Oeconomicus". Im Gegensatz dazu weist die DENA Broschüre ein breit gefächertes Verständnis der Verbrauchermachtstärkung auf. Abgesehen von der Information, dass Energiesparen Kosten reduziert (Dimension 2), informiert die DENA Broschüre auch über die Verknüpfung von individuellen Verbraucherentscheidungen und globalen sowie ökologischen Konsequenzen (Dimension 3). Allerdings erläutert sie keine strukturellen Probleme und Rahmenbedingungen. Wie zuvor schon diskutiert, müssen Informationsbroschüren, die zu Dimension 5 beitragen, Verbraucher über mögliche Risiken und Probleme informieren, die mit nachhaltigen Konsumweisen einhergehen oder diesen im Weg stehen können. Ebenso müssen Lösungsansätze aufgezeigt werden und institutionelle Verantwortlichkeiten benannt werden (Discern 2009; Neuner 2001). Die einzige Broschüre, die diesem Kriterium entspricht, ist die der Deutschen Verbraucherzentrale. Zudem informiert alleine die Verbraucherzentrale Mieter umfassend über verschiedene Strategien zur Realisierung nachhaltigen Wärmekonsums, während die anderen Broschüren meist entweder Sparen als Strategie für Mieter oder Energieeffizienz als Strategie für Hausbesitzer propagieren. Die Broschüren der Deutschen Verbraucherzentrale differenzieren dagegen klar zwischen Aspekten zur Verhaltensweise und zu Maßnahmen der Energieeffizienz. Zweitens informieren sie Mieter deutlich über ihre Rechte, um z. B. kleine Änderungen in Mietwohnungen selbst durchzuführen. Des Weiteren schneiden sie mögliche Streitfragen zwischen Mietern und Vermietern bezüglich von Rechten und Pflichten bei der Durchführung von Maßnahmen zur Steigerung der Energieeffizienz an (Dimension 5). Wie bereits erläutert, wurde Dimension 4 mit verschiedenen Kriterien gemessen, wie der Bezugnahme auf konkrete Handlungen, der Bereitstellung von Kontaktadressen, dem Bereitstellen von Checklisten etc. Insofern konnten mehrere Broschüren als Beitrag zur Dimension 4 verstanden werden, jedoch mit einem jeweils anderen Fokus. Darüber hinaus können die Unterschiede im Hinblick auf Dimension 4 nicht an der Herausgeberschaft festgemacht werden. Denn während die Broschüre des einen Energieversorgungsunternehmens sehr konkrete Maßnahmen beschreibt und einen Beitrag zu Dimension 4 leistet, lässt sich in der Broschüre des anderen Energiedienstleisters kein entsprechender Beitrag finden. Konkrete Maßnahmen und Motivation zum Handeln sind sowohl in den Broschüren der DENA als auch der Deutschen Verbraucherzentrale zu finden. Während jedoch der Fokus der DENA auf den Eigenheimbesitzern liegt, um diese zum Sanieren zu motivieren (sie beinhaltet sogar einen Sanierungs-Fahrplan), geben die Broschüre der Deutschen Verbraucherzentrale ebenfalls umfassende Informationen und konkrete Handlungsmöglichkeiten für Mieter.

8.6   Die Perspektive der Verbraucher

In einem weiteren Schritt wurden die beiden Broschüren der Deutschen Verbraucherzentrale, „Energiesparen als Mieter" und „Energie sparen – besser leben", in welchen sich die meisten Dimensionen widerspiegelten und welche das umfassendste Verständnis bezüglich der Verbrauchermachtstärkung aufwiesen, zusätzlich von Fokusgruppen evaluiert. Die Broschüren wurden als Stimuli für fünf Fokusgruppen verwendet, die mit Mietern aus Stuttgart und Leipzig durchgeführt wurden. Als erstes wurden die Teilnehmer gefragt, inwieweit diese Broschüren möglicherweise ihre eigenen täglichen Routinen beim Wärmeenergieverbrauch beeinflussen könnten. In einem zweiten Schritt wurden sie aufgefordert, die Broschüren bezüglich positiver und/oder negativer Aspekte zu evaluieren und Anregungen bezüglich Verbesserungsvorschlägen zu formulieren. Des Weiteren wurden die Fokusgruppen nach dem Für und Wider verschiedener Akteure und Institutionen als Herausgeber von Informationsbroschüren befragt.

Zunächst äußerten die Teilnehmer eine allgemeine Skepsis gegenüber der Effektivität von Informationsbroschüren. Die meisten Teilnehmer bezweifelten, dass alleine das Lesen von Broschüren ihre Heizgewohnheiten beeinflussen könnte. Trotz der Tatsache, dass die Teilnehmer nicht an die Effektivität von Informationsbroschüren glaubten, diskutierten sie deren Format und deren Inhalt. Im Allgemeinen wurden das Layout und die Form der Broschüren positiv bewertet. Die Verwendung umweltfreundlichen Papiers wurde ebenso gelobt wie die kurzen Zusammenfassungen am Ende jeden Kapitels. Des Weiteren schätzten die Teilnehmer, dass die Herausgeberin der Informationsbroschüren die Deutsche Verbraucherzentrale war. Sie betrachteten diese als unabhängig, neutral und vertrauenswürdig. Die Ansicht, dass Informationen am glaubwürdigsten sind, wenn sie von einer neutralen Institution oder einem neutralen Akteur verbreitet werden, wurde ebenfalls durch die Experten auf dem Gruppendelphi-Workshop bestätigt. Wie schon zuvor beschrieben, wurde eine Gruppendelphi durchgeführt, um u. a. Expertenurteile zu Informationsbroschüren zu ermitteln. Alle Experten präferierten neutrale Institutionen als Herausgeber von Informationsbroschüren. Zusätzlich sprachen sich einige Experten aber auch dafür aus, dass auch Energieversorgungsunternehmen Informationsbroschüren herausgeben sollten; auch diese könnten effektiv sein.

Interessanterweise maßen die Fokusgruppen zielgruppenspezifischen Informationen eine hohe Relevanz bei, ebenso wie es die Literatur zur Verbrauchermachtstärkung empfiehlt. Sie präferierten diejenigen Broschüren, die die Mieter direkt im Titel anspricht („Energiesparen als Mieter"). Die grundlegende Relevanz von Dimension 1, quasi als Grundvoraussetzung für Verbrauchermachtstärkung, wurde somit klar bestätigt. Im weiteren Schritt entwickelten die Teilnehmer verschiedene Ideen für eine noch weitere Optimierung der Broschüren. Die Leipziger Gruppe schlug z. B. vor, regionale Charakteristika und Bedürfnisse stärker zu berücksichtigen. Sie kritisierten die Tatsache, dass die Broschüren die spezielle Situation in Leipzig ignorierten, da in Leipzig (wie in vielen ostdeutschen Städten) viele Häuser noch immer mit Kohleöfen beheizt würden – diese Technologie und damit verknüpfte spezifische Heizroutinen und Probleme tauchten jedoch in keiner der Broschüren auf. Eine andere Fokusgruppe äußerte die Idee, auch innerhalb der spezifischen Zielgruppe der Mieter noch weiter auszudifferenzieren. So sei es z. B. nützlich, spezielle Broschüren für Familien (in großen Wohnungen) oder für Singles (in kleinen Wohnungen) anzubieten. Ebenso sei es ggf. sinnvoll, zwischen Verbrauchergruppen mit unterschiedlichem Hintergrundwissen zu energiebezogenen Themen zu unterscheiden. Die Experten des Gruppendelphis unterstrichen ebenfalls die Notwendigkeit zielgruppenspezifischer Informationen.

Aber wenn verschiedene Verbraucher unterschiedlich angesprochen werden sollen und es gruppenspezifische Informationen gibt, bräuchten sie möglicherweise auch unterschiedliche gruppenspezifische Argumente bezüglich nachhaltigen Wärmekonsums. Somit kann Verbrauchermachtstärkung z. B. weder bedeuten, Verbraucher ausschließlich als nutzenmaximierende Akteure zu verstehen, noch sie allein als ethisch verantwortungsbewusste Bürger anzusprechen. Vielmehr sollte die ganze geschilderte Bandbreite an Dimensionen weiter verfolgt und als wichtig anerkannt werden. Im Optimalfall sollte je nach Zielgruppe ein besonderer Fokus auf die jeweils besonders effektiv eingeschätzte Dimension und die entsprechende Argumentation zurückgegriffen werden. Eben dieser Ansatz wird seit geraumer Zeit im Zusammenhang mit Lebensstilkonzepten diskutiert (Prose/Wortmann 1991; Stieß/Götz 2002; Wippermann et al. 2009). Ein Vergleich der Diskussionen in den verschiedenen Fokusgruppen unterstützt diese These. Zwei Fokusgruppen erwähnten z. B. ausdrücklich, dass die Informationsbroschüren die Kombination von nachhaltigem Wärmeenergieverbrauch mit anderen, individuellen Vorteile, wie beispielsweise finanzielle Einsparungen (Dimension 2), betonen sollten. Die Teilnehmer einer dieser beiden Gruppen, die sich aus ökonomisch orientierten Verbrauchern zusammensetzte, schlugen vor, dass die Broschüren ihren Fokus noch stärker auf das Einsparungspotenzial legen sollten, etwa durch die Nennung der konkreten Höhe der finanziellen Einsparungen, die durch energiesparende Maßnahmen erzielt werden können. Im Gegensatz dazu unterstützte die Fokusgruppe mit eher ökologisch motivierten Verbrauchern das Argument der ökologischen Nachhaltigkeit – dieses sei noch deutlicher zu formulieren. Gleichzeitig bemängelten die Teilnehmer dieser Fokusgruppe, dass die Informationsbroschüren nicht klar genug darüber informierten, dass energiesparende Maßnahmen und Energieeffizienz nicht zwingend auch mit Komfortverlusten einhergehen müssen. Deshalb befürchteten sie, dass die ökologischen Argumente allein die Mehrzahl der Verbraucher nicht überzeugen würden. Diese Bewertung stützt die Thesen der Verbrauchermachtstärkung der Dimension 5. Demnach sollten Broschüren aktiv Ängste und mögliche Probleme der Verbraucher, die durch Verhaltensänderungen ausgelöst werden könnten, ansprechen und auf mögliche Lösungen potenzieller Probleme verweisen oder verdeutlichen, dass die Ängste der Verbraucher unzutreffend sind.

In einem weiteren Diskussionspunkt wurden die Teilnehmer der Fokusgruppen zu möglichen Vorschlägen befragt, wie der Bekanntheitsgrad von Informationsbroschüren zum nachhaltigen Wärmekonsum gesteigert und diese effektiver verbreitet werden könnten. Eine Gruppe äußerte die Idee, Informationsbroschüren in Wartezimmern oder in öffentlichen Verkehrsmitteln auszulegen. An diesen Orten hätten die Menschen Zeit, diese zu lesen. Bei einer anderen Idee zur Verteilung von Broschüren wurde die Rolle der Vermieter thematisiert: Informationsbroschüren bezüglich Energieeinsparungen könnten zusammen mit Mietverträgen ausgegeben werden. Des Weiteren diskutierten die Teilnehmer die Idee, den Broschüren Gimmicks hinzuzufügen, dadurch würden diese attraktiver und möglicherweise auch effektiver, indem sie zum direkten Ausprobieren motivierten. Solche Gimmicks könnten z. B. Wassersparsets oder Thermometer zur besseren Kontrolle der Raumtemperatur sein. Die Fokusgruppen sprachen sich somit auch stark für die Relevanz der Dimension 4 aus, indem sie mehrfach betonten, schriftliche Informationen alleine seien nicht ausreichend. Dieser Punkt wurde ebenfalls durch die Experten des Gruppendelphis bestätigt. Diese sahen schriftliche Informationsbroschüren nur im Falle bereits interessierter und informierter Verbraucher als effektiv an.

8.7 Zwischenfazit

Ob die untersuchten Informationsbroschüren eine enge oder umfassende Perspektive bezüglich der Verbrauchermachtstärkung repräsentieren, ist stark vom herausgebenden Akteur bzw. der herausgebenden Institution abhängig. Die Energieversorgungsunternehmen als ökonomische Akteure weisen die engste Perspektive auf, ihre Broschüren tragen hauptsächlich zur Dimension 1 und 2 bei. Eine der Broschüren beinhaltete allerdings auch Aspekte der Dimension 4. Im Gegensatz dazu kann die Perspektive der staatlichen Institution DENA als umfassender beschrieben werden. Ihre Broschüren stärken die Dimensionen 2, 3 und 4. Allerdings erfüllen diese nur einige der Kriterien der Dimension 1. Die fehlende Zielgruppenspezifität ist hier zu bemängeln. Lediglich eine der im Rahmen dieser Studie untersuchten Broschüren (der Verbraucherzentrale) richtete sich direkt im Titel an Mietern und erfüllte somit alle Kriterien von Dimension 1. Des Weiteren fand sich in dieser Broschüre neben den Dimensionen 2, 3 und 4 auch ein Beitrag zu Dimension 5. Das umfassendste Verständnis von Verbrauchermachtstärkung findet sich somit bei den Broschüren der Verbraucherzentrale.

Indem zwei dieser umfassenden Informationsbroschüren als Stimuli für Fokusgruppen genutzt wurden, konnte ermittelt werden, dass die Rezeption des Verständnisses von

Verbrauchermachtstärkung jeweils von der spezifischen Verbrauchergruppe abhängt. Es scheint, dass sparsame Verbraucher v. a. an ökonomischen Argumenten interessiert sind, wohingegen ökologisch orientierte Verbraucher nach weitreichenderen Argumenten und kontextbezogenen Informationen fragen. Jedoch muss generell die Effektivität schriftlicher Informationen in Frage gestellt werden, da sich sowohl die Teilnehmer der Fokusgruppen als auch die Experten des Gruppendelphis übereinstimmend für eher interaktive und praxisorientierte Formen der Information aussprachen, um die Verbreitung nachhaltiger Konsummuster anzustoßen. Der nächste Abschnitt wird daher den Fokus auf solche Instrumente und Methoden legen. Auch hier haben wir die Mieter und somit Aspekte der Mietermachtstärkung im Blick. Daher fokussiert die Analyse interaktiver und praxisorientierter Formen von Informationen auf Wohnungsbaugesellschaften als die wichtigsten Akteure im Umfeld von Mietern. Es ist zu überprüfen, welches Verständnis von Verbrauchermachtstärkung die Wohnungsbaugesellschaften haben und mit welchen Instrumenten sie Mietern beim nachhaltigen Wärmeenergiekonsum, speziell im Kontext von Sanierungsprozessen, unterstützen.

8.8   Verbrauchermacht durch praxisnahe und interaktive Formen der Einbindung und Information?

In Anbetracht der spezifischen Situation von Mietern können Methoden der Information vor Ort und partizipative Verfahren in Sanierungsprozessen als Instrumente für eine praktisch orientierte Stärkung von Verbrauchermacht betrachtet werden. Während Informationsbroschüren allgemein und in schriftlicher Form über nachhaltigen Wärmekonsum informieren, können Informationen vor Ort und partizipative Verfahren in Sanierungen in einer direkteren und unmittelbareren Weise Veränderungen der Konsumgewohnheiten von Mietern befördern (Dimension 4). Darüber hinaus stellt die Einbeziehung der Mieter in Planungs- und Entscheidungsprozesse eine Form der Verbrauchereinbindung dar (Dimension 7). Um einen Überblick über Instrumente und praxisnahe Formen der Information und Partizipation zu erhalten, wurde zunächst eine umfassende Literaturrecherche durchgeführt. In einem zweiten Schritt wurden in eigenen empirischen Untersuchungen Interviews geführt, um die Perspektive der Wohnungswirtschaft im Bezug auf die jeweiligen Instrumente zu erhellen. Zunächst sollen Methoden der Einbindung und der Information anhand der vorgestellten Dimensionen beleuchtet werden.

Dimension 4 – die Veränderungen von Verhaltensroutinen und die Verinnerlichung neuer Perspektiven – war kaum in den Informationsbroschüren aufzufinden, da die bloße Bereitstellung von Informationen vorwiegend auf eine quantitative Erweiterung von Wissen zielt. Studien betonen, dass Informationen vor Ort im Gegensatz hierzu besonders effektiv sein können, da sie die Internalisierung nachhaltiger Konsummuster erlauben und Informationen in konkrete Handlungen im Kontext des Alltagslebens übersetzen, sodass die Handlungskonsequenzen im Lernprozess reflektiert werden können (Henryson et al. 2000: 170). Untersuchungen zu Informationsprogrammen bezüglich des wohngebietsbezogenen Energiekonsums zeigen, dass Informationen besonders effizient sind, wenn sie dort vermittelt werden, wo das Zielverhalten auftritt und besonders leicht von der Zielgruppe bewertet werden kann (Stern 1999: 467). Dementsprechend zeigte eine deutsche Studie zur Akzeptanz energetischer Sanierungen, dass umfassende Information vor Ort im Bezug auf Fragen des Energieverbrauchs dazu beitragen kann, das Interesse der Mieter an Fragen des Energiesparens zu befördern und auch dementsprechende Verhaltensänderungen zu begünstigen (Hacke/Lohmann 2007: 89). Energieeffizienz durch Verhaltensänderungen erfordert außerdem verschiedene Informationsstrategien statt Investitionsmittel (Henryson et al. 2000: 169). Um energiebezogene Verhaltensweisen zu beeinflussen, sollte die Information der Mieter möglichst face-to-face, in direkter Art und Weise, einfach und verständlich vermittelt werden (Reusswig 1994: 157). Aus demselben Grund ist eine professionelle und praktische Einweisung vor Ort neben der Bereitstellung von schriftlicher Information sinnvoll. Die Information der Mieter beschränkt sich dabei nicht auf die Ankündigung des Sanierungsvorhabens, sondern muss während des gesamten Sanierungsprozesses vor Ort aufrechterhalten werden. Eine bewährte Methode der Information vor Ort stellt die Einrichtung von Baubüros dar, in denen Mieter auf einfache Art und Weise Informationen bezüglich der Sanierung einholen oder Probleme melden können (Suschek-Berger/Ornetzeder 2006: 68–70). Üblicherweise organisieren Wohnbaugesellschaften Hausversammlungen, um die Bewohner über die geplanten Sanierung, die einzelnen Sanierungsmaßnahmen und deren praktischen Implikationen zu informieren. Als Methode der Information vor Ort bieten diese Versammlungen eine Plattform, um über die Erfordernisse der neuen Heiz- und Lüftungssysteme sowie über nachhaltiges Wärmeverhalten zu informieren. Im Allgemeinen legen die Befunde aus der Literaturrecherche nahe, dass Informationen vor Ort als Mittel einer direkten Motivation nachhaltiger Konsumentscheidungen und Routinen (Dimension 4) besser geeignet sind als Informationsbroschüren (Gestring 1999, S. 167). Darüber hinaus könnten Hausversammlungen und andere Kanäle der Information vor Ort stärker dazu genutzt werden, um Mieter auch über ökologische und globale Dimensionen des Energiekonsums zu informieren (Dimension 3). Sie könnten außerdem genutzt werden, um zu illustrieren, dass energetische Sanierungen und nachhaltiges Konsumverhalten nicht notwendigerweise mit Komfortverlusten einhergehen müssen (Dimension 2).

Verbrauchermacht kann weitergehend auch durch eine besondere Form der Verbrauchereinbindung in Produktions- und Sanierungsprozessen gestärkt werden (Dimension 7). Diese Einbindung kann dazu beitragen, externe, strukturelle Beschränkungen (wie nicht nachhaltige Infrastrukturen oder die mangelnde Verfügbarkeit nachhaltiger Güter, die eine Entwicklung nachhaltiger Konsummuster verhindern) zu überwinden oder zumindest zu reduzieren (Thogersen 2005: 149–150). Verbrauchereinbindung kann als Prozess definiert werden, durch den betroffene und interessierte Individuen in Entscheidungsverfahren konsultiert und eingebunden werden (Creighton 1983: 3). Verbrauchereinbindung stellt damit eine Form der Verbraucher- bzw. Bürgerbeteiligung dar, die allgemeiner als Repräsentation der Verbraucherinteressen auf der Ebene genereller Kommunikations- und Entscheidungs-prozesse definiert werden kann (Hart 2000: 73). Angewandt auf die spezifische Situation von Mietern muss jedoch festgestellt werden, dass diese in der Regel nur schwer Einfluss auf die Entscheidungsprozesse der Wohnbaugesellschaften im Hinblick auf bautechnische Investitionsfragen nehmen können. Normalerweise verfügen die Bewohner nicht über das technische Wissen, um sich in allen baulichen Fragen zu beteiligen. Nichtsdestotrotz stellt der Mangel an technischer Expertise kein unüberwindbares Hindernis in Einbindungs-prozessen dar, da konsultative Verfahren in erster Linie darauf ausgerichtet sind, die In-vestitionsziele der Wohnbaugesellschaften mit den Bedürfnissen der Mieter abzustimmen. Entsprechend zielt das Konzept der Bewohnereinbindung als neues Instrument der Ver-braucherpolitik (Eckert 2008) auf Entscheidungsprozesse, die stärker den Interessen und Bedürfnissen der Verbraucher Rechnung tragen (Hardinghaus 1986: 27). Im Allgemeinen erhöht Verbraucherbeteiligung in Entscheidungsprozessen die Chance, dass die gewählten Mittel und Maßnahmen der tatsächlichen Nachfrage der Verbraucher entsprechen und da-mit auch transparenter und kosteneffizienter sind (Coulter 2000: 139). Eine Stärkung von Verbrauchermacht durch Methoden der Verbrauchereinbindung (Dimension 7) ist gera-de in energetischen Sanierungen von entscheidender Bedeutung, da der Erfolg der Maß-nahmen stark vom adäquaten Heiz- und Lüftungsverhalten der Mieter abhängig ist. Der energiesparende Effekt moderner Energietechnologien kann dementsprechend zunichte gemacht werden, wenn nicht auch entsprechende Verhaltensänderungen mit einherge-hen (Gestring 2000: 46). Diese sind wahrscheinlicher, wenn die Mieter nicht lediglich mit Informationen versorgt werden, sondern auch in Planungs- und Entscheidungsprozesse eingebunden werden. Durch kooperative Formen der Beteiligung wird professionelle Ex-pertise nicht eingeschränkt, eine Fremdbestimmung der Mieterinteressen kann auf diese Weise jedoch verhindert und damit die Akzeptanz der Maßnahmen insgesamt gesteigert werden.

Mieterbeteiligung als eine Form der Verbrauchereinbindung kann durch Methoden der Konsultation, der Mitgestaltung und der Mitbestimmung erfolgen. Die Grundvorausset-zung für all diese Formen der Verbrauchereinbindung stellt wiederum adäquate, klare und zielgruppenspezifische Information dar (Dimension 1). Um eigene Expertise für eine Be-teiligung in Planungs- und Entscheidungsprozessen zu erwerben, benötigen Mieter klare und verständliche Informationen, beispielsweise bezüglich der energiebezogenen Sanie-rungserfordernisse. Erst wenn dieser grundlegende Informationsbedarf gedeckt ist, kön-nen Methoden der Konsultation (zum Beispiel Checklisten, Fragebögen, Einzelgespräche oder Begehungen vor Ort) weitergehend dazu beitragen, Verbrauchermacht zu stärken, indem sie die Sanierungsmaßnahmen und Investitionsentscheidungen stärker an den Be-dürfnissen und Wünschen der Mieter ausrichten helfen. Wohnbaugesellschaften können von konsultativen Verfahren profitieren, da die Investitions- und Sanierungsmaßnahmen dem tatsächlichen Bedarf der Mieter angeglichen werden und dadurch auch rationaler und kosteneffizienter sind. Die Bewohner profitieren, da sie ihre eigenen Anregungen und Wünsche bezüglich des Sanierungsvorhabens in die Planungsprozesse einbringen können (Gestring 2000: 48). Verbrauchereinbindung muss jedoch keinesfalls auf eine monologische Sammlung von Mieteranliegen beschränkt bleiben. Durch Methoden der Mitgestaltung können Mieter und Sanierungsverantwortliche in kleinen Gruppen zusammenfinden, um über Sanierungsfragen zu diskutieren. Konkrete Ideen und Vorschläge können das Ergebnis einer solchen Form der Einbindung sein, während dabei offen bleibt, inwieweit die Ideen in den Planungen dann auch berücksichtigt und implementiert werden können (Suschek-Berger/Ornetzeder 2006: 87). Eine direkte Beteiligung der Mieter in Entscheidungsprozessen kann durch Methoden der Mitbestimmung praktiziert werden. Die Bewohner erhalten in diesem Falle die Möglichkeit, sich im Hinblick auf bestimmte Sanierungsmaßnahmen durch Abstimmung oder Umfragen am Entscheidungsprozess direkt zu beteiligen. Erfahrungen in Österreich haben gezeigt, dass bereits Mitbestimmung im kleinen Rahmen zur einer erhöhten Akzeptanz der energetischen Sanierung führen kann (Suschek-Berger/Ornetzeder 2006: 71; Tappeiner et al. 2004: 218). Eine andere repräsentative Form der Einbindung stellt die Ernennung einer Mietervertretung oder eines Mieterbeirats dar. Diese treten in eine vermittelnde Rolle zwischen Bewohnern und Wohnbaugesellschaften. Die Wohnbaugesellschaften profitieren von dieser Form der Einbindung, da ihnen hierdurch eine Kontaktperson zur Verfügung gestellt wird, die wiederum mit den Mietern als Kollektiv in Verbindung steht. Unstimmigkeiten können auf diese Weise durch Kompromissfindung aufgefangen und potenzielle Konflikte reduziert werden (Stieß 2005: 174).

8.9   Die Perspektive der Wohnungswirtschaft

Um die oben aufgeführten theoretischen und empirischen Befunde im Hinblick auf Information vor Ort (Dimension 4) und Verbrauchereinbindung als Instrument für eine Stärkung von Verbrauchermacht (Dimension 7) zu ergänzen, wurden qualitative Interviews mit Vertretern von Wohnbaugesellschaften durchgeführt. Der Schwerpunkt lag dabei auf den Erfahrungen der Verantwortlichen im Bezug auf Kommunikationsprozesse und Methoden der Bewohnerbeteiligung. Die befragten Wohnbaugesellschaften unterschieden sich dabei deutlich in der Intensität der Einbindung und den jeweils praktizierten Beteiligungsmethoden. Diese Unterschiede können in erster Linie auf die unterschiedlichen Organisationsformen, Unternehmenskulturen sowie auf die jeweiligen Rahmenbedingungen der Sanierungsprojekte zurückgeführt werden. Wohnbaugenossenschaften tendieren aufgrund ihrer Organisationsstruktur zu intensiveren Formen der Bewohnereinbindung als Wohnbaugesellschaften, da sie beispielsweise schon satzungsgemäß die Verpflichtung haben, Mieterbeiräte zu ernennen. Eine weitere bedeutsame Rahmenbedingung stellt die finanzielle Lage der Bewohner dar, die sich im Falle der ostdeutschen Wohnbaugesellschaft als vergleichsweise prekär erwies. Kostenaufwendige energetische Sanierungen ermöglichen in diesem Fall zwar einen nachhaltigeren Wärmekonsum, können aber gleichzeitig zu sozialen Verdrängungsprozessen führen, die der Idee der Verbrauchermacht entgegen laufen würden. Die ostdeutsche Wohnungsgesellschaft ist daher bemüht, den Sanierungsbedarf und die finanziellen Möglichkeiten der Mieter mit Bedacht abzuwägen. Generell gesehen steigt die Intensität der Bewohnereinbindung mit der Größe und der Ambitioniertheit der Sanierungsprojekte. Entsprechend hängt auch die Wahl der „adäquaten" Beteiligungsverfahren immer von der Größe und den spezifischen Rahmenbedingungen der Projekte ab. Die interviewten Vertreter benannten dementsprechend auch unterschiedliche konsultative Verfahren und Kanäle der Kommunikation und Information.

Im Hinblick auf Information als Grundlage für Bewohnereinbindung erwähnten die Vertreter verschiedene Wege, um Mieter über Fragen eines nachhaltigen Wärmekonsums zu informieren. Sie nannten unter anderem Informationsbroschüren, Mieterzeitungen, und Informationen auf der Unternehmenshomepage. In Einklang mit den oben erwähnten theoretischen und empirischen Befunden scheint Information allein jedoch unzureichend, um Mieter zu einer Veränderung ihrer Konsumroutinen zu motivieren (und damit Dimension 4 zu adressieren). Stattdessen gaben die interviewten Vertreter einvernehmlich an, dass die Informationsbroschüren kaum durch die Bewohner zur Kenntnis genommen werden. Die Vertreterin des Bundesverbandes konstatierte gar ein Überangebot an Informationsbroschüren, jedoch keine dementsprechende Nachfrage. Aus diesem Grund sind die Wohnbaugesellschaften bemüht, praktische Einweisungen vor Ort zu geben und das Heiz- und Lüftungsverhalten durch andere innovative Methoden zu beeinflussen. Beispielsweise werden Smart Meter eingesetzt, die ein präzises und individuelles Feedback bezüglich des Energieverbrauchs durch eine monatliche Abrechnung geben. Der individuelle Verbrauch kann dann mit dem Durchschnittsverbrauch des gesamten Hauses verglichen werden. Eine Wohnbaugesellschaft verteilte Thermometer unter den Bewohnern, die im Winter ein grafisches Feedback zum Verbrauchsaspekt der jeweiligen Raumtemperatur geben. Dieses einfache Instrument stellte sich als sehr effektiv heraus und wurde von 75 % der Bewohner verwendet. Eine andere Wohnbaugenossenschaft erwog, einen Film zum Thema energiesparendes Lüften und Heizen zu drehen, um die Mieter auf eine effektive Art und Weise anzusprechen. All diese Befunde bestätigen die Annahme, dass Informationsbroschüren allein nur einen geringen Einfluss auf energiesparendes Verhalten haben (Gestring 1996: 167); sie bestätigen zudem die voraus gegangene Hypothese, dass Information besonders effektiv ist, wenn sie dort erfolgt, wo das Zielverhalten auftreten wird (Stern 1999: 467), und idealerweise vor Ort in den Wohnungen der Verbraucher erfolgt (Gestring/Mayer/Siebel 1996: 67; Heinze/Mautz 1995). Diese Annahmen konnten von einem der interviewten Vertreter bestätigt werden. Dieser betonte, dass der Zusammenhang zwischen Luftfeuchtigkeit, Lüftungsverhalten und Schimmelbildung den Bewohner am besten durch praktische Illustrationen vor Ort aufgezeigt werden könne, beispielsweise durch das feuchte Anlaufen eines Einmachglases aus dem Kühlschrank.

Die ambitionierten Wohnbaugesellschaften als bedeutsame Akteure im Umfeld von Mietern sind demnach bemüht, einen nachhaltigen Wärmekonsum und die Veränderung von Konsumgewohnheiten (Dimension 4) durch verschiedene praktisch orientierte Methoden vor Ort zu beeinflussen. Darüber hinaus werden aber auch verschiedene Methoden der Mietereinbindung, beispielsweise durch konsultative Verfahren, erprobt (Dimension 7). Üblicherweise informieren Wohnbaugesellschaften die Mieter über Sanierungsanliegen in Hausversammlungen, die als Plattformen für Informationsaustausch fungieren, aber auch für Konsultation geeignet sind, da sie den Mietern ermöglichen, ihre eigenen Anliegen und Ideen vorzubringen. Diese Form der Zusammenkunft wurde von den Vertretern der Wohnbaugesellschaften sehr unterschiedlich bewertet. Während einige sie als effizientes Kommunikationsmittel ansehen, um verdeckte Konflikte zu vermeiden und die Verbreitung haltloser Gerüchte zu verhindern, berichteten andere von schlechten Erfahrungen und bevorzugten daher individuelle Formen der Kommunikation. Begründet wurde dieser Verzicht mit einer durch die Versammlungen in Gang gesetzten „Akkumulation individueller Problemlagen", die zu einer verzerrten Wahrnehmung der tatsächlichen Lage führen würde. Die Befürworter der Hausversammlungen betrachteten diese im Gegensatz dazu als probates Mittel, da sie die Berücksichtigung und Einbeziehung bisher vernachlässigter Aspekte in den Sanierungsplanungen erlauben, die für die Mietern von erheblicher Bedeutung sein könnten. Hausversammlungen als Methode der Konsultation erhöhen dementsprechend die Wahrscheinlichkeit, dass die gewählten Sanierungsmaßnahmen auch dem tatsächlichen Bedarf der Mietern entsprechen. Sie können somit als effektive Form von Verbrauchereinbindung betrachtet werden (Dimension 7), die geeignet ist, um Verbrauchermacht in einem eher umfassenden Sinne zu stärken. Dennoch scheinen sie eher praktisch ausgerichtet zu sein und werden üblicherweise nicht genutzt, um auch über globale und ökologische Zusammenhänge zu informieren (Dimension 3). Die Befunde aus den Interviews zeigen außerdem, dass persönliche Einzelgespräche mit allen Mietern geeignete Verfahren der Konsultation als Mittel der Verbrauchereinbindung darstellen. Sie erlauben ebenso wie Hausversammlungen die Artikulation der tatsächlichen Mieteranliegen, aber in einem eher individuellen Rahmen. Viele Wohnbaugesellschaften machen zudem von Fragebögen als einer weiteren konsultativen Methode Gebrauch, um das eigene Wissen über die Bewohner und ihre Anliegen oder über bautechnische Mängel in den Wohnungen zu erhöhen. Eine Wohnbaugesellschaft praktiziert keinerlei konsultative Verfahren und verlässt sich, basierend auf einer guten Kenntnis ihrer Langzeitmieterschaft und kleineren Gebäudeeinheiten, stattdessen auf informelle Kanäle der Kommunikation und Konsultation. Diese Form der informellen Kommunikation läuft jedoch der Idee einer Stärkung der Verbrauchermacht entgegen, da sie stärker institutionalisierte Formen der Einbindung behindert. Institutionelle Verbrauchereinbindung als Repräsentation der Mieteranliegen in Kommunikations- und Entscheidungsprozessen (Hart 2000) kann beispielsweise durch die Ernennung einer Mietervertretung realisiert werden. Die interviewten Vertreter betrachteten Mieterbeiräte oder Mietervertretungen als effektive Instrumente der Konsultation und Mitgestaltung, da sie die Bündelung verschiedenster Stimmen und Meinungen sowie einen hohen Grad der sozialen Identifikation erlauben. Entsprechend der oben ausgeführten theoretischen Annahmen berichteten die Vertreter von konfliktreduzierenden Mediationen zwischen Wohnbaugesellschaften und der Mieterschaft durch diese Formen der Vertretung. Generell gesehen ist die Ernennung einer Mietervertretung als eine weitere Form der Verbrauchereinbindung (Dimension 7) vor allem bei großen Sanierungsprojekten sinnvoll, wo persönliche Einzelgespräche mit allen Bewohnern nur schwer realisiert werden können. Ein grundsätzliches Hindernis für die

Ernennung einer Mietervertretung und die Stärkung von Verbrauchermacht stellen jedoch eine mangelnde Selbstorganisation der Bewohnerschaft, hohe Fluktuationsraten und eine erhöhte Anonymität dar, wie sie vor allem im ostdeutschen Fall berichtet wurden. Auch der soziale Hintergrund der Mieter spielt eine Rolle im Bezug auf eine Stärkung von Verbrauchermacht, da hoch formalisierte Formen der Beteiligung die Interessenartikulation von Personen mit Migrationshintergrund verhindern können. Eine Wohnbaugesellschaft versucht, auf dieses Problem zu reagieren, indem sie Sprachkurse im Sanierungsgebiet anbietet.

Die Vertreter berichteten, dass die Mieter generell eine positive Grundeinstellung bezüglich energetischer Sanierungen aufweisen. Diese sei aber eher auf Komfortverbesserungen durch die Maßnahmen, statt auf ein besonderes ökologisches Bewusstsein zurückzuführen. Insgesamt wurde sehr deutlich, dass Methoden der Mitgestaltung nur eine untergeordnete Rolle in der Beteiligungspraxis der Wohnbaugesellschaften spielen. Vor allem die Idee der Mitbestimmung wurde skeptisch betrachtet, da die Vertreter Konflikte zwischen den Mietern im Hinblick auf die zur Disposition stehenden Optionen befürchten. Information und Konsultation scheinen stattdessen die Grundpfeiler der Beteiligungspraxis von Wohnbaugesellschaften zu sein. Diese Befunde wurden auch von Ergebnissen des Gruppendelphis gestützt, in welchem verschiedene Experten eine Handlungsempfehlung zu einer umfassenden Bewohnereinbindung in Sanierungsprozessen bewerteten. Sie nahmen an, dass Mietereinbindung generell geeignet sei, um das Wärmeverhalten positiv zu beeinflussen, zeigten aber auch Skepsis gegenüber Methoden der Mitbestimmung. Die Befürchtung in diesem Zusammenhang war, dass diese umfassende Form der Verbrauchereinbindung Konflikte generieren könne. Außerdem waren sich die Experten uneinig, ob die Einbindung der Bewohner in allen Sanierungsprojekten notwendig und sinnvoll sei. Eine Gruppe befürchtete hohe Kosten und einen erhöhten Arbeitsaufwand durch Methoden der Verbrauchereinbindung.

8.10   Zwischenfazit

Insgesamt konnten die oben angeführten theoretischen Annahmen über die Beteiligung und Information der Mieter vor Ort bestätigt werden. Eine dieser Annahmen war, dass Informationsbroschüren nur unzureichend durch die Mieter zur Kenntnis genommen werden und stattdessen praxisnahe Formen der Information vor Ort geeigneter sind, um Verhaltensänderungen anzustoßen. Die Vertreter der Wohnungswirtschaft betrachteten insbesondere Formen der Mietervertretung und persönliche Einzelgespräche als effektive Verfahren der Konsultation. Die Mehrheit der interviewten Vertreter ging davon aus, dass adäquate Methoden der Mietereinbindung schlussendlich auch finanziell lohnenswert sind, da sie Konflikte und teure Beschwerdeverfahren vermeiden helfen. Dennoch betonten sie, dass die adäquate Wahl der Instrumente im Bezug auf die Mietereinbindung letztlich immer von den spezifischen Rahmenbedingungen vor Ort abhängt, beispielsweise der Größe des Sanierungsprojektes oder der finanziellen Situation der Mieter.

8.11 Schlussfolgerung

Die politische und wissenschaftliche Debatte über nachhaltigen Wärmeenergiekonsum hat ihr Hauptaugenmerk auf den Hemmnissen und Chancen investiver Maßnahmen wie der energetischen Sanierung und den Einsatz erneuerbarer Wärmeenergieversorgungstechnologien. Auch die Mehrzahl der Informationsbroschüren zum Thema Energieverbrauch richtet sich in erster Linie an Hausbesitzer. Dabei stellen Mieter die größte Konsumentengruppe dar. Darüber hinaus gelten Mieter aufgrund ihres eingeschränkten Handlungsspielraums beim Wärmeenergiekonsum als besonders schwaches Glied. Dieses Kapitel hatte die Zielsetzung, einen besonderen Blick auf die Spezifika dieser Konsumentengruppe zu richten und die unterschiedlichen Möglichkeiten für eine Stärkung von Verbrauchermacht im Hinblick auf einen nachhaltigen Wärmekonsum zu diskutieren. Die Analysen zeigten, dass Informationsbroschüren – die bloße Bereitstellung von schriftlicher Form als Mittel für eine Stärkung von Verbrauchermacht – nicht unbedingt das effizienteste Mittel für eine Beeinflussung des Wärmeverhaltens darstellt. Dennoch existieren Möglichkeiten, die Broschüren effektiver zu gestalten: Zum einen sollten sie zielgruppenspezifischer ausgelegt sein, zum Zweiten könnten sie durch die Beigabe von technischen Ergänzungen (Gimmicks, wie beispielsweise Thermometer zur Raumtemperaturkontrolle), die konkrete Handlungen anleiten, verbessert werden. Drittens sollten neue Wege ihrer Distribution in Betracht gezogen werden.

Abgesehen von schriftlicher Informationsbereitstellung sollten sich die Politik ebenso wie die Akteure im Umfeld von Mietern neuen, innovativen Methoden zuwenden. Praxisnahe und interaktiv gestaltete Formen der Informationsvermittlung vor Ort weisen eine höhere Wahrscheinlichkeit auf, Lernprozesse anzustoßen und Verhaltensroutinen zu verändern. Im Hinblick auf die spezifische Situation der Mieter in energetischen Sanierungen erfordert ein umfassenderes Verständnis von Verbrauchermacht außerdem verschiedene Methoden der Verbrauchereinbindung. In dieser Hinsicht haben sich konsultative Verfahren als effektive Form der Mietereinbindung bewährt. Weitere Strategien für eine Förderung von Verbrauchermacht im Bezug auf Mieter müssen neben den hier untersuchten Möglichkeiten noch erkundet und bewertet werden.

Literaturverzeichnis

Barr, Stewart; Gilg, Andrew; Ford, Nicholas: The household energy gap: Examining the divide between habitual- and purchase-related conservation behaviours. In: Energy Policy (2005), Nr. 33, S. 1425–1444

Brandon, Gwendolyn; Lewis, Alan: Reducing household energy consumption: A qualitative and quantitative field study. In: Journal of Environmental Psychology 19 (1999), S. 75–85

Burholt, Vanessa; Windle, Gill: Keeping warm? Self-reported housing and home energy efficiency factors impacting on older people heating homes in North Wales. In: Energy Policy 34 (2006), S. 1198–1208

Coulter, Angela: Stärkung des Einflusses von Patienten, Verbrauchern und Bürgern – die Effektivität politischer Instrumente. In: Bürgerbeteiligung im Gesundheitswesen – eine länderübergreifende Herausforderung. Praxis und Forschung der Gesundheitsförderung, Band 10 (2000), S. 138–151

Davies, Jim: Entrenchment of New Governance in Consumer Policy Formulation: A Platform for European Consumer Citizenship Practice? In: Journal of Consumer Policy 32 (2009), S. 245–267

DISCERN: Qualitätskriterien für Patienteninformationen. In: http://www.discern.de/instrument.html , zugegriffen am: 12.10.200.

Dürrenberg, Gregor; Behringer, Jeannette: Die Fokusgruppe in Theorie und Anwendung. Stuttgart: Akademie für Technikfolgenabschätzung, 1999

Ek, Kristina; Söderholm, Patrik: The devil is in the details: Household electricity saving behavior and the role of information. In: Energy Policy 38 (2010), S. 1578–1587

Gestring, Norbert: Soziale Dimensionen nachhaltiger Entwicklung. Das Beispiel des ökologischen Wohnens. In: Informationen zur Raumentwicklung Heft 1 (2000), S. 41–49

Gestring, Norbert; Mayer, Hans-Norbert; Siebel, Walter: Konflikte und Chancen des ökologischen Wohnens. In: GMH 3/96 (1996), S. 159–167

Hacke, Ulrike; Lohmann, Günter: Akzeptanz energetischer Maßnahmen im Rahmen der nachhaltigen Modernisierung des Wohnungsbestandes. Abschlussbericht, Institut Wohnen und Umwelt GmbH, Darmstadt, Fraunhofer IRB Verlag, 2007

Hansen, Ursula; Schrader, Ulf: A Modern Model of Consumption for a Sustainable Society. In: Journal of Consumer Policy 20 (1997), S. 443–468

Hardinghaus, Herbert; Mildner, Raimund: Verbraucherbeteiligung. Konsumfreiheit und Konsumentenmacht. 2. Auflage. Poenitz: Fachverlag für Sozialwissenschaften, 1986

Hart, Dieter: Bürgerbeteiligung: Zum Konzept und seinen rechtlichen Rahmenbedingungen. In: Bürgerbeteiligung im Gesundheitswesen – eine länderübergreifende Herausforderung. Praxis und Forschung der Gesundheitsförderung. Band 10 (2000), S. 73–80

Heine, Hartwig; Mautz, Rüdiger: Ökologisches Wohnen im Widerstreit der Bedürfnisse, Abschlussbericht, Göttingen, 1995

Heiskanen, Eva; Kasanen, Pirkko; Timonen, Päivi: Consumer participation in sustainable technology development. In: International Journal of Consumer Studies, Nr. 29 (2005), S. 98–107

Henryson, Jessica; Hakansson, Teresa; Pyrko, Jurek: Energy efficiency in buildings through information – Swedish perspective. In: Energy Policy 28 (2000), S. 169–180

Hoffman, Esther: Consumer Integration in Sustainable Product Development. In: Business Strategy and the Environment 16 (2007), S. 322–338

Kluge, Norbert; Kollewe, Kathleen; Wilke, Peter: Innovation, Participation and Corporate Culture. A European Perspective. Working Papers from Project TiM, Nr. 9, University of Rostock, 2007

Lima Curvello, Tatiana: Verbraucherschutz in der Einwanderungsgesellschaft. Studie im Auftrag des Verbraucherzentrale Bundesverbandes vzbz, 2007

Lindenberg, Siegwart; Steg, Linda: Normative, Gain and Hedonic Goal Frames Guiding Environmental Behavior. In: Journal of Social Issues 63/1 (2007), S. 117–137

Mahapatra, Krushna; Gustavsson, Leif: Innovative approaches to domestic heating: homeowners' perceptions and factors influencing their choice of heating system. In: International Journal of Consumer Studies 32 (2008), S. 75–87

McGregor, Sue: Sustainable consumer empowerment through critical consumer education: a typology of consumer education approaches. In: International Journal of Consumer Studies 29/5 (2005), 437–447

Meyer-Renschhausen, Martin: Problems of Energy Conservation of Tenants of Rented Housing. In: Journal of Consumer Policy 6 (1983), S. 195–206

Müller, Edda: Verbraucherpolitik als Querschnittsaufgabe profilieren! Ein Interview. In: Forschungsjournal Neue Soziale Bewegungen 18 (2005), Heft 4, S. 98–105

Nair, Gireesh; Gustavsson, Leif; Mahapatra, Krushna: Factors influencing energy efficiency investments in existing Swedish residential buildings. In: Energy Policy 38 (2010), S. 2956–2963

Neuner, Michael: Verantwortliches Konsumentenverhalten, Individuum und Institution. Berlin, Duncker & Humblot, 2001

Nyrud, Andres Q.; Roos, Andres; Sande, Jon Bingen: Residential bioenergy heating: A study of consumer perceptions of improved woodstoves. In: Energy Policy 36 (2008), S. 3169–3176

Prose, Friedemann; Wortmann, Klaus: Die sieben Kieler Haushaltstypen. Werte, Lebensstile und Konsumverhaltensweisen. Report 1, Kiel, Stadtwerke, 1991

Reisch, Lucia A.: Principles and visions of a New Consumer Policy. In: Journal of Consumer Policy 27 (2004), S. 1–42

Reusswig, Fritz: Lebensstile und Ökologie, gesellschaftliche Pluralisierung und alltagsökologische Entwicklung unter besonderer Berücksichtigung des Energiebereichs. Frankfurt a. M., Institut für sozial-ökologische Forschung, Sozial-ökologisches Arbeitspapier 43, 1994

Rohracher, Harald; Ornetzeder, Michael: Partizipative Technikgestaltung und nachhaltige Entwicklung – Eine sozialwissenschaftliche Analyse. Graz: Jänner, 2003

Sardianou, Eleni: Estimating energy conservation patterns of Greek households. In: Energy Policy 35 (2007), S. 3778–3791

Schulz, Marlen; Renn, Ortwin: Gruppendelphi, Konzept und Fragebogenkonstruktion. Wiesbaden, VS Verlag für Sozialwissenschaften, 2009

Siebenhüner, Bernd; Beschorner, Thomas; Hoffmann, Esther: Gesellschaftliches Lernen und Nachhaltigkeit (GELENA): Analyse, praktische Erprobung und theoretische Reflexion partizipativer Lernprozess in Wissenschaft, Organisations- und Produktentwicklung am Beispiel Klimaschutz. GELENA-Diskussionspapier Nr. 02–01, Berlin, Oldenburg, 2002

Stern, Paul C.: Information, Incentives, and Proenvironmental Consumer Behavior. In: Journal of Consumer Policy, 22 (1999), S. 461–487

Stiess, Immanuel: Mit den Bewohnern rechnen. Nachhaltige Modernisierung von Wohnsiedlungen im Dialog mit den Mietern. Arbeitsberichte des Fachbereichs Architektur, Stadtplanung, Landschaftsplanung, Heft 159, Universität Kassel, 2005

Stiess, Immanuel; Götz, Konrad: Nachhaltigere Lebensstile durch zielgruppenbezogenes Marketing? In: Rink, Dieter (Hrsg.): Lebensstile und Nachhaltigkeit, Konzepte, Befunde und Potenziale. Opladen, VS Verlag, 2002, S. 247–263

Suschek-Berger, Jürgen; Ornetzeder, Michael: Kooperative Sanierung. Modelle zur Einbeziehung von BewohnerInnen bei nachhaltigen Gebäudesanierungen. In: bmvit (Hrsg.), Berichte aus Energie- und Umweltforschung 54, Wien, Bundesministerium für Verkehr, Innovation und Technologie, 2006

Tappeiner, Georg; Walch, Karin; Koblmüller, Manfred; et al.: Sanierung Pro! Sanierung und Partizipation im mehrgeschossigen Wohnbau. In: bmvit (Hrsg.), Berichte aus Energie- und Umweltforschung 4, Wien, Bundesministerium für Verkehr, Innovation und Technologie, 2004

Thorgersen, John: How may consumer policy empower consumers for sustainable lifestyles? In: Journal of Consumer Policy 28 (2005), S. 143–178

Truffer, Bernhard: User led innovation processes, the development of professional carsharing by environmentally concerned citizen. In: Innovation – The European Journal of Social Science Research 16 (2003), S. 139–154

Truffer, Bernhard; Voss, Jan-Peter; Konrad, Kornelia: Mapping expectations for system transformations, lessons from sustainability foresight in German utility sectors. In: Technical Forecasting and Social Change 75 (2008), S. 1360–1372

Walsh, Michael J.: Energy tax credits and housing improvement. In: Energy Economics 11 (4) (1989), 275–284

Webler, Thomas; Levine, Debra; Rakel, Horst; Renn, Ortwin: The group Delphi, a novel attempt at reducing uncertainty. In: Technological Forecasting and Social Change 39 (1991), S. 253–263

Weller, Ines: „… vom Konsumenten aus", zur Bedeutung von Kooperation zwischen KonsumentInnen und ProduzentInnen für nachhaltigere Produktions- und Konsummuster. In: Biesecker, Adelheid; Elsner, Wolfram (Hrsg.): Erhalten durch gestalten, nachdenken über eine (re-)produktive Ökonomie, Frankfurt a.M, Peter Lang, 2004, S. 209–219

Wippermann, Carsten; Flaig, Berthold Bodo; Calmbach, Marc; Kleinhückelkotten, Silke: Umweltbewusstsein und Umweltverhalten der sozialen Milieus in Deutschland, Report, Dessau-Roßlau, Umweltbundesamt, 2009

Yust, Becky; Guerin, Denise; Coopet, Julie: Residential energy consumption, 1987 to 1997. In: Journal of Family and Consumer Sciences Research 30 (2002), S. 323–349

Wirkungsanalyse des Nutzerverhaltens – thermische Energienutzung in Wohngebäuden

Daniel Zech und Andreas Koch

9.1 Zusammenfassung

Der vorliegende Beitrag befasst sich mit der Frage, wie sich unterschiedliches Nutzerverhalten auf den Wärmeenergieverbrauch in Wohngebäuden auswirkt. Mit Hilfe einer quantitativen Analyse werden die wichtigsten Einflussparameter untersucht, um die Möglichkeiten einer nachhaltigen Wärmeenergienutzung in Wohngebäuden aufzuzeigen.

9.2 Hintergrund

Aus technischer Sicht wird die thermische Energienutzung (umgangssprachlich Verbrauch) für Heizzwecke und Warmwasserbereitung vor allem durch die Energieverluste des Gebäudes, bedingt durch den Wärmedurchgangskoeffizient der Bauteile und die Luftdichtigkeit der Gebäudehülle, sowie die Heizungsanlage bestimmt. Mit steigendem Dämmstandard nimmt jedoch die Wichtigkeit der internen und solaren Wärmegewinne zu, die durch Geräte oder Aktivitäten bzw. letztere durch Sonneneinstrahlung durch die Fenster, entstehen. Die Gebäude- und Anlagenplanung verfolgt das Ziel, das Bedürfnis der Nutzer nach einem behaglichen Innenraumklima zu erfüllen. Dabei ist sowohl im Sanierungsfall als auch bei Neubauten in den vergangenen Jahrzehnten ein Trend zu einer immer besseren Wärmedämmung sowie einer Optimierung der Anlagentechnik festzustellen. Dies führt zu einer deutlichen Reduzierung der aufgewendeten Primärenergie: lag der spezifische Heizwärmebedarf eines in den sechziger Jahren gebauten Gebäudes noch bei über 200 kWh/(m²a), kommen heutige Passivhäuser mit 15 kWh/(m²a) aus (vgl. Feist 2008, IWU 2003). Auch die Anlagentechnik konnte mit der Einführung kompakter Brennwertkessel auch für Ein- und Mehrfamiliengebäude seit Beginn der 80er Jahre deutlich verbessert werden. Energieeinsparungen über 30 % im Vergleich zu älteren Anlagen sind im realen Betrieb durch zahlreiche Studien belegt (vgl. Joos 2004). Am Markt verfügbar

D. Gallego Carrera et al. (Hrsg.), *Nachhaltige Nutzung von Wärmeenergie*, DOI 10.1007/978-3-8348-8650-7_9, © Vieweg+Teubner Verlag | Springer Fachmedien Wiesbaden 2012

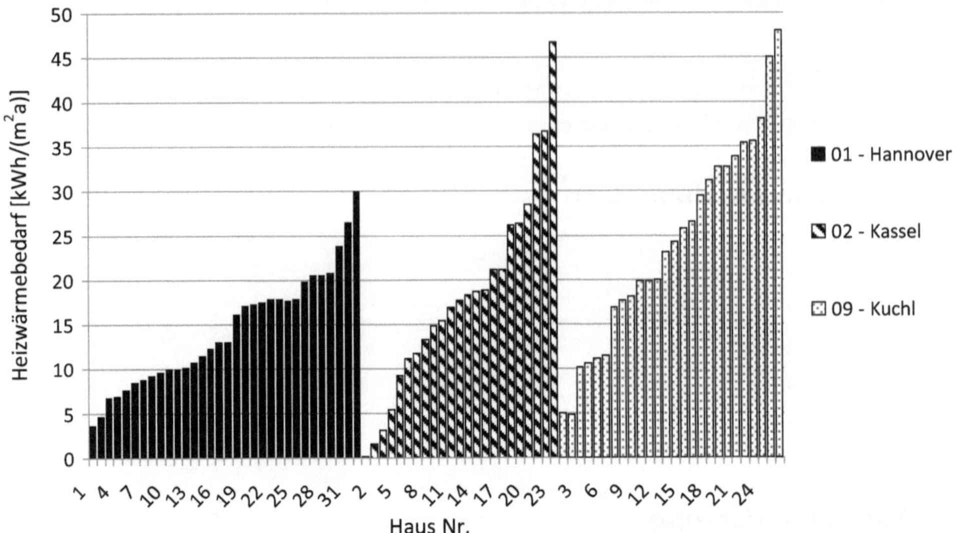

Abb. 9.1 Spezifischer Heizwärmebedarf – Messwerte aus drei unterschiedlichen Siedlungen (Quelle: verändert nach Schnieders et al. 2001)

sind mittlerweile auch Holzpellet-Brennwertkessel, die die Vorteile der Brennwerttechnik auch für Wärme aus Biomasse nutzbar machen.

Die genannten, mit standardisierten Verfahren berechneten Heizwärmebedarfswerte weichen allerdings häufig von den real gemessenen Werten ab, denn der Nutzer hat durch sein Verhalten an verschiedener Stelle maßgeblichen Einfluss auf die Höhe des späteren Verbrauchs. Diesen Zusammenhang zeigt beispielhaft die Abb. 9.1 für baugleiche Niedrigenergie- bzw. Passivhausgebäude, deren Planung und Umsetzung vom Passivhausinstitut begleitet wurde. Der berechnete spezifische Heizwärmebedarf ist jeweils für die Gebäude einer Siedlung identisch. Dargestellt sind für drei unterschiedliche Siedlungen die gemessenen spezifischen Heizwärmeverbrauchswerte. Diese weisen eine breite Streuung auf, die in erster Linie auf messtechnisch nicht ohne weiteres bestimmbare Parameter wie das Nutzerverhalten zurückzuführen ist. So können sich beispielsweise das Lüftungsverhalten, die Einstellung der Raumtemperatur oder schlicht die An- bzw. Abwesenheit der Bewohner mindernd oder erhöhend auf den Heizwärmeverbrauch auswirken (vgl. Schnieders et al. 2001).

Um die Bedeutung der Interaktion des Nutzers mit dem Gebäude zu bestimmen, ist es erforderlich, das Nutzerverhalten in konkrete „technische" Parameter zu übersetzen. Die Wirkungsanalyse des Nutzerverhaltens nimmt diese Übersetzung mit einem neu entwickelten, standardisierten Excel-Tool vor und versucht, mit unterschiedlichen Nutzerprofilen typische Verhaltensmuster abzubilden und in entsprechende Bedarfswerte zu überführen. Zusätzlich werden dabei unterschiedliche Haushaltsgrößen berücksichtigt.

9.3 Methodik und Untersuchungsgegenstand

Die in Kap. 2 geschilderte Technologiebewertung basiert auf Berechnungen, die exemplarisch für ein typisches Einfamiliengebäude durchgeführt wurden. Dabei wurden sowohl für das Gebäude als auch für den Nutzer standardisierte Bedarfswerte angenommen. Die Bewertung erfolgte somit für einen Standardfall, die Bedeutung des Nutzers für den Heizenergiebedarf eines Gebäudes wurde ausgeklammert. Entsprechend des Anspruches im Projekt, den Wärmeenergiekonsum in all seinen Facetten zu erfassen, wird im Folgenden der Zusammenhang zwischen Nutzer und Heizenergiebedarf näher untersucht. Das Ziel der Untersuchungen ist es zunächst, die wichtigsten Einflussparameter des Nutzerverhaltens zu identifizieren. In einem zweiten Schritt wird dann der Einfluss der einzelnen Parameter genauer analysiert, um zu zeigen, welche Parameter hinsichtlich des Heizwärmebedarfs besonders relevant sind bzw. inwiefern sich die Einflüsse gegenseitig abschwächen oder verstärken. Des Weiteren soll die Bedeutung des Nutzerverhaltens für unterschiedliche Gebäudestandards geprüft werden. Vor dem Hintergrund sinkender Bedarfswerte durch verbesserte Gebäudedämmung gewinnt das Nutzerverhalten zunehmend an Bedeutung. Die Ergebnisse der Berechnungen sollen in Form von Empfehlungen zur Spezifizierung der standardisierten Berechnungsverfahren nach Energieeinsparverordnung (EnEV) beitragen.

Wie geschildert, steht am Anfang der Untersuchungen zunächst die Frage, welche Parameter Einfluss auf den Heizenergiebedarf bzw. den späteren -verbrauch haben. Ausgehend von den Bedürfnissen des Nutzers nach einem behaglichen Innenraumklima zeigt Abb. 9.2 schematisch mögliche Einflussparameter im Zusammenhang mit der Beschreibung des Energieverbrauchs. Diese werden mittels der Gebäudehülle in den rechnerischen Bedarf übersetzt und münden schließlich, in Abhängigkeit vom Heizungssystem und der Heizungsregelung, in einem Brennstoffverbrauch.

Als wichtigste Größe ist zunächst das Gebäude, in dem Wärme konsumiert wird, zu nennen. Je nach Dämmstandard und damit verbundenem Transmissionswärmeverlust wird der Heizenergiebedarf entsprechend unterschiedlich ausfallen. Die Wirkungsanalyse wird daher für verschiedene Gebäudestandards durchgeführt, wobei der Trend zu niedrigeren Bedarfswerten aufgrund besserer Gebäudehülle mit fünf unterschiedlichen Gebäudevarianten – vom unsanierten Bestandsgebäude bis zum aktuellen Neubaustandard – abgebildet wird (vgl. Abschn. 9.3.1 Definition der betrachteten Typgebäude). Neben dem Gebäude sind die Anlagentechnik sowie vor allem der Nutzer die wesentlichen Einflussgrößen. Ausgehend von einem Bedürfnis – in diesem Fall das Bedürfnis nach einem angenehm beheizten Wohnraum – entsteht je nach Nutzerverhalten und Dämmstandard des Gebäudes ein Heizenergiebedarf. „Unter Bedürfnis verstehen wir […] einen subjektiv empfundenen Mangel zusammen mit dem Wunsch oder Streben, diesen Mangel zu beseitigen. Können Bedürfnisse durch materielle Güter befriedigt werden, Handelt es sich um Bedarf. […] Im Beispiel Energie heißt das, dass eine als Bedürfnis empfundene Raumtemperatur je nach verwendeter Heizungsart, je nach verwendeter Wohnung usw., mit einem unterschiedlichen Energiebedarf korrespondiert" (Dennerlein 1990, S. 10). Es liegt auf

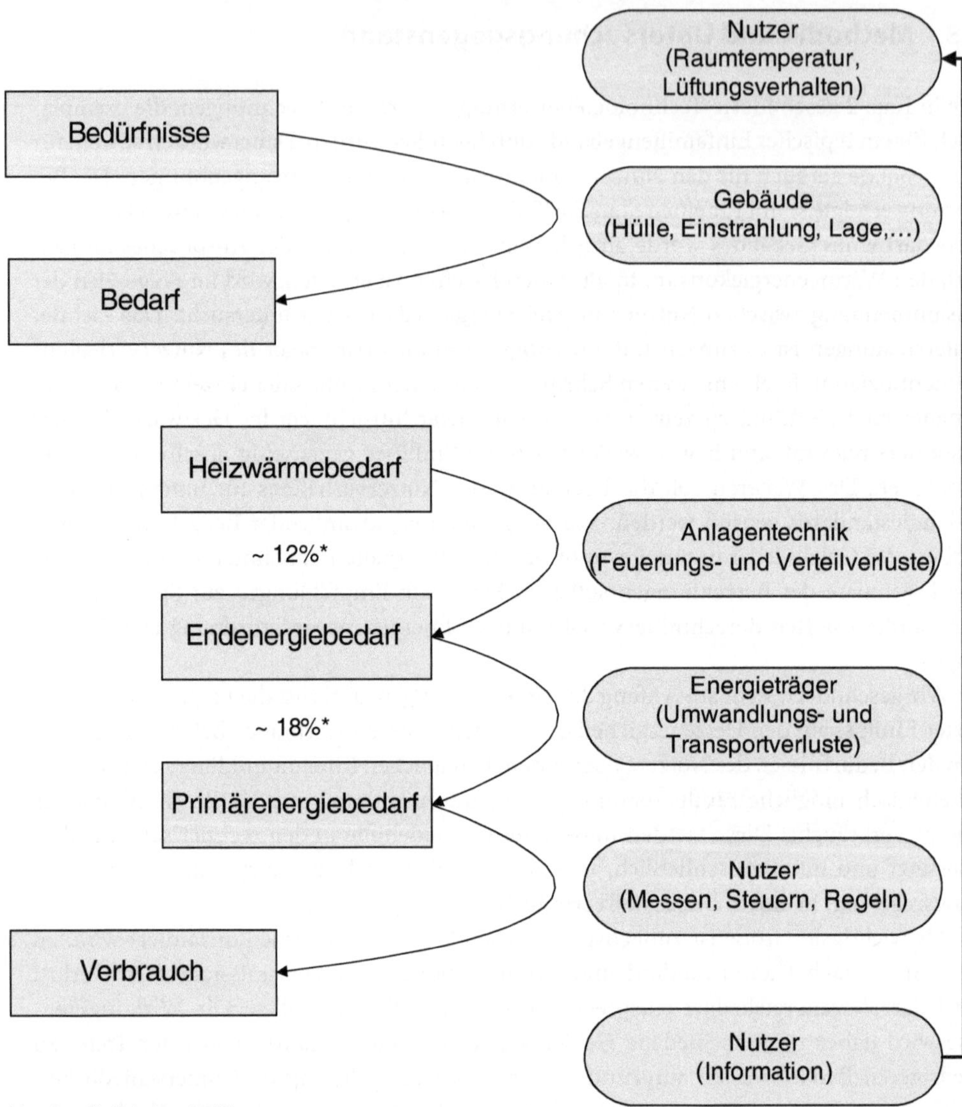

Abb. 9.2 Vom Bedürfnis zum Verbrauch – Einflussparameter (Quelle: Übersetzung nach Koch, Huber, Avci 2008)

der Hand, dass die Bedürfnisse von Individuen bezüglich Beheizung eines Wohnraumes sehr unterschiedlich sind. Nicht nur das Nutzerverhalten, sondern auch dieses Bedürfnis entscheidet daher über den Heizwärme- und Warmwasserbedarf. Etwas vereinfachend werden in den Untersuchungen daher unterschiedliche Bedürfnisse als Mehr- bzw. Minderbedarf im Vergleich zu einem durchschnittlichen Nutzer dargestellt. Den einzelnen

Einflussparametern sowie der Frage, wie die Auswirkung des Nutzerverhaltens in messbare Größen „übersetzt" werden kann, widmet sich der Abschn. 9.3.2 Einflussparameter des Wärmekonsums.

9.3.1   Definition der betrachteten Typgebäude

Die Definition der Varianten des Typgebäudes geht in der ursprünglichen Altbauvariante von dem in den IWU Typologien definierten Dimensionen und Bauteilen aus (EFH_alt, vgl. IWU 2003). Auf dieser Grundlage wurde eine Sanierungsvariante berechnet, die die Mindestanforderung nach EnEV an Sanierungen enthält, d. h. die Neubauanforderungen werden um 40 von Hundert überschritten (EFH_EnEV140). Als darüber hinausgehender Standard wurde die gleiche Gebäudegeometrie auf das Niveau der aktuellen Energieeinsparverordnung saniert, hierbei wurde neben den neuen Bauteilkennwerten zusätzlich davon ausgegangen, dass die Ausführung der Wärmebrücken den Anforderungen der DIN 4108 Bbl. 2 entspricht. Beginnend mit dem KfW 70 Standard sehen die Varianten eine Lüftungsanlage mit Wärmerückgewinnung in der Berechnung vor. Folglich wurde auch die Bandbreite der angenommenen Luftwechselraten verschoben (siehe DIN 4108-6), die Ausführung der Bauteile wurde jeweils angepasst. Die einzelnen Wärmedurchgangskoeffizienten der Bauteile sind in Tab. 9.1 aufgeführt.

Gegenüber dem KfW 70 Standard wurde für den KfW 55 Standard eine Solarthermieanlage eingeführt, die beiden Varianten unterscheiden sich in Bezug auf den Heizwärmebedarf nur unwesentlich. In allen Varianten wurde die Standardinnentemperatur konstant gehalten, um diese weiterhin als nutzerspezifische Einflussgröße beschreiben zu können. Hierbei wurde der Vergleichbarkeit ein höherer Stellenwert eingeräumt, auch wenn messtechnische Untersuchungen zeigen, dass oftmals höhere Temperaturen in effizienten Gebäuden gewählt werden (Loga et al. 2003). Dieser Effekt wird auch als „Rebound Effekt" bezeichnet, der verhindern kann, dass das gesamte Effizienzpotenzial von Sanierungen ausgeschöpft wird.

Tab. 9.1 Wärmedurchgangskoeffizienten der Bauteile

	Altbau 1960	EnEV140	EnEV Referenz	KfW70	KfW 55
Außenwand	1,405	0,334	0,28	0,141	0,141
Dachfläche	0,824	0,284	0,2	0,124	0,124
Fenster	2,9	1,6	1,3	1,2	0,9
Grundfläche	0,953	0,435	0,35	0,208	0,208

9.3.2 Einflussparameter des Wärmekonsums

Neben dem Gebäude sowie technischen Einflussparametern, beispielsweise der sensor-gesteuerten, raumnutzungsabhängigen Temperaturregelung oder Nachtabsenkung der Heizungsanlage, spielen nutzerabhängige Einflussparameter bezüglich des Heizenergie-verbrauchs eine wichtige Rolle. Die Anzahl der Nutzer, die vom Nutzer als angenehm empfundene Innenraumtemperatur, sein Lüftungsverhalten oder der Umgang mit Warm-wasser beeinflussen die Höhe des Heizenergieverbrauchs. Diese Parameter wurden für die Untersuchungen in die drei Wirkungskategorien „Haushaltsgröße", „Nutzertyp" und „Luftwechsel" überführt (vgl. Abb. 9.3), als vierte Kategorie wurde unter „Bedarfsgerechte Regelung" zudem die Nachtabsenkung in die Berechnungen integriert. Die Kategorien sind in mehrere Ausprägungen unterteilt, um die Einflussparameter über eine gewisse Bandbreite zu variieren.

Hinter den unterschiedlichen Ausprägungen einer Kategorie verbergen sich die wich-tigsten, für die Untersuchung berücksichtigten Einflussparameter. Die Kategorie „Haus-haltsgröße" berücksichtigt Einflussparameter, die mit der Anzahl der Personen in einem Gebäude variieren. Dies betrifft in erster Linie den Warmwasserbedarf (vgl. VDI Richtlinie 4655) sowie die internen Gewinne (vgl. DIN 4108-6, Lohmeyer 2005), die auf Personen zu-rückzuführen sind. Die Größen liegen zunächst spezifisch je Person (Warmwasserbedarf, 500 kWh/(p*a)) bzw. in Watt pro Quadratmeter und Jahr vor (interne Gewinne, je nach Anzahl der anwesenden Personen und technischer Ausstattung 4–6 W/(m^{2}d)) und werden dann in Kilowattstunde spezifisch je Quadratmeter berechnet. Als zweite Kategorie wer-den unterschiedliche Nutzertypen in die Berechnungen integriert. Das den Nutzertypen zu Grunde gelegte Verhalten, schlägt sich im Heizwärme- sowie Warmwasserbedarf nie-der und berechnet sich je nach Nutzerverhalten als Mehr- bzw. Minderbedarf. Dies trifft in gleicher Weise für die Kategorie „Luftwechsel" zu, auch hier ergibt sich je nach Häu-

Abb. 9.3 Überführung der Einflussparameter in Kategorien

Tab. 9.2 „Übersetzungscode" für Kategorien und Einflussparameter

Kategorie	Einflussparameter	Datengrundlage
Haushaltsgröße	Warmwasserbedarf $[Q_{tw}]$ (personenbezogen)	$kWh/(p{*}a) \rightarrow kWh/(m^2 a)$
	Interne Gewinne $[Q_i]$	$W/m^2 \rightarrow kWh/(m^2 a)$
Nutzertyp	Heizwärmebedarf $[Q_h]$	Q_h in Abhängigkeit der Innenraumtemperatur
	Warmwasserbedarf $[Q_{tw}]$ (nutzerbezogen)	Mehr-/Minderbedarf entsprechend des Nutzertyps
Bedarfsgerechte Regelung	Nachtabsenkung	Mehr-/Minderbedarf entsprechend der gebäudetechnischen Ausstattung
Lüftungsverhalten	Luftwechselrate	Q_h in Abhängigkeit der Luftwechselrate

figkeit des Luftwechsels ein erhöhter bzw. verringerter Heizwärmebedarf. Die Berechnung erfolgte nach DIN 4108. Als Ausprägungen wurden Luftwechselraten zwischen 0,5 und 1,5 angesetzt (d. h. das 0,5–1,5 fache Raumvolumen wird in einer Stunde ausgetauscht). Gleichzeitig wird durch die geltende EnEV ein Mindestluftwechsel festgesetzt. Mit der Kategorie „Bedarfsgerechte Regelung" wird versucht, den Effekt der Nachtabsenkung einer Heizungsanlage zu berücksichtigen (vgl. Maas et al. 2005, Wirth 2002). Der „Übersetzungscode", also die Logik, mit der Einflussparameter in die Kategorien überführt wurden, ist Tab. 9.2 zu entnehmen.

Zunächst besteht die Schwierigkeit darin, die Vielzahl der Kombinationsmöglichkeiten der Kategorien bzw. Ausprägungen der einzelnen Kategorien sinnvoll zu verknüpfen. Zur Vereinfachung wurden Nutzerprofile entworfen, die die Spannweite zwischen sehr hohen und niedrigen Bedarfswerten abdecken. Die Ausprägungen der unterschiedlichen Kategorien wurden entsprechend Tab. 9.3 zusammengestellt, so dass sich auf Grundlage der genannten Einflussparameter ein spezifischer Heizwärmebedarfswert für das jeweilige Nutzerprofil berechnen lässt.

Um den Einfluss der einzelnen Parameter herauszuarbeiten, wurde für das Typgebäude EFH_EnEV und das Nutzerprofil „Haushalt mit durchschnittlichem Wärmebedarf" eine Parametervariation durchgeführt. Zu diesem Zweck wurde jeweils eine Kategorie entsprechend der in Abb. 9.3 gezeigten Ausprägungen variiert, während alle anderen Kategorien wie dargestellt belassen wurden. Mit den Ergebnissen aus dieser Variation kann beispielhaft für dieses eine Typgebäude gezeigt werden, welchen Einfluss die Anzahl der Personen eines Haushaltes hat, wie sich verschwenderisches oder sparsames Verhalten auswirken und welchen Einfluss eine bedarfsgerechte Regelung sowie das Lüftungsverhalten haben (vgl. Abschn. 9.4 Ergebnisse der Wirkungsanalyse).

Tab. 9.3 Nutzerprofile der Wirkungsanalyse

	Haushaltsgröße	Nutzertyp	Bedarfsgerechte Regelung	Luftwechsel
Haushalt mit hohem Wärmebedarf	4 Personen	verschwenderisch	nein	sehr häufig
Haushalt mit durchschnittlichem Wärmebedarf	2 Personen	durchschnittlich	ja	häufig
Haushalt mit niedrigem Wärmebedarf	1 Person	sparsam	ja	selten

Für die Frage, welchen Einfluss das Nutzerverhalten auf den Heizwärmebedarf in unterschiedlichen Typgebäuden hat, wurden dann die in Tab. 9.3 dargestellten Haushaltstypen verwendet. Neben einem vierköpfigen Haushalt, dem ein verschwenderisches Verhalten unterstellt wird, gehört zu der Auswahl auch ein Zwei- Personen-Haushalt mit durchschnittlichem Wärmebedarf sowie ein sparsamer Singlehaushalt.

9.4 Ergebnisse der Wirkungsanalyse

Entsprechend der Gliederung des methodischen Vorgehens ist der Ergebnisteil in zwei Abschnitte unterteilt. Zunächst wird gezeigt, welche Wirkung die einzelnen Parameter erzielen. Des Weiteren wird mit Hilfe der Nutzerprofile der Einfluss des Nutzerverhaltens für verschiedene Typgebäude erläutert.

9.4.1 Parametervariation und die Bedeutung einzelner Einflussparameter

Abbildung 9.4 zeigt, welchen Einfluss die Haushaltsgröße bzw. die Anzahl der Personen in einem Haushalt haben. Die Bedarfswerte wurden für das Nutzerprofil „Haushalt mit durchschnittlichem Wärmebedarf" und das Typgebäude EFH_EnEV berechnet. Dargestellt ist die Zusammensetzung des Heizenergiebedarfs, der sich aus dem Bedarf für Heizen und Warmwasser, abzüglich des Anteils, der auf interne Gewinne zurückzuführen ist, zusammensetzt.

Demnach beeinflusst die Haushaltsgröße lediglich den Warmwasserbedarf und in geringerem Umfang die internen Gewinne, die zum überwiegenden Teil aber auf elektroni-

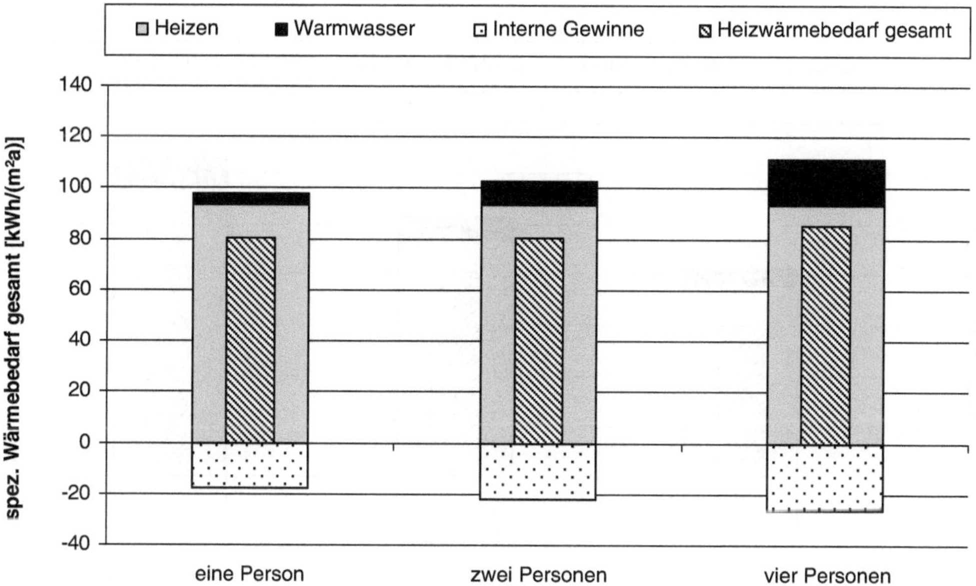

Abb. 9.4 Heizenergiebedarf des Typgebäudes EFH_EnEV – Variation der Haushaltsgröße

sche Geräte zurückzuführen sind. Der Wärmebedarf für die Heizung ist in allen dargestellten Varianten identisch.

Es wird deutlich, dass der zusätzliche Bedarf für Warmwasser durch die erhöhten internen Gewinne teilweise ausgeglichen wird und somit die Wirkung des Parameters „Haushaltsgröße" eher gering ist. Dies trifft in gleichem Maße auch für die beiden anderen, hier graphisch nicht dargestellten Typgebäude zu.

Der Einfluss der berücksichtigten Nutzertypen ist in Abb. 9.5 dargestellt, die Ergebnisse zeigen ein etwas differenzierteres Bild als für den Parameter Haushaltsgröße. Kein Einfluss ist für die internen Gewinne festzustellen, da für alle drei Varianten eine Haushaltsgröße von zwei Personen angenommen wurde. Der Bedarf für Warmwasser und vor allem Heizen reagiert hingegen deutlich auf verschwenderisches bzw. sparsames Verhalten. So werden für dieses Typgebäude Abweichungen von 31 bzw. –25 % erreicht. Diese sind in erster Linie auf die im Vergleich zum durchschnittlichen Nutzer um 2 °C erhöhte bzw. abgesenkte Innenraumtemperatur zurückzuführen. Für das Typgebäude EFH_KfW55 spielt der Nutzer eine wichtige Rolle, durch verschwenderisches Verhalten ergibt sich ein Mehrbedarf von ca. 44 %, der sparsame Nutzer kann den Bedarf hingegen um ca. 35 % reduzieren (Abweichung der Innenraumtemperatur vom Referenzfall ebenfalls +/–2 °C). Bei schlecht gedämmten Gebäuden (vgl. Typgebäude EFH_alt) nimmt die Bedeutung dieses Parameters prozentual zwar etwas ab, der absolute Mehr- bzw. Minderbedarf ist hier aber mit Abstand am höchsten.

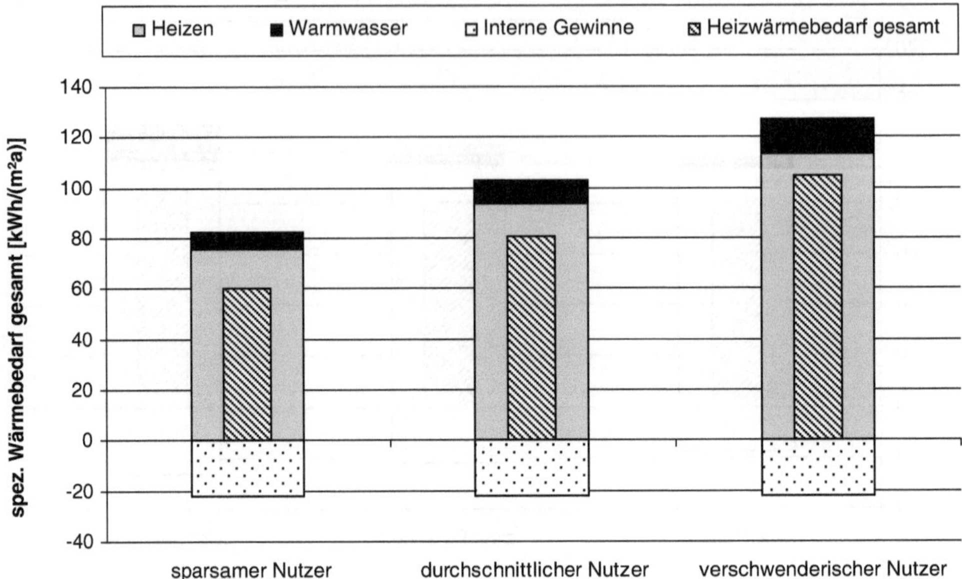

Abb. 9.5 Heizenergiebedarf des EFH_EnEV – Variation des Nutzertyps

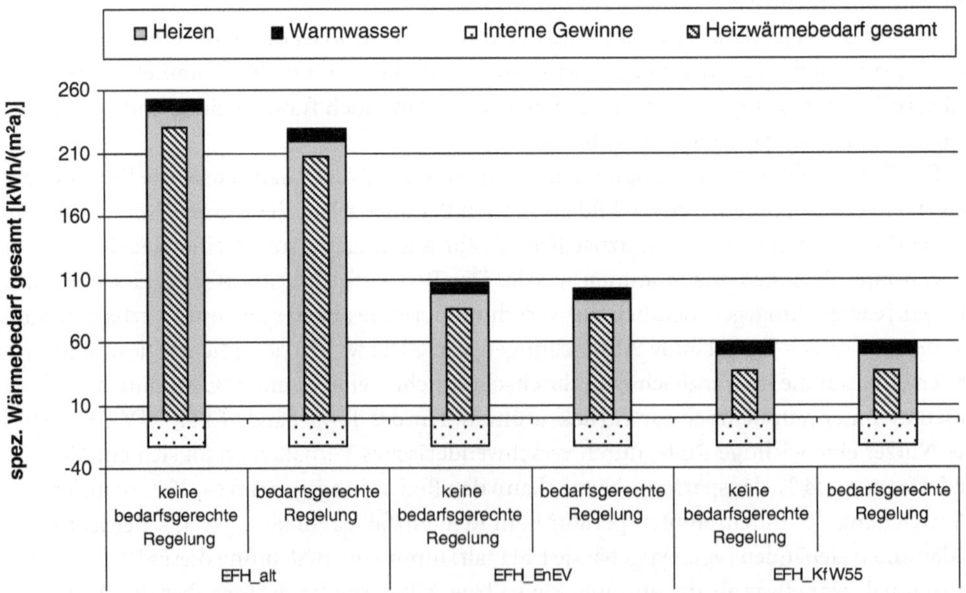

Abb. 9.6 Wirkungsanalyse des Parameters „Nachtabsenkung“

Als technischer Parameter wurde die Wirkung der Nachtabsenkung näher untersucht, sie spielt vor allem in Gebäuden mit höherem Heizenergiebedarf eine Rolle. Hier kann durch das nächtliche Absenken der Innenraumtemperatur bis zu 10 % der Energie für Heizzwecke eingespart werden (vgl. Maas 2005). Dieser Effekt nimmt allerdings mit zunehmender Qualität der Gebäudedämmung immer mehr ab, in Niedrigenergiegebäuden hat er aufgrund der geringen Transmissionswärmeverluste keinen nennenswerten Effekt (vgl. Wirth 2002). Dieser Sachverhalt ist auch Abb. 9.6 zu entnehmen.

Als weiterer relevanter Parameter wurde der Zusammenhang zwischen Luftwechselrate und Heizwärmebedarf näher untersucht. Die Ergebnisse der Berechnung sind in Abb. 9.7 für das Typgebäude EFH_EnEV dargestellt. Zwischen den beiden Ausprägungen „sehr häufiger Luftwechsel" (entspricht einer Luftwechselrate von $n = 1{,}55\,\mathrm{h}^{-1}$) und „seltener Luftwechsel" (Luftwechselrate $n = 0{,}55\,\mathrm{h}^{-1}$) ergibt sich eine Differenz von ca. $56\,\mathrm{kWh/(m^2 a)}$. Die Differenz ist auf den häufigeren Luftwechsel und den damit verbundenen zusätzlichen Energiebedarf für das Erwärmen der ausgetauschten Luft zurückzuführen. Alle der berechneten Ausprägungen dieses Parameters sind durchaus realistisch, empfohlen wird eine Luftwechselrate von 0,5 bis 1 (vgl. DIN 4108-6).

Gemessen am Einfluss der betrachteten Einflussparameter auf den spezifischen Wärmebedarf eines Gebäudes, ist der Parameter „Luftwechselrate" die wichtigste der hier untersuchten Größen. Daneben spielen vor allem die Nutzertypen eine wichtige Rolle, der Einfluss von sparsamem bzw. verschwenderischem Verhalten ist vor allem für Gebäude mit hohem Heizwärmebedarf bedeutsam. Weniger relevant sind in dieser Einzelbetrachtung hingegen die Parameter „Nachtabsenkung" und „Haushaltsgröße". Wie sich die Parameter in der Summe auswirken, wird im Folgenden näher erläutert.

9.4.2 Einfluss des Nutzerverhaltens für unterschiedliche Typgebäude

Für die Analyse der Wirkung von kombinierten Einflussparametern wird im Folgenden auf die Nutzerprofile aus Tab. 9.3 zurückgegriffen. Dabei werden die Berechnungen jeweils für drei Typgebäude durchgeführt. Die Ergebnisse zeigen zunächst, dass die ausgewählten Einflussparameter den spezifischen Wärmebedarf der drei Gebäudevarianten maßgeblich beeinflussen (vgl. Abb. 9.8). Für alle drei Typgebäude ergeben sich aus den Berechnungen deutliche Unterschiede, verursacht durch die Wirkung der Nutzerprofile. Wie in Abschn. 9.4.1 Parametervariation und die Bedeutung einzelner Einflussparameter gezeigt wurde, sind diese Varianzen in erster Linie auf Lüftungsverhalten und Verhalten hinsichtlich Heizen und Umgang mit Warmwasser zurückzuführen.

Interessant ist darüber hinaus, dass ein Haushalt mit hohem Bedarf in einem gebäude- und anlagenseitig optimierten KfW 55 Gebäude einen höheren Verbrauch hat als ein durchschnittlicher Haushalt in einem Gebäude nach heutigem Neubaustandard.

Abbildung 9.9 zeigt für die drei Gebäudevarianten die Abweichung (angegeben als Absolutwerte in $\mathrm{kWh/(m^2 a)}$) der Haushalte mit hohem bzw. niedrigen Wärmebedarf vom Referenzfall (Haushalt mit durchschnittlichem Wärmebedarf). Der Darstellung ist zu ent-

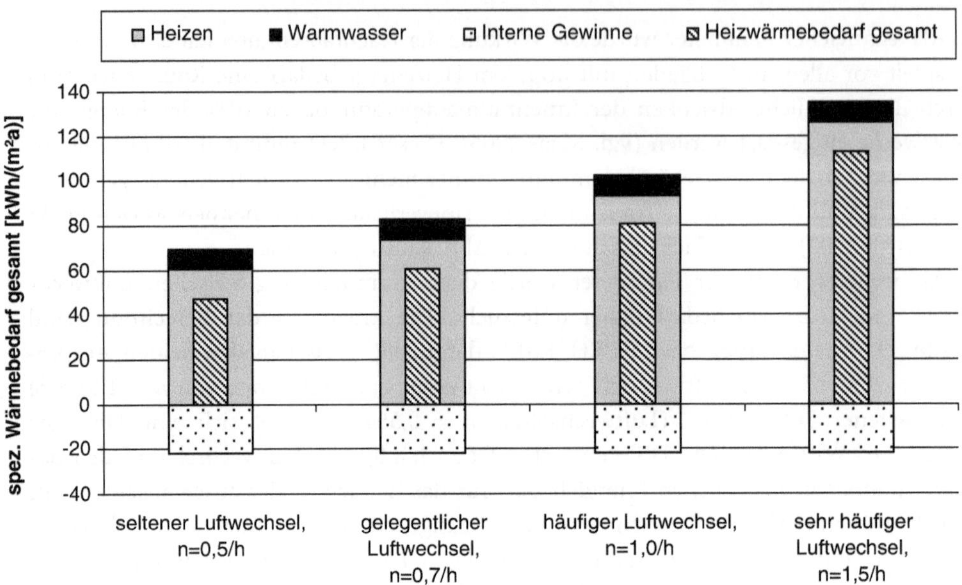

Abb. 9.7 Zusammensetzung des Heizenergiebedarfs – Variation der Luftwechselrate

nehmen, dass verschwenderisches oder sparsames Verhalten vor allem für das Typgebäude EFH_alt, aber auch für das Typgebäude EFH_EnEV zu großen Abweichungen vom Referenzfall führt. Es wird deutlich, dass mit abnehmender Qualität der Gebäudehülle der Mehr- bzw. Minderbedarf für Heizzwecke und Warmwasser zunimmt. Durch angepasstes Verhalten kann in diesen Gebäuden ein beachtliches Einsparpotenzial erschlossen werden. Für den Haushalt mit hohem Wärmebedarf entspricht dies im Vergleich zum Referenzfall einer Einsparung von ca. 93 kWh/(m²a), im Vergleich zum Haushalt mit niedrigem Bedarf von knapp 160 kWh/(m²a). Für das Typgebäude EFH_KfW55 fällt das Einsparpotenzial für den Haushalt mit hohem Wärmebedarf mit knapp 60 kWh/(m²a) im Vergleich zum Referenzfall bzw. ca. 82 kWh/(m²a) im Vergleich zum sparsamen Haushalt deutlich niedriger, aber immer noch beachtlich aus.

Die großen absoluten Einsparpotenziale sind also vor allem in Gebäuden mit hohem Wärmebedarf zu finden. Trotzdem kann der Nutzer auch in gebäude- und anlagenseitig optimierten Gebäuden den Wärmebedarf maßgeblich beeinflussen. So liegt der Wärmebedarf eines verschwenderischen Haushaltes um mehr als 150 % über dem eines durchschnittlichen Haushaltes (vgl. Abb. 9.10). Sucht man also nach den letzten verbleibenden Einsparmöglichkeiten in Gebäuden mit hohem Wärmedämmstandard, ist vor allem der Nutzer ein verbleibender „Optimierungshebel". Da beispielsweise Warmwasserbedarf und auch interne Gewinne konstant und unabhängig vom Typgebäude sind, steigt der durch den Nutzer beeinflussbare Anteil am Gesamtwärmebedarf mit sinkendem Wärmebedarf aufgrund besserer Gebäudedämmung und ist demzufolge auch in diesen Gebäuden ein relevanter Einflussparameter.

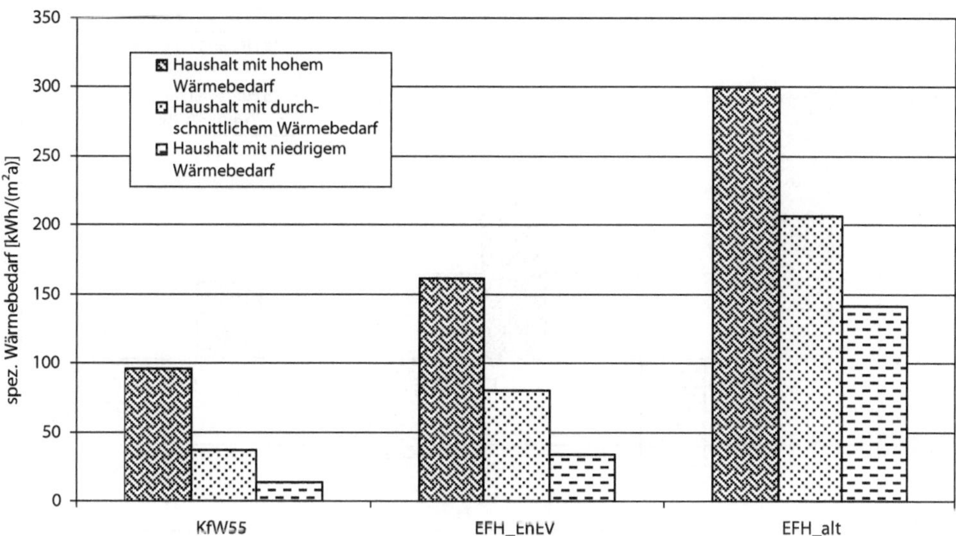

Abb. 9.8 Spezifischer Wärmebedarf nach Nutzerprofil und Typgebäude

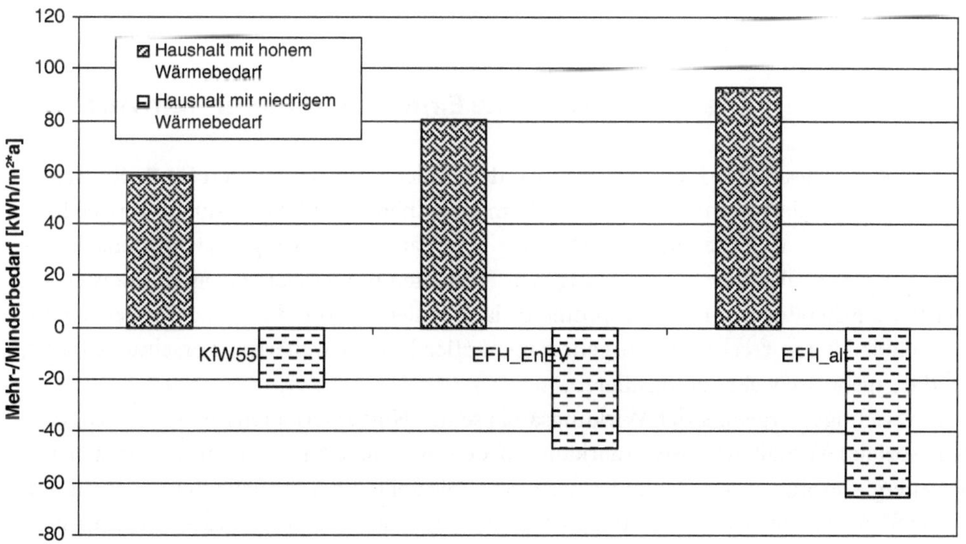

Abb. 9.9 Einfluss des Nutzerverhaltens – absolut

Aus den aufgeführten Befunden lässt sich schlussfolgern: Je höher der Heizwärmebedarf eines Gebäudes, desto höher die absolut erzielbaren Einsparpotenziale aufgrund geänderten Verhaltens, aber desto geringer der durch den Nutzer beeinflussbare Anteil am Gesamtwärmebedarf.

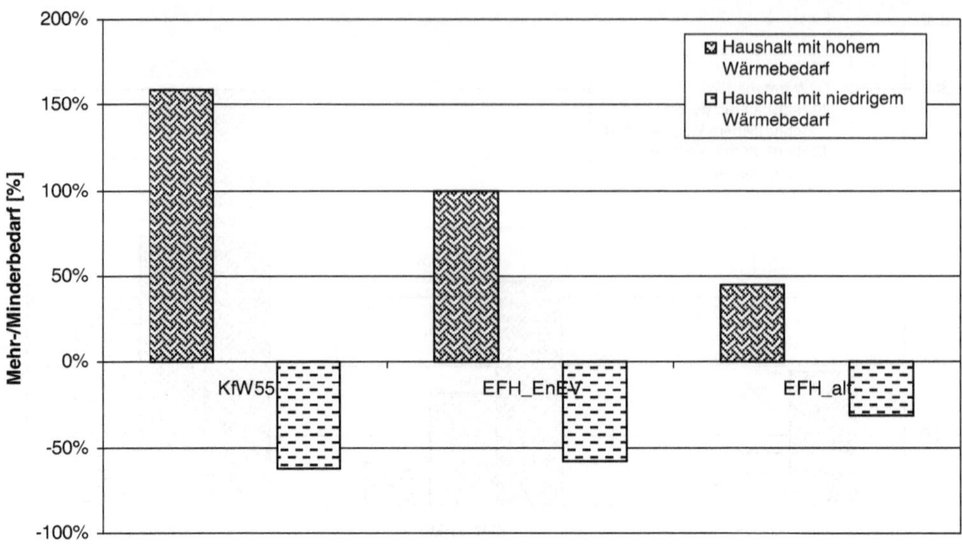

Abb. 9.10   Einfluss des Nutzerverhaltens – anteilig

9.5   Nutzerverhalten und technische Einflussparameter – ein Ausblick

Mit der Wirkungsanalyse konnte gezeigt werden, welches die wichtigsten Einflussparameter des Wärmebedarfes sind und wie sie sich im Einzelnen für unterschiedliche Typgebäude auswirken. Zudem wurde eine Vorarbeit für eine Parametrisierung sozialwissenschaftlicher Kategorien, also der „Übersetzung" von Verhalten in messbare Größen, geleistet. Da belastbare Erhebungen für Nutzerprofile bislang fehlen, wurde die Parametrisierung auf Basis einer Literaturrecherche vorgenommen. Hier besteht weiterhin Forschungsbedarf, um die Ergebnisse weiter zu fundieren.

Ein wichtiges Ergebnis der Wirkungsanalyse des Nutzerverhaltens ist sicherlich, dass sich (soziale) Verhaltensmuster markant auf den Wärmebedarf und somit den späteren Heizenergieverbrauch des Gebäudes auswirken. Sie sollten daher mehr Berücksichtigung bei der Standard-Bedarfsberechnungen der EnEV oder auch bei Bau- und Anlagenplanung finden. Sowohl die Gefahr einer Über- als auch Unterdimensionierung der Heizungsanlage kann so reduziert und somit ein effizienterer Betrieb, aber auch die Sicherung des Wohnkomforts ermöglicht werden. Die zielgruppenspezifische Bewertung im Rahmen der freien Parametereingabe kann zusätzlich in der Beratung eingesetzt werden, um den Bewohnern aufzuzeigen, warum der berechnete Bedarf von ihren tatsächlichen Verbrauchswerten abweicht. Auch wenn die notwendigen Parameter nicht ohne weiteres genau ermittelt werden können, kann beispielsweise die Haushaltsgröße als Indikator für den Warmwasserbedarf genutzt werden, der in der Berechnung nach EnEV als spezifischer, auf die Energiebezugsfläche bezogener Wert angenommen wird. Nicht zuletzt ist auch die fachgerechte Einführung in die Bedienung der Heizungs- und Lüftungsanlagen der Nutzer durch die ausführenden Handwerker eine Frage, die mehr Beachtung finden sollte.

Nicht nur in diesem Zusammenhang bestehen durch die Berücksichtigung der untersuchten Einflussparameter bei Planung und Bau Verbesserungspotenziale. Vor allem in Gebäuden mit hohem Wärmebedarf können ein geschultes Nutzerverhalten und eine Nachrüstung der Heizungsanlage für die Nachtabsenkung den Wärmebedarf ganz erheblich senken. Hierfür sind Schulungen und Kampagnen notwendig, um in der Bevölkerung ein entsprechendes Bewusstsein zu schaffen. Sofern das Bewusstsein bereits gebildet ist, Maßnahmen aber nicht umgesetzt werden, können Handlungsempfehlungen im Rahmen einer Beratung auch geringinvestive Maßnahmen, wie das Anbringen von zeitgesteuerten Thermostatventilen, einschließen. Die Effektivität hängt dabei auch von dem erwarteten Einsparpotenzial ab, das wiederum mit der speziellen Situation des Haushalts verknüpft ist. Die als Beispiel genannte Möglichkeit der Temperaturabsenkung hängt stark von den jeweiligen Tagesabläufen des Haushaltes ab, wenn ein Verlust an Komfort vermieden werden soll.

Auch das Projekt widmet sich der Frage, wie der Konsument gezielter und nachhaltiger informiert werden kann. Das Ergebnis der Untersuchungen in diesem Bereich sind Handlungsempfehlungen für die Politik sowie für relevante Akteure im Umfeld des Nutzers. Aber auch der Nutzer selbst wird mit entsprechend aufbereiteten Informationsbroschüren direkt angesprochen.

Literaturverzeichnis

Dennerlein, Rudolf 1990: Energieverbrauch privater Haushalte. Die Bedeutung von Technik und Verhalten. MaroVerlag, Augsburg

DIN V 4108-6, 2003–06: Wärmeschutz und Energie – Einsparung in Gebäuden – Teil 6: Berechnung des Jahresheizwärme- und des Jahresheizenergiebedarfs

Feist, Wolfgang 2008: Versorgungsvarianten im Passivhaus: Einführung und Übersicht. In: Feist, W. (Hrsg.): Heizsysteme im Passivhaus – Statistische Auswertung und Systemvergleiche. Protokollband Nr. 38, Arbeitskreis kostengünstige Passivhäuser, S. 1–12. Darmstadt, Selbstverlag

IWU 2003. Deutsche Gebäudetypologie – Systematik und Datensätze. Darmstadt, Institut Wohnen und Umwelt GmbH (IWU)

Joos, Lajos (Hrsg.) 2004: Energieeinsparung in Gebäuden. Stand der Technik, Entwicklungstendenzen. Vulkan-Verlag, Essen

Koch, Andreas; Huber, Andreas & Avci, Nurten 2008: Behaviour Oriented Optimisation Strategies for Energy Efficiency in the Residential Sector. ICEBO'08 – 8th International Conference for Enhanced Building Operations. Berlin.

Loga, Tobias; Großklos, Marc; Knissel, Jens 2003: Der Einfluss des Gebäudestandards und des Nutzerverhaltens auf die Heizkosten – Konsequenzen für die verbrauchsabhängige Abrechnung. Darmstadt: Institut für Wohnen und Umwelt GmbH.

Lohmeyer, Gottfried 2005: Praktische Bauphysik. Eine Einführung mit Berechnungsbeispielen. Teubner, Wiesbaden

Maas, Anton; Hauser, Gerd 2005: Aspekte des baulichen Wärmeschutzes beim energiesparenden Bauen In: Eschenfelder, D., Etzfelder, H.-W. 2005: Altbausanierung mit moderner Haustechnik. Gesetzliche Grundlagen, Sanierungskonzepte, ökologische und ökonomische Aspekte. Oldenbourg, München, S.49–74

Schnieders, Jürgen; Feist, Wolfgang; Pfluger, Reiner & Kah, Oliver 2001: CEPHEUS – Wissenschaftliche Begleitung und Auswertung, Endbericht. Darmstadt: Passivhaus Institut.

VDI (Verein Deutscher Ingenieure) Richtlinie 4655 2008: Referenzlastprofile von Ein- und Mehrfamilienhäusern für den Einsatz von KWK-Anlagen.

Wirth, Stefan 2002: Gebäudetechnische Systemlösungen für Niedrigenergiehäuser. Ernst & Sohn, Berlin

Möglichkeitsräume des zukünftigen Konsums von Wärme 10

Till Jenssen und Wolfgang Weimer-Jehle

10.1 Zusammenfassung

Der vorliegende Beitrag folgt dem in Kap. 1 beschriebenen Forschungsansatz, nachdem der Wärmekonsum sich nicht ausschließlich mit intrinsischen Motiven und individuellen Wahrnehmungen der Konsumenten erfassen lässt, sondern eine Berücksichtigung seiner Verknüpfung mit der Meso- und Makroebene unabdingbar ist. Die strukturelle (Makro-) ebene umfasst vor allem die Gebäude, Versorgungstechnologien und -infrastruktur sowie die rechtlichen Rahmenbedingungen. Über sogenannte Mesoakteure (Energieberater, Technologieanbieter, Architekten, Handwerker etc.) werden den Haushalten die Möglichkeiten und Grenzen der makrostrukturellen Rahmenbedingungen vermittelt. Die Akteure schließlich verfügen über organisationale Möglichkeiten sowie Ressourcen, um den Wahrnehmungs-, Entscheidungs- und Handlungsrahmen von Individuen auf der Mikroebene zu beeinflussen. Sie informieren die Konsumenten direkt oder indirekt über die Möglichkeiten und Hemmnisse eines nachhaltigen Energiekonsums, und sie stellen selbst in ihrem Handeln Restriktionen oder Chancen für nachhaltige Konsumstrategien dar. Die Mesoakteure verfügen auch über Freiheitsgrade und einen gewissen gestalterischen Spielraum, um nicht nur die Konsumenten, sondern auch die strukturelle Ebene direkt zu beeinflussen. Die Entwicklung und Diffusion von neuen Technologien, Sanierungsmaßnahmen, Beratungsinstrumenten etc. haben somit nicht nur Effekte auf Konsumenten zur Folge, sondern es erfolgt auch eine Rückkopplung hinsichtlich des strukturellen Rahmens, innerhalb dessen sich der Wärmekonsum vollzieht.

Die Nachhaltigkeit der Wärmeversorgung – so unsere These – entscheidet sich also im Spannungsfeld zwischen individuellen Einstellungen und Verhalten, institutionellen Einbindungen, gesellschaftlichen Rahmenbedingungen und technischen Möglichkeiten. Aber welche Einflussgrößen sind dabei besonders relevant? Und wie wirken sie aufeinander? Welche begünstigen sich, welche beeinträchtigen sich? Ziel des Beitrages ist es, die wichtigsten Einflussfaktoren für den Konsum von Wärme und ihre Wechselwirkungen zu erfassen,

D. Gallego Carrera et al. (Hrsg.), *Nachhaltige Nutzung von Wärmeenergie*,
DOI 10.1007/978-3-8348-8650-7_10,
© Vieweg+Teubner Verlag | Springer Fachmedien Wiesbaden 2012

qualitativ zu beschreiben und durch die systematische Konstruktion widerspruchsfreier Szenarien den Raum für mögliche zukünftige Entwicklungen auszuloten.

10.2   Erfassung von Wirkungen und Wechselwirkungen – Methodik und Vorgehen

Das wechselseitige Beziehungsgeflecht zwischen individuellen Einstellungen und individuellem Verhalten, institutionellen Einbindungen, gesellschaftlichen Rahmenbedingungen und technischen Möglichkeiten wird in diesem Beitrag mit Hilfe von Szenarien analysiert, welche auf Grundlage der Cross-Impact-Bilanzanalyse (CIB) entwickelt werden. Die Cross-Impact-Bilanzanalyse gehört zur Methodenfamilie der Cross-Impact Analysen (CIA) (vgl. Gordon/Hayward 1968). Diese bieten im Rahmen der Szenariotechnik eine Reihe von strukturierten Verfahren zur Ableitung von Zukunftsentwicklungen und systemaren Zusammenhängen (vgl. Kosow/Gaßner 2008: 42). Die CIB als eine qualitative Form der Cross-Impact Analyse legt ein besonderes Augenmerk auf eine diskursive Erhebung der Systemwechselwirkungen als Grundlage der Szenariokonstruktion und auf die Transparenz der Szenariokonstruktion durch Beschränkung auf mathematisch einfache Konstruktionsverfahren. (vgl. Weimer-Jehle 2008: 2).

Zur Durchführung der CIB wird auf Expertenurteile zur Identifikation der wichtigsten Faktoren eines Szenariofeldes und deren Wirkungsbeziehungen zurückgegriffen (vgl. Weimer-Jehle 2006). Die Ergebnisse einer CIB beschreiben daher nicht, wie die Wirklichkeit tatsächlich ist, sondern erzeugen ein Bild davon, wie eine Gruppe von Experten die Wirklichkeit mental rekonstruiert. Vester hat ein in dieser Hinsicht ähnliches Verfahren eingesetzt, das er als „Papiercomputer[1]" (Vester 2002: 226) bezeichnete. Unter anderem wurde die CIB-Methode bereits mehrfach für die Energieversorgung (vgl. beispielsweise Förster 2002; Fuchs et al. 2008) beziehungsweise in der Nachhaltigkeitsforschung eingesetzt (vgl. Renn et al. 2007).

Die CIB „Nachhaltiger Wärmekonsum" wurde zwischen Oktober 2009 und Mai 2010 durchgeführt. An den Expertenbefragungen nahmen 2 Sozialwissenschaftler, 2 Ökonomen, 1 Geograf, 1 Naturwissenschaftler, 2 Juristen, 3 Ingenieure sowie 1 Architekt teil. Im ersten Schritt wurden die relevanten Deskriptoren[2] gemeinsam mit den Experten erarbeitet. In der so erarbeiteten Cross-Impact Matrix[3] sind 15 Deskriptoren mit jeweils zwei bis vier Entwicklungsvarianten pro Deskriptor enthalten. Insgesamt umfasst die Matrix

---

[1] Vester hat den Papiercomputer allerdings nicht zur Identifikation konsistenter Szenarien eingesetzt, sondern um Schlüsselfaktoren für anschließende Analysen und Simulationen zu generieren; die Matrizen sind also nur der Ausgangspunkt des Vesterschen Sensitivitätsmodells (vgl. Malik 2010: 8).

[2] „Descriptors are trends, events, developments, variables, or attributes that serve to describe the topic, frequently as proxies for influencing factors" (Honton et al. 1985: 2).

[3] Die vollständige Matrix ist unter
http://www.uni-stuttgart.de/nachhaltigerkonsum/de/Downloads.html verfügbar.

- 3: stark hemmender Einfluss - 2: hemmender Einfluss - 1: schwach hemmender Einfluss 0: kein Einfluss + 1: schwach fördernder Einfluss + 2: fördernder Einfluss + 3: stark fördernder Einfluss	**I. Jährliche Bereitstellungskosten für Wärme aus EE**		
	Anstieg	etwa stabil	Reduktion
g. Qualität der Beratung			
Verbesserung	-1	0	1
etwa stabil	0	0	0
Verschlechterung	1	0	-1

Abb. 10.1 Die Bewertung der Einflussbeziehungen am Beispiel des Deskriptorenpaars „Qualität der Beratung" wirkt auf „Bereitstellungskosten für Wärme aus EE"

40 Varianten, wodurch 1.679.616 Kombinationen möglich sind (siehe Tab. 10.1). Grüne Felder in Tab. 10.1 stehen für Entwicklungsvarianten, die als günstig angesehen werden können, wenn der Deskriptor als sektoraler Indikator für eine Nachhaltige Entwicklung in dem jeweiligen ökologischen, ökonomischen oder sozialen Feld interpretiert wird. Rote Felder stehen in diesem Sinn als ungünstige Entwicklungen, und gelbe Felder bezeichnen Übergänge zwischen beiden Bewertungen. Graue Felder bezeichnen ambivalente Entwicklungen, die nicht per se als sektoraler Nachhaltigkeitsindikator interpretiert werden können. Alle beschriebenen Entwicklungsvarianten beziehen sich auf den Zeitraum 2010–2040, da insbesondere bei den makrostrukturellen Rahmenbedingungen (Gebäude und Versorgungstechnologien) lange Umstrukturierungszeiträume zu erwarten sind. Bei einem kürzeren Zeithorizont würden nur geringe Veränderungen sichtbar, bei deutlich längeren Zeiträumen hingegen wird es schwierig, fundierte Einschätzungen vorzunehmen und nicht ins Spekulative abzugleiten.

Die Cross-Impact Bilanzanalyse beruht auf der Auswertung eines qualitativ formulierten Beziehungsgeflechts zwischen den Deskriptoren. Für jedes Deskriptorenpaar wird von einer Expertengruppe beurteilt, welche Einflussbeziehungen zwischen ihnen bestehen. Dieses Urteil wird differenziert für jede der Varianten beider Deskriptoren vorgenommen. Die Beurteilung wird auf einer Ordinalskala von +3 (stark fördernd) über 0 (kein Einfluss) bis –3 (stark hemmend) abgegeben. In Abb. 10.1 wird das Prinzip dieser Analysetechnik anhand von zwei Deskriptoren aus Tab. 10.1 aufgezeigt. Im aufgeführten Beispiel ist der Einfluss der Beratungsqualität (g) auf die Bereitstellungskosten erneuerbarer Energien (l) abgetragen. Wird die Beratung durch das Handwerk verbessert, so wirkt sich dies (innerhalb des Szenariohorizonts) hemmend (–1) auf einen Anstieg der Bereitstellungskosten aus. Dieses Feld ist mit einer fett gedruckten Zahl markiert. Das grau hinterlegte Feld wiederum zeigt, dass sich die verbesserte Beratungsqualität positiv (+1) auf eine Kostenreduktion auswirkt.

Tab. 10.1 Szenariodeskriptoren und ihre Entwicklungsvarianten

Deskriptor	Entwicklung
a. Informationsstand	a1 zunemend gut informierte Konsumenten a2 etwa stabil
b. Lebensstil	b1 Wertewandel hin zu kostenbewussten Lebensstilen b2 Wertewandel hin zu umweltbewussten Lebennstilen b3 Wertewandel zu ‚desinteressierten Verschwendern'
c. Demographische Entwicklung	c1 moderater Alterungsprozess c2 starker Alterungsprozess
d. Haushaltsgröße	d1 Trend zu individualisiertem Wohnen d2 Trend zu gemeinschaftlichem Wohnen
e. Einkommen	e1 stagnierende Einkommensentwicklung e2 bescheidener Wohlstandszuwachs für einige Bevö.gruppen e3 breiter Wohlstandszuwachs
f. Eigentumsquote	f1 etwa stabil f2 breiter Trend zum Eigenheim
g. Qualität der Beratung	g1 Verbesserung g2 etwa stabil g3 Verschlechterung
h. Kooperation und Vernetzng der Praxisakteure	h1 zunehmendes Konkurrenzdenken zwi. Praxisakteuren h2 passive Vernetzung (Listen der Energieberatungszentren) h3 aktive Vernetzung der Praxisakteure
i. Ölpreis	i1 moderate Entwicklung i2 Ölpreisschock
j. Mietrecht	j1 keine relevanten Änderungen j2 Möglichkeit zur Kostenumlage j3 Einforderung Mindestsanierung + Möglichkeit Kostenumlage
k. Energetische Gebäudestandards	k1 stabile Sanierungsquote + mod Verb. Wärmedämmung k2 steigende Sanierungsquoten + Trend Niedrigenergiehäuser
l. Jährl. Bereitstellungskosten von FF-Wärme inkl. Förderung	l1 Anstieg l2 etwa stabil l3 Reduktion
m. Förderunge erneuerbarer Energien	m1 stabile Förderung m2 Schwerpunkt auf Werbe- und Informationskampagnen m3 Schwerpunkt auf Fördergelder m4 Schwerpunkt auf Pflichtanteile EE (Bestand + Neubau)
n. Nutzung erneuerbarer Energien	n1 etwa stabil (8 % bis 2040) n2 kontinuierlicher Ausbau (40 % 2040) n3 Vollversorgung mit erneuerbaren Energien (100 % bis 2040)
o. Gesamtwärmebedarf	o1 abnehmend o2 etwa stabil o3 zunehmend

Zur Erhebung der Einflussbeziehungen zwischen den Deskriptoren wurden die Experten und Expertinnen im zweiten Schritt der Befragung gebeten, ihre Cross-Impact-Urteile unabhängig voneinander in einer Matrix festzuhalten und dabei auch die Sicherheit jeden Urteils auf einer dreistufigen Skala abzugeben. Mit den außerdem erbetenen schriftlichen Kommentaren wurden die argumentativen Hintergründe für diese Einschätzungen dokumentiert. Im Fall der in Abb. 10.1 gezeigten Einflussbeziehung wurde z. B. kommentiert: „Verbesserte Beratung führt zu besseren Bauherrenentscheidungen und damit zu geringeren spezifischen Wärmekosten", oder wie es in einer anderen Matrix formuliert wurde: „Beratung kann beitragen, Anlagen effizienter zu betreiben".

Zur Zusammenfassung der zwölf Einzelmatrizen zu einer Gruppenmatrix wurde für jede Einflussbeziehung aus den zwölf vorliegenden Urteilen das „beschnittene Mittel"[4] gebildet. Die Identifizierung der mit diesen Daten konsistenten Zukunftsentwicklungen (Szenarien) erfolgte durch Auswertung der Gruppenmatrix nach der CIB-Methode mit Hilfe der Computersoftware „ScenarioWizard" (Cross-Impact Bilanzanalyse 2010, siehe Box 10.1). Ergänzend zur Auswertung der Gruppenmatrix wurden auch Auswertungen aller Einzelmatrizen vorgenommen, wodurch die Ergebnisse der Gruppenmatrix zwar im Wesentlichen bestätigt werden, jedoch eine Ausdifferenzierung möglicher Zukunftsentwicklungen in Form von Szenariovarianten ermöglicht wurde.

Box 10.1 Wie konstruiert CIB Szenarien? Die Bestimmung konsistenter Szenarien erfolgt nach der CIB- Methode durch folgende Schritte:

- Erstelle eine Liste von Deskriptoren und benenne für jeden Deskriptor die wichtigsten Entwicklungsvarianten (vgl. Tabelle 10.1).
- Schätze qualitativ die Einflussbeziehungen zwischen den Entwicklungsvarianten („Cross-Impact Matrix", vgl. Abbildung 10.1).
- Prüfe nacheinander alle möglichen Kombinationen von Entwicklungsvarianten auf ihre Eignung als Szenario. Im Fall von Tabelle 10.1 sind 1.679.616 Kombinationen zu prüfen.

---

[4] Im Gegensatz zum arithmetischen Mittelwert, für den alle Werte addiert werden, wird die Werteliste bei dem hier verwendeten „beschnittenen Mittel" durch folgende Schritte um das obere und untere Extremum bereinigt: 1.) Es wurde das arithmetische Mittel und die Standardabweichung aus den zwölf Urteilen gebildet. 2.) Lag eine Standardabweichung > 1,5 vor, wurde dies als signifikanter Dissens interpretiert. 3.) Bei den Resultaten mit signifikantem Dissens wurden zunächst alle Urteile aus der Mittelwertbildung herausgenommen, bei denen die Urteilssicherheit der Experten und Expertinnen nach eigener Bewertung gering war. 4) Im nächsten Schritt wurde bei den mit Dissens verbleibenden Zellen jeweils das untere und obere Extremum bereinigt, es sei denn, die Urteilssicherheit war besonders hoch. Durch dieses Vorgehen kann der Einfluss unsicherer Extremvoten auf das Erhebungsergebnis vermindert werden. 5.) Um das gesamte Spektrum der Ordinalskala (+3 bis −3) auszuschöpfen und die Wirkungen möglichst differenziert abbilden zu können, wurde die Matrix der beschnitten Mittelwerte im letzten Schritt auf den Maximalwert von 3 skaliert.

- Für jede Kombination wird dabei überprüft, ob die in der Kombination angenommenen Entwicklungen miteinander harmonieren. Hierzu wird ermittelt, welche Einflüsse die Entwicklungen gemäß der Cross-Impact Matrix aufeinander ausüben. Je stärker die fördernden Einflüsse auf die angenommenen Entwicklungen die hemmenden Einflüsse in der Summe überwiegen, desto konsistenter ist das Szenario. Für keinen Deskriptor darf eine alternative, in der Kombination ausgeschlossene Entwicklung eine bessere Einflusssumme erzielen als die angenommene Entwicklung, andernfalls gilt die Kombination als inkonsistent und wird verworfen.

10.3 Wirkungen empfangen und Wirkungen ausüben – ein erster Blick auf die Rolle der Deskriptoren im Systemgeschehen

Eine Matrix mit fast 1,7 Millionen Kombinationsmöglichkeiten ist freilich schwer zu lesen. Um einen ersten Aufschluss darüber zu erhalten, ob ein Deskriptor eher Einfluss ausübt oder empfängt, können die Spalten beziehungsweise die Zeilen eines Deskriptors in einer ersten Annäherung aufsummiert[5] werden (vgl. Gausemeier et al. 2009: 70). Dadurch erhält man die Passiv- und die Aktivsumme eines Deskriptors.

In Abb. 10.2 sind zwei idealtypische Verläufe von Aktiv-Passiv Diagrammen abgetragen. In der Ergebniswolke im linken oberen Bild dominieren Elemente mit überwiegend aktivem oder mit überwiegend reaktivem Charakter, also „unipolare" Elemente („Herrscher und Sklaven"), das rechte hingegen weist vielschichtigere, also „mulitpolare" Wirkungsbeziehungen auf („Demokratisch") (vgl. Arcade et al. 1994: 22; Chroust 2006: 5). Das Aktiv-Passiv Diagramm gibt erste Aufschlüsse über den Systemtypus: Systeme wie in Abb. 10.2 links sind in der Regel einfach verständlich, während Systeme wie im rechten Teil der Abb. 10.2 ein komplexes Verhalten zeigen können.

In Abb. 10.3 schließlich ist das Aktiv-Passiv Diagramm für den Wärmekonsum dargestellt. Im Vergleich mit den idealtypischen Darstellungen kann der Wärmekonsum als ein gemäßigt komplexes System charakterisiert werden, das Elemente beider Idealtypen enthält. Die Deskriptoren mit dem stärksten Einfluss auf das System (Aktivsumme) sind: b Lebensstil, i Ölpreis und e Einkommen.

Ein weiterer Analyseschritt kann mit der Vierfelderauswertung vorgenommen werden (vgl. Becker 2008: 45). Bei diesem Schritt werden die so genannten P-Werte und Q-Werte

---

[5] Dabei wird der absolute Betrag einer Zahl verwendet, die Wirkungen mit Minuszeichen gehen mit positivem Wert in die Addition ein. Da die Deskriptoren über unterschiedlich viele Zustände verfügen (zwei, drei oder vier), wurde durch Mittelwertbildung der Zahlen eines Bewertungsfeldes eine Normalisierung vorgenommen.

[6] Grundlage der Abb. 10.3 sind die Ergebnisse der Einzelmatrizen, nicht die Gruppenmatrix.

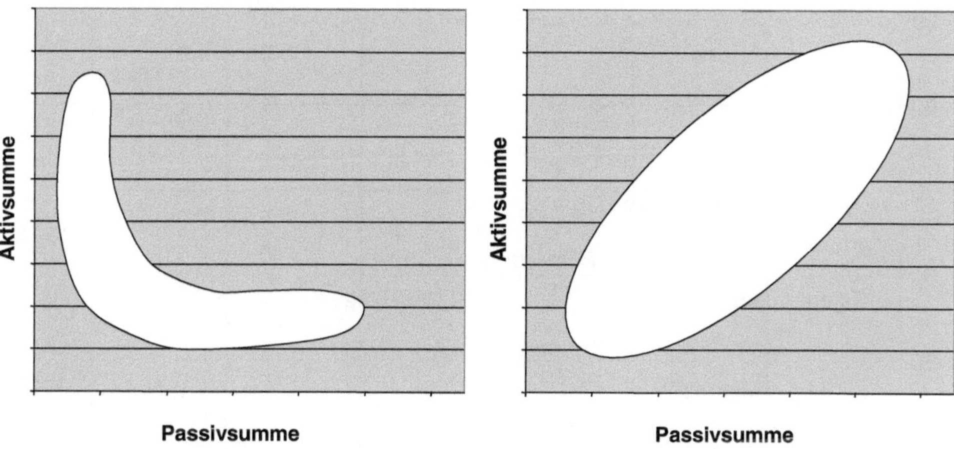

Abb. 10.2 Idealtypische Darstellungen von Aktiv-Passiv Diagrammen (Darstellung nach: Arcade et al. 2009; Arcade et al. 1994)

der Deskriptoren oder, wie hier, der Entwicklungsvarianten ermittelt. Der P-Wert wird durch Multiplikation der Aktivsumme und der Passivsumme bestimmt. Aus ihm kann abgelesen werden, wie stark die Vernetzung des Deskriptors mit dem Gesamtsystem ausfällt. Der Q-Wert wird durch Division der Aktivsumme durch die Passivsumme ermittelt und ist ein zusätzlicher Indikator für die (Re-)Aktivität eines Zustandes. Während beim Q-Wert die Grenze exakt bestimmt werden kann (> 1,0 = aktiv), ist dies beim Vernetzungsgrad nicht so einfach, es fehlt ein klarer Maßstab. Deswegen bietet es sich an, auf Erfahrungswerte zurückzugreifen, von denen Vester in der Praxis erprobte Werte angibt[7]. Diese Werte werden auch in der vorliegenden Arbeit zu Grunde gelegt (vgl. Vester 1992: 96). Auf dieser Basis ist es möglich, Deskriptoren oder Entwicklungsvarianten verschiedenen Kategorien zuzuordnen (vgl. Kosow/Gaßner 2008: 42):

- **Hebel:** Nimmt mehr Einfluss als er selber empfängt. Er kann also zur Beeinflussung eines Systems eingesetzt werden.
- **Dynamisch:** Wirkt stark, wird gleichzeitig stark beeinflusst und ist hoch vernetzt. Seine Veränderung ist also im Blick zu behalten und kann „Nebenwirkungen" verursachen.
- **Indikator:** Wird stärker beeinflusst als er selber wirkt und ist gleichzeitig gut vernetzt. Er hat also eine indikative Rolle.
- **Puffer:** Ist träge im Hinblick auf Wirkung und Vernetzung. Er hat wenig Wirkung auf das Gesamtsystem.

Eine solche Auswertung kann zum Beispiel genutzt werden, um Aufschlüsse über die Wirksamkeit von Maßnahmen zu erlangen. In Abb. 10.4 ist die Vierfelderauswertung für

---

[7] Neutrallinie in Abb. 10.4: $p = (n - 1)^2$ (n = Anzahl der Deskriptorzustände)

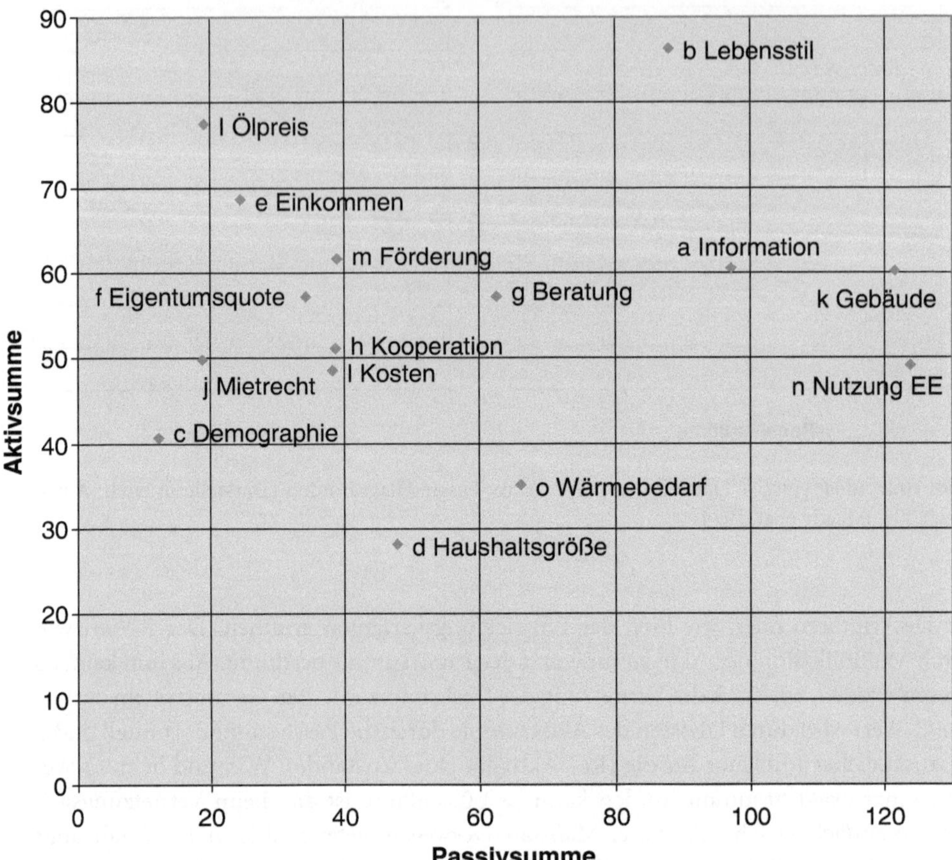

Abb. 10.3 Aktiv-Passiv Diagramm[6] des Wärmekonsums (für Details zu den Deskriptoren siehe Tab. 10.1)

den Wärmekonsum aufgetragen. In der Abb. 10.4 sind nur Entwicklungsvarianten aufgenommen, die „direkt" oder „indirekt" durch Maßnahmen beeinflusst werden können. Aus der Illustration ist zu erkennen, dass die Varianten j2 und j3 zum Mietrecht (Deskriptor j) besonders wirksame Eingriffsmöglichkeiten darstellen. Auch die Förderung erneuerbarer Energien (m), insbesondere die Fördergelder (m3), ist – wenngleich sie sich formal im leicht dynamischen Bereich befinden – ein wirksames Steuerungsinstrument. Die (aktive) Vernetzung der Praxisakteure (h beziehungsweise h3) gehört ebenfalls in diese Kategorie. Der Informationsgrad der Konsumenten (a) und die Qualität der Beratung (g) hingegen haben demnach eine eher indikative Rolle.

Das Aktiv-Passiv Diagramm und die Vierfelderauswertung helfen dabei, einen ersten Eindruck vom System „Wärmekonsum" und über die die systemische Rolle der Deskriptoren und ihrer Entwicklungsvarianten zu erlangen. Beide Verfahren treffen jedoch keine

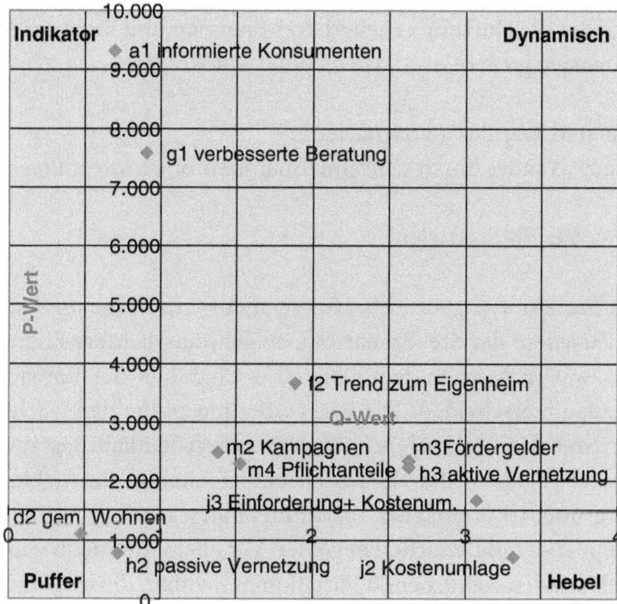

Abb. 10.4 Vierfelderauswertung des Wärmekonsums (für Details zu den Entwicklungsvarianten siehe Tab. 10.1)

Aussage darüber, welche Entwicklungsvarianten miteinander vereinbar sind oder welche sich widersprechen beziehungsweise wie sie im System aufeinander einwirken. Dies zeigt sich erst durch eine Szenarioanalyse.

10.4   Drei Szenariotypen – das System der Wechselwirkungen

Von den 1.679.616 theoretisch möglichen Kombinationen haben sich im Rahmen einer Konsistenzprüfung letztendlich 25 Szenarien als perfekt widerspruchsfrei erweisen. Ein Teil dieser Szenarien weicht nur geringfügig voneinander ab. So weisen zehn von 15 Deskriptoren in mindestens zwei Dritteln der konsistenten Szenarien dieselben Entwicklungsvarianten auf, und sieben Varianten (z. B. ein Wertewandel zu desinteressierten Verschwendern) kommen überhaupt nicht vor. Interessant ist ferner, dass alle Szenarien zusammen mit einem abnehmenden Gesamtwärmebedarf auftreten. Andererseits unterscheiden sich dennoch viele Szenarien in zentralen Nachhaltigkeitsfeldern (z. B. dem Ausbau Erneuerbarer Energien) und vor allem in der Kombination der Merkmale. Die Szenarien drücken als Ganzes eine Möglichkeitsvielfalt, aber keine Beliebigkeit aus.

In ihrer Wirkung auf die Nutzung erneuerbarer Energien und ihrer generellen Charaktere können die Szenarien grob in drei Typen[8] unterteilt werden:

- Typ A „Stabilität statt Wandel" (8 Szenarien),
- Typ B „Moderater Wandel durch Einzelmaßnahmen ohne integratives Konzept" (13 Szenarien) und
- Typ C „Energiewende" (4 Szenarien).

Das Tableau der Szenariotypen in Abb. 10.5 zeigt eine zusammenfassende Darstellung aller 25 Szenarien. Zu jedem der drei Szenariotypen gehören mehrere Einzelszenarien, die sich untereinander zwar nicht nach dem generellen Charakter der Entwicklung, aber in verschiedenen Details unterscheiden. Die Farbcodierungen, die den Nachhaltigkeitscharakter der einzelnen Szenariomerkmale ausweisen, machen deutlich, dass die Szenarien fast ausnahmslos einen heterogenen Charakter besitzen: nachhaltige Entwicklungen in einem Bereich werden aufgrund der komplexen Zusammenhänge häufig von weniger nachhaltigen Entwicklungen in anderen Bereichen begleitet. Vor allem innerhalb von Szenariotyp B „Moderater Wandel" werden weitgehende Variationen sichtbar, die von ökonomisch motivierten Sanierungen über eine „Unterstützung" durch einen Ölpreisschock bis hin zu durch umweltbewusste Lebensstile und Mietrechtsänderungen getragene Sanierungen reichen. Nach links nähert es sich also Szenariotyp A an und nach rechts wird es Szenariotyp C ähnlicher.

Die Unterschiede zwischen den konsistenten Szenarien lassen sich am leichtesten anhand der Deskriptoren n. (Nutzung erneuerbarer Energien) und Lebensstiltypen (b.) verdeutlichen. Alle Kombinationen, bei denen eine stabile Nutzung erneuerbarer Energien vorkommt, haben gemeinsam, dass die Gesellschaft sich eher hin zu kostenbewussten Lebensstilen (b1) entwickelt und Informationsstand (a), Beratung (g) und Akteursvernetzung (h), Mietrecht (j), Gebäudestandards (k) und Bereitstellungskosten (l) bestenfalls stabil bleiben. Besonders auffällig ist dies bei den Gebäudestandards und Bereitstellungskosten: alle dieser konsistenten Szenarien gehen mit stabilen Sanierungsquoten und Kosten einher und führen zu stabilen Anteilen erneuerbarer Energien.

Umgekehrt ist es bei den Szenarien mit Vollversorgung. Sie treten nur in Verbindung mit einem Wertewandel zu umweltbewussten Lebensstiltypen auf, und sämtliche oben genannten Aspekte werden deutlich verbessert beziehungsweise im Fall des Mietrechts deutlich verschärft. Während die Förderung erneuerbarer Energien in Szenariotyp A stabil bleibt, geht Szenariotyp C stets mit einer verpflichtenden Nutzung erneuerbarer Energien einher.

Folgendes Szenario des Types B („Moderater Wandel") ist von besonderem Interesse, da es für jeden Deskriptor genau die Entwicklung aufzeigt, die im Raum der 25 konsistenten Szenarien für diesen Deskriptor am häufigsten auftritt:

---

[8] Die Titel der Szenarien („Szenariomotto") sind interpretierende Deutungen der Autoren auf Basis der Entwicklungen, die in dem Szenario für die Faktoren unterstellt sind.

<table>
<tr>
<td>Informationsstand der Konsumenten etwa stabil</td>
<td colspan="6">Informationsstand zunehmend gut informierte Konsumenten</td>
</tr>
<tr>
<td colspan="4">Wertewandel hin zu kostenbewussten Lebensstilen</td>
<td colspan="3">Wertewandel hin zu umweltbewussten Lebensstilen</td>
</tr>
<tr>
<td colspan="3">Moderater Alterungsprozess oder starker Alterungsprozess</td>
<td>starker Alterungsprozess</td>
<td colspan="2">Moderater Alterungsprozess</td>
<td>Moderater oder starker Alterungsprozess</td>
</tr>
<tr>
<td colspan="4">Trend zu gemeinschaftlichem Wohnen</td>
<td colspan="2">Trend zu individualisiertem Wohnen</td>
<td>Trend zu gemeinschaftlichem Wohnen</td>
</tr>
<tr>
<td>Stagnierende Einkommensentwicklung oder bescheidener Wohlstandszuwachs für einige Bevölkerungsgruppen</td>
<td colspan="2">Stagnierende Einkommensentwicklung</td>
<td>Bescheidener Wohlstandszuwachs für einige Bevölkerungsgruppen</td>
<td colspan="2">Bescheidener Wohlstandszuwachs für einige Bevölkerungsgruppen oder breiter Wohlstandszuwachs</td>
<td>Bescheidener Wohlstandszuwachs für einige Bevölkerungsgruppen</td>
</tr>
<tr>
<td colspan="4">Eigentumsquote etwa stabil</td>
<td colspan="2">Breiter Trend zum Eigenheim</td>
<td>Eigentumsquote etwa stabil</td>
</tr>
<tr>
<td>Stabile Beratungqualität</td>
<td colspan="6">Verbesserung der Beratungsqualität</td>
</tr>
<tr>
<td>Zunehmendes Konkurrenzdenken zwischen den Praxisakteuren</td>
<td colspan="6">Kooperation und Vernetzung der Praxisakteure: aktive Vernetzung der Praxisakteure</td>
</tr>
<tr>
<td colspan="3">Moderate Ölpreis-Entwicklung</td>
<td>Ölpreis-Schock</td>
<td colspan="3">Moderate Ölpreis-Entwicklung</td>
</tr>
<tr>
<td colspan="2">Mietrecht: keine relevanten Änderungen oder Möglichkeit zur Kostenumlage</td>
<td>Mietrecht: Einforderung Mindestsanierungsstandards sowie Möglichkeit zur Kostenumlage</td>
<td>Mietrecht: Möglichkeit zur Kostenumlage oder Einforderung Mindestsanierungsstandards sowie Möglichkeit zur Kostenumlage</td>
<td colspan="2">Mietrecht: Möglichkeit zur Kostenumlage</td>
<td>Mietrecht: Einforderung Mindestsanierungsstandards sowie Möglichkeit zur Kostenumlage</td>
</tr>
<tr>
<td>Gebäude-Sanierungsquote stabil</td>
<td colspan="6">Gebäude-Sanierungsquote steigend</td>
</tr>
<tr>
<td>Jährl. Bereitstellungskosten für Wärme aus EE (inkl. Förderung) etwa stabil</td>
<td colspan="6">Reduktion der jährlichen Bereitstellungskosten für Wärme aus EE (inkl. Förderung)</td>
</tr>
<tr>
<td>EE-Förderung stabil</td>
<td colspan="5">EE-Förderung mit Schwerpunkt auf Werbe- und Informationskampagnen</td>
<td>EE-Förderung mit Schwerpunkt auf Pflichtanteile</td>
</tr>
<tr>
<td>Nutzung erneuerbarer Energien etwa stabil</td>
<td colspan="5">kontinuierlicher Ausbau erneuerbarer Energien</td>
<td>EE Vollversorgung</td>
</tr>
<tr>
<td colspan="7">Gesamtwärmebedarf abnehmend</td>
</tr>
<tr>
<td rowspan="2">Szenariotyp A:
"Stabilität statt Wandel"</td>
<td colspan="5">Szenariotyp B:
"Moderater Wandel durch Einzelmaßnahmen ohne integratives Konzept"</td>
<td rowspan="2">Szenariotyp C:
"Energiewende"</td>
</tr>
<tr>
<td>Ökonomisch motivierte Sanierung als Erfolg der Marktakteure</td>
<td>... zusätzliche Unterstützung durch ambitionierte Mietrechtsreform</td>
<td>... zusätzliche Unterstützung durch Ölpreisschock und seine Folgen im Mietsrecht</td>
<td>Sanierungsimpulse durch Umweltbewusstsein und Verbesserungen im Mietrecht</td>
<td>Sanierungsimpulse d. Umweltbewusstsein, Wohneigentum unc Verbesserungen im Mietrecht</td>
</tr>
</table>

Abb. 10.5 Tableau der Szenariotypen

a Informationsstand:	*a1 zunehmend gut informierte Konsumenten*
b Lebensstil:	*b1 Wertewandel zu kostenbewussten Lebensstilen*
c Demografische Entwicklung:	*c1 moderater Alterungsprozess*
d Haushaltsgröße:	*d2 Trend zu gemeinschaftlichem Wohnen*
e Einkommen:	*e1 stagnierende Einkommensentwicklung*
f Eigentumsquote:	*f1 etwa stabile Eigentumsquote*
g Qualität der Beratung:	*g1 Verbesserung der Beratungsqualität*
h Kooperation und Vernetzung der Praxisakteure:	*h3 aktive Vernetzung der Praxisakteure*
i Ölpreis:	*i1 moderate Ölpreisentwicklung*
j Mietrecht:	*j2 Möglichkeit zur Kostenumlage*
k Energetische Gebäudestandards:	*k2 steigende Sanierungsquoten*
l Jährliche Bereitstellungskosten EE-Wärme:	*l3 Reduktion der Bereitstellungskosten*
m Förderung erneuerbarer Energien:	*m2 Schwerpunkt auf Werbung und Information*
n Nutzung erneuerbarer Energien:	*n2 kontinuierlicher Ausbau (40 % bis 2040)*
o Gesamtwärmebedarf:	*o1 abnehmender Gesamtwärmebedarf*

Es hat damit den Charakter eines „Modalwertszenarios". Diese Eigenschaft bedeutet nicht unbedingt, dass es das wahrscheinlichste Szenario ist. Jedoch kann das Szenario als Referenzszenario des Szenarioraums betrachtet werden, das alle vor dem Hintergrund des Einflussnetzwerks besonders leicht realisierbaren Entwicklungen in sich vereinigt.

Interessant ist in diesem Zusammenhang auch ein vertiefter Blick auf den Deskriptor Gesamtwärmebedarf. Zwar wird bei allen konsistenten Szenarien eine Reduktion angegeben, die Resultate unterschieden sich aber signifikant in Bezug auf ihre Festigkeit. Während bei Szenariotyp C eine Festigkeit von sieben bis acht gegeben ist – das heißt, erst eine Veränderung von sieben oder acht Bewertungspunkten kann zu einem „Kippen" hin zu einem stabilen Wärmebedarf führen – kann dies bei Szenariotyp A bereits durch Umverteilung von ein bis zwei Bewertungspunkten geschehen. Die Robustheit der Ergebnisse gegenüber Bewertungsunsicherheiten und Systemveränderungen beziehungsweise Systemstörungen unterscheidet sich also deutlich. Bei Szenariotyp B wiederum ist eine ähnliche Festigkeit wie bei C festzustellen, sie steigt von zunächst sechs (ökonomisch motivierte Sanierungen) auf acht („Unterstützung" durch einen Ölpreisschock) an und bleibt dann nahezu konstant.

Zu den Vorteilen der Szenarioanalyse auf Basis einer Cross-Impact Matrix gehört es, dass das Für und Wider für bestimmte Entwicklungen leicht aufgearbeitet werden kann. In Abb. 10.6 sind einige Einflusswirkungen und deren Gründe beispielhaft für das Thema „Ausbau erneuerbarer Energien" aufgeführt. Bei der Einordnung der dargestellten Ergebnisse ist auch (der in der Abb. 10.6 nicht abgetragene) Deskriptor b wichtig. Während umweltbewusste Lebensstile (b2) (im Zuge einer grundsätzlichen Befürwortung erneuer-

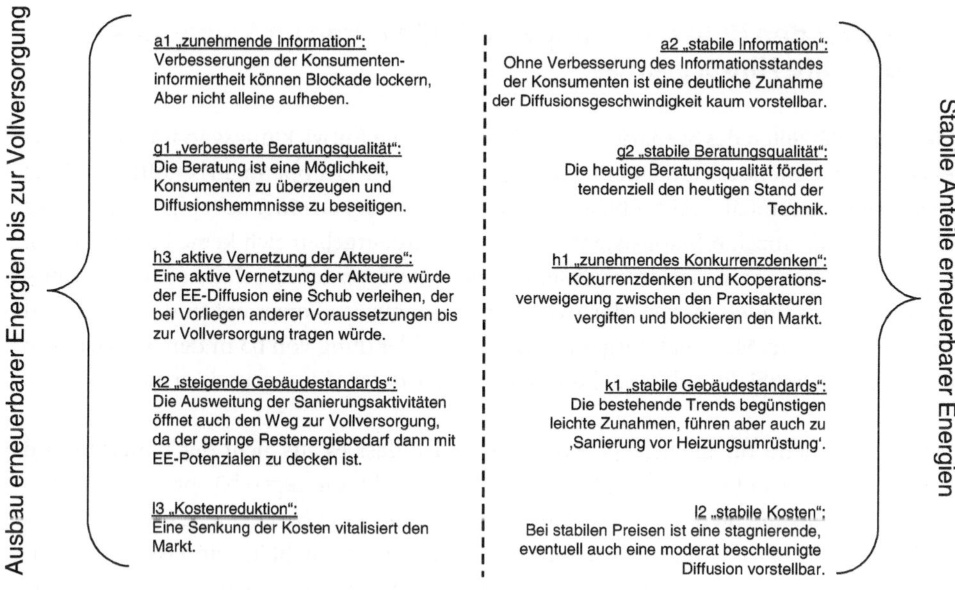

Abb. 10.6 Wirkungen und Hintergründe

barer Energien)[9] klar zur linken Seite tendieren, sind die kostenbewussten Lebensstile (b1) sowohl bei den stabilen als auch bei gemäßigten Wachstumsraten erneuerbarer Energie zu finden. Daraus wird einerseits deutlich, dass das Netzwerk eine Wärme-Vollversorgung mit Erneuerbaren bis 2040 nur im Zusammenhang mit einem Wertewandel hin zu umweltbewussten Lebensstilen als naheliegende Entwicklung einschätzt. Andererseits kann das Verhalten der Kostenbewussten damit erklärt werden, dass sie eher einen geringen Anteil erneuerbarer Energien favorisieren, angesichts der möglicher Ölpreisentwicklungen aber durchaus auch einen moderaten Anstieg befürworten.

---

[9] Bei Einzelauswertung von zwei Matrizen ergeben sich interessante Ausnahmen, die als Szenariovarianten aufgefasst werden können. Die Auswirkungen eines Ölpreisschocks werden darin sehr hoch eingestuft. Dieser Logik folgend, kann eine Vollversorgung auch bei einem Trend zu kostenbewussten Lebensstilen hergestellt werden (immer in Verbindung mit Ölpreisschock). Dieser Typus kann als ‚Erzwungene Wende' charakterisiert werden.

10.5 Hinter den Kulissen – einige Auffälligkeiten im Szenarienset und ihre Hintergründe

Zu den Auffälligkeiten des Szenariosets gehört es, dass die Entwicklungsvariante b3 (desinteressierte Verschwender) in keinem der 25 Szenarien der Gruppenmatrix auftritt[10]. Dies erweist sich insgesamt als recht robuster Befund: Auch wenn an einer beliebigen Stellen des Netzwerkes eine einzelne Inkonsistenz zugelassen wird, ergeben sich keine b3-Szenarien. Dies geschieht erst, wenn zwei Inkonsistenzen akzeptiert werden. Auch eine Ensembleauswertung, bei der mindestens zwei der zwölf Expertenmatrizen konsistent sind, erzeugt kein Szenario mit diesem Merkmal. Insgesamt ist die Ausblendung von b3 in den Szenarien so auffällig und intersubjektiv, dass ein konkreter, aufklärbarer Hintergrund vermutet werden kann.

Mitverursachend für die geringe Rolle von b3 ist, dass es aus Sicht der Experten und Expertinnen insgesamt viele mögliche Entwicklungen gibt, die gegen b3 sprechen würden (informierte Konsumenten, starke Alterung, stagnierende oder bescheidene Einkommensentwicklung, Trend zum Eigenheim, verbesserte Beratungsqualität, Ölpreisschock, steigende Sanierungsraten, EE- Förderung durch Informationskampagnen), und nur wenige, die für b3 sprechen (breiter Wohlstandszuwachs, Verschlechterung der Beratungsqualität). Außerdem würde ein Wertewandel zu desinteressierten Verschwendern so ungünstige Entwicklungen im Bereich erneuerbarer Energien und Wärmebedarf heraufbeschwören, dass gegensteuernde Reaktionen von Politik (und eventuell des Ölmarktes) einsetzen würden, wodurch das Konsumumfeld (Beratung, Ölpreise, Mietrecht) und in der Folgewirkung schließlich auch der Lebensstil verändert würden. Ein Szenario mit „desinteressierten Konsumenten" ist also – unter den in der Gruppenmatrix unterstellten Reflexen – ein Zustand der seine eigenen Voraussetzungen untergräbt und daher unter den gegebenen Bedingungen nicht dauerhaft auftreten kann.

Eine weitere Auffälligkeit bei der Szenariobildung ist, dass dem Deskriptor „Ölpreis" (i) zwar eine Schlüsselrolle zugemessen wird (zweithöchste Aktivsumme aller Deskriptoren), sich dies in der Szenarioanalyse jedoch nur teilweise bestätigen konnte: alle i2-Szenarien existieren auch ohne Ölpreisschock, andererseits existiert mit Ölpreisschock jedoch nur ein kleiner Teil der sonst möglichen Szenarien. Der Zustand i2 „Ölpreisschock" generiert also keine zusätzlichen Möglichkeiten im Szenarioraum, er grenzt aber anderseits den Raum der Möglichkeiten signifikant ein. Mit eine Rolle bei der eingeschränkten Wirksamkeit eines Ölpreisschocks spielen „taube Impacts", das heißt Impacts, die zur Aktivsummenbestimmung beitragen, aber in den Szenarien keine tatsächliche Wirkung entfalten, weil entweder die geförderten Zustände im systemischen Zusammenhang der Szenarien oh-

---

[10] In drei Einzelmatrizen kommt es im Zusammenhang mit einem Wertewandel zu desinteressierten Verschwendern und einem Ausbleiben politischen (insbesondere m1 und j1) und unternehmerischen Handelns zu konsistenten Szenarien mit stabilem und sogar zunehmendem Gesamtwärmebedarf. Durch ‚passive Akteure' gerät der Wärmekonsums also ins Abseits des gesellschaftlichen Interesses.

nehin realisiert sind, oder weil die von ihnen gehemmten Zustände ohnehin nicht auftreten. Diese Konstellation ist auch beim „Ölpreisschock" zu finden. Die Hauptwirkungen (+/–3 Wirkungen) des Zustands, die maßgeblich zu seiner hohen Aktivsumme beitragen, bestehen aus der Unterdrückung verschwenderischer Lebensstile zugunsten kostenbewusster Lebensstile, der Begünstigung besserer Gebäudestandards und der Vermeidung einer Stagnation bei der Nutzung erneuerbarer Energien. Diese Impacts können jedoch im Szenario-Spektrum keine umfassend prägende Wirkung entfalten, da verschwenderische Lebensstile aus anderen Gründen ohnehin nicht auftreten (s. o.) und auch die anderen Wirkungen (auf die Gebäudestandards und die Nutzung erneuerbarer Energien) ohnehin der Mehrzahl der Szenarien entsprechen. Auffällig ist, dass die Ölpreisschock-Szenarien im Mittelfeld des Szenario-Arrays (siehe Abb. 10.5) angesiedelt sind und damit eher geeignet sind, um aus Nachhaltigkeitsperspektive besonders ungünstige Szenarien zu vermeiden, als dafür, besonders günstige Szenarien herbeizuführen.

10.6   Vom Systemwissen zum systematischen Handeln – Ansätze einer Wirksamkeitsanalyse von Steuerungsmöglichkeiten

Im Rahmen des Projektes „Energie nachhaltig konsumieren – nachhaltige Energie konsumieren" wurden von den beteiligten Forschungspartnern Handlungsempfehlungen entwickelt, durch die beteiligten Praxispartner auf ihre praktische Anschlussfähigkeit geprüft sowie von einem Expertendelphi diskutiert und weiterentwickelt (vgl. Zech et al. 2011; Schulze et al. 2010). Die qualitative Szenarioanalyse eröffnet eine zusätzliche Möglichkeit, gesellschaftliche Steuerungsmöglichkeiten im Bereich des Wärmekonsums auf ihre Wirksamkeit im Umfeld unterschiedlicher Zukunftsentwicklungen zu reflektieren.

Auf Basis der Cross-Impact Bilanzanalyse können Schlussfolgerungen darüber gezogen werden, ob eine Handlungsempfehlung im Rahmen eines bestimmten Szenariotyps „funktioniert" oder ob sie „gegen die Wand läuft" (wirksam – unwirksam). Zudem kann erörtert werden, ob die Umsetzung einer bestimmten Handlungsempfehlung mit einem Szenariotypen nicht vereinbar ist oder ob sie entbehrlich ist, da sie „offene Türen einrennt". In methodischer Hinsicht kann dazu die Funktion des „Einprägens" im ScenarioWizard genutzt werden, die der Simulation externer Eingriffe dient. Dabei werden für Deskriptoren bestimmte Entwicklungsvarianten „erzwungen", die unabhängig von der Einflussnahme durch andere Deskriptoren eingehalten werden. Auf Basis dieser CIB-Resultate ist anschließend eine qualitative Einordnung der Wirkungszusammenhänge und der Wirksamkeit der Maßnahmen durch die Autoren erforderlich. Die Ergebnisse einer beispielhaften Prüfung von vier Handlungsempfehlungen sind in Abb. 10.7 abgetragen. Es wird auch aufgezeigt, mittels welchen Deskriptors eine Handlungsempfehlung ihre Wirkung entfaltet.

Wird (mit Hilfe des ScenarioWizard) in Szenariotyp C beispielsweise j1 („keine relevanten Mietrechtsänderungen") „erzwungen", verbleiben die Energiewende-Szenarien, abgesehen von diesem Deskriptor, unverändert. Der Energiewende-Trend in Szenariotyp C ist

Handlungsempfehlung	Wirkung über Deskriptor	Szenario A: Stabilität statt Wandel	Szenario B: Moderater Wandel	Szenario C: Energiewende
Gestalten und verfassen verständlicher Informationsbroschüren	a. Information	✗	✓	◯
Förderung intelligenter Feedbacksysteme	a. Information	✓	✓	✓
Mietrechtsänderung (Investor-Nutzer-Dilemma)	j. Mietrecht	⇄	✓	◯
Unabhängige ENEV Kontrollen	k. Gebäudestandards	✓	✓	✓
…	…	…	…	…

✓ wirksam (‚Verstärkt oder stabilisiert Trends in Richtung Nachhaltigkeit')   ✗ unwirksam (‚Läuft gegen die Wand')   ⇄ starke Veränderung (‚führt zu anderem Szenario')   ◯ entbehrlich (‚Rennt offene Türen ein')

Abb. 10.7 Wirksamkeit von Handlungsempfehlungen

demnach so kohärent und vielseitig abgestützt, dass auf rechtliche Zwänge verzichtet werden kann. Die Akteure vollziehen die Wende innerhalb dieser Rahmenbedingungen also von sich aus. Gleichzeitig tritt ein konsistentes Szenario mit stabilen Anteilen erneuerbarer Energien wie in Szenariotyp A aber nicht auf, wenn weitgreifende Mietrechtsänderungen vorgegeben werden. Insofern kann vermutet werden, dass – wie es beim Erzwingen von Zustand j3 („Einforderung Mindestsanierung + Möglichkeit zur Kostenumlage") geschieht – Entwicklungen so stark beeinflusst werden, dass sie schließlich in einen anderen Szenariotyp (B oder C) münden.

Werden hingegen verständlichere Informationsbroschüren entwickelt, reichen diese ohne Kombination mit anderen Maßnahmen nicht aus, um Informationsdefizite, Akteurskonstellationen oder Lebensstile in Szenariotyp A merklich zu verändern. Allein wird die Umsetzung einer solchen Maßnahme also nicht zu sehr gut informierten und aktiven Konsumenten führen, so dass die strukturellen Trägheiten in diesem Szenario dominieren. Dieses Instrument alleine „läuft in Szenariotyp A also gegen die Wand", während es unter anderen Rahmenbedingungen durchaus Wirkungen entfalten (Szenariotyp B) kann. Unter den Rahmenbedingungen von Szenariotyp C wiederum kann es sogar entbehrlich sein, da die Konsumenten von sich aus („selbst organisiert") nach Informationen suchen und dabei auf kooperierende und gut vernetzte Praxisakteure treffen werden, die aus Eigeninteresse heraus um den Abbau von Informationsdefiziten bemüht sind.

Anders ist dies bei der Einführung von intelligenten Feedbacksystemen für Wärmeenergie. Da Feedbacksysteme verschiedene Lebensstile ansprechen und über verschiedene Beweggründe (Informationsverbesserung und Kostenersparnis) wirken, können sie in allen drei Szenariotypen eine Wirksamkeit entfalten. Gleiches gilt für das ordnungsrechtliche Instrumentarium „Verstärkung der ENEV Kontrollen", das verspricht, die Bauausführung zu verbessern und somit den Gesamtwärmebedarf in allen Szenariotypen zu reduzieren. Allerdings nicht so maßgeblich, dass sich der Charakter eines Szenariotypes komplett änderte.

10.7 Bilder des Wärmekonsums – Synopse und Anwendungsbereiche der qualitativen Szenarioanalyse

Durch Anwendung der CIB ist es möglich, die komplexen Wirkungsbeziehungen im System „Wärmekonsum" unter Berücksichtigung der drei Analyseebenen (Mikro-, Meso- und Makroebene) zu erfassen, zu erklären und eine Bandbreite möglicher Zukunftsentwicklungen des Wärmekonsums bis 2040 anzugeben.

Die Anwendung dieser heuristischen Methode trägt also dazu bei, das Systemverständnis für den Wärmekonsum und seine komplexe Einbettung in seinen Kontext zu erhöhen, und hilft dadurch, „weiches" und „ganzheitliches" Systemwissen zu heben, zu systematisieren und seine Implikationen für das Systemverhalten zu diskutieren. In Tab. 10.2 ist eine Synopse der drei Szenariotypen und ihrer zwei Varianten aufgeführt. Die gewonnenen Ergebnisse spannen eine beträchtliche Bandbreite möglicher Zukunftsentwicklungen auf, ohne dabei beliebig zu werden. Sie thematisieren die Voraussetzungen nachhaltiger Entwicklungen im privaten Wärmekonsum mit bestimmten Entwicklungen auf der Mikro-, Meso- und Makroebene.

Qualitative, multidisziplinäre Szenarien, wie die in diesem Beitrag beschriebenen, können auf vielfältige Weise als Ausgangspunkt zu einem verbesserten Verständnis der Bedingungen einer nachhaltigen Entwicklung und zur Entwicklung von Umsetzungsstrategien beitragen:

- Qualitative Szenarien mit dokumentierter Beziehungslogik können als kommunikatives Instrument in Lehre, Öffentlichkeitsarbeit und in Fachdiskursen eingesetzt werden. Sie unterstützen die Diskussion über die Voraussetzung, Nebenwirkungen und Risikoanfälligkeit bestimmter Entwicklungen.
- Qualitative Szenarien mit integrativem Zuschnitt, die ein breites Spektrum von Aspekten disziplinübergreifend in konsistente Bilder zusammenfassen, können fundierte Ausgangspunkte („Kontextszenarien") für quantitative Modellrechnungen sein.
- Qualitative Szenarien als Repräsentation des Möglichkeitsraums können für die Erprobung von Steuerungsmöglichkeiten verwendet werden. Im Rahmen einer Analyse der Wirksamkeit von Maßnahmen können sie helfen, robuste Maßnahmen, die sich auch unter veränderten Umfeldbedingungen bewähren, zu identifizieren und bei nicht-robusten Maßnahmen kritische Entwicklungen zu antizipieren.

Tab. 10.2 Synopse konsistenter Szenariotypen

Szenariotyp A: Stabilität statt Wandel	Szenariotyp B: Moderater Wandel	Szenariotyp C: Energiewende
Veränderungen beruhen hier fast ausschließlich auf ökonomischen Erwägungen. Der Wunsch nach Stabilität und systemimmanente Trägheiten – z. B. Gebäude- und Technologiebestand, traditionelle Untergliederung des Handwerks – führen dazu, dass weiterhin auf bewährte Technologien gesetzt wird.	Bei diesem Typ werden – angetrieben durch verbesserte Beratung und Information sowie ökonomisch motivierte Konsummuster – moderate Veränderungen erreicht. Entwicklungssprünge finden nicht statt, da die politische Steuerung (hart – weich) auf einen geordneten und ausgewogenen Übergang ausgerichtet ist.	Bei diesem Szenariotyp greifen alle „Zahnräder ineinander" – z. B. informierte und umweltbewusste Konsumenten, vernetzte und gute beratende Akteure sowie politische Eingriffe – und setzen dadurch Impulse, die bis hin zur Vollversorgung mit erneuerbaren Energien tragen.
Variante zu A: **Passive Akteure**		**Variante zu C:** **Erzwungene Wende**
Bedingt durch Unterlassen politischen und unternehmerischen Handelns und gefördert von desinteressierten Konsumenten gerät der Konsum ins Abseits, vereinzelt unternommene Maßnahmen „verpuffen". Dieses „Syndrom" lähmender Entwicklungen verhindert eine positive Entwicklung sowohl im Bereich der EE-Nutzung als auch im Bereich des Gesamtwärmebedarfs.		Der Ölpreisschock ist so signifikant, dass sich die ökonomische Konkurrenzfähigkeit erneuerbarer Energien rapide verbessert und gleichzeitig eine Anpassung des Konsumverhaltens unausweichlich ist – um einen wirtschaftlicher Niedergang zu verhindern.

Literaturverzeichnis

Arcade, Jacques; Gordet, Michel; Meunier, Francis; Roubelat, Fabrice: Structural analysis with the MICMAC method & Actors' strategy with MACTOR method. In: Glenn, Jerome; Gordon, Theodore (Herausgeber): Futures Research Methodology V3.0. Washington D.C: The Millennium Project, 2009

Arcade, Jacques; Gordet, Michel; Meunier, Francis; Roubelat, Fabrice: Structural analysis with the MICMAC method & Actors' strategy with MACTOR method. Paris: Laboratory for Investigation in Prospective and Strategy, 1994

Becker, Andreas: Politische und gesellschaftliche Probleme lösen: Systemanalysen als Werkzeug für die Politik. Norderstedt: Books on Demand, 2008

Chroust, Gerhard: Teaching using architectural dichotomic alternatives. Onlineveröffentlichung: www.itk.ntnu.no/misc/ercim/06/gc_teaching_pre.pdf , 2006

Förster, Georg: Szenarien einer liberalisierten Stromversorgung. Stuttgart: Akademie für Technikfolgenabschätzung in Baden-Württemberg, 2002

Fuchs, Gerhard; Fahl, Ulrich; Pyka, Andreas; Staber, Udo; Voegele, Stefan; Weimer-Jehle, Wolfgang: Generating Innovation Scenarios using the Cross-Impact Methodology. Bremen: University of Bremen, Institute of Economics, Discussion-Papers Series No. 007–2008, 2008

Gausemeier, Jürgen; Plass, Christoph; Wenzelmann, Christoph 2009: Zukunftsorientierte Unternehmensgestaltung. Strategien, Geschäftsprozesse und IT-Systeme für die Produktion von morgen. München, Wien: Hanser Verlag

Gausemeier, Jürgen; Fink, Alexander; Schlake, Oliver: Scenario Management: An Approach to Develop Future Potentials. In: Technological Forecasting and Social Change Volume 59/2 (1999): 111–130

Gausemeier, Jürgen; Fink, Alexander; Schlake, Oliver: Szenario-Management. Planen und Führen mit Szenarien. München, Wien: Carl Hanser Verlag, 1996

Gordon, Theodore; Hayward, H.: Initial experiments with the cross impact matrix method of forecasting. Future 1/2 (1968): 100–116.

Honton, Edward; Stacey, Gary; Millett, Stephen: Future Scenarios – The BASICS Computational Method. Economics and Policy Analysis Occasional Paper No. 44, Batelle Columbus Division, Columbus, Ohio (USA), 1985

Kosow, Hannah; Gaßner, Robert: Methoden der Zukunfts- und Szenarioanalyse. Überblick, Bewertung und Auswahlkriterien. Berlin: Institut für Zukunftsstudien und Technologiebewertung, WerkstattBericht Nr. 103, 2008

Malik (Malik Management Zentrum St.Gallen AG): Sensitivitätsmodell Prof. Vester®. Die computerisierten Tools für ein neues Management komplexer Probleme. Onlineveröffentlichung: www.frederic-vester.de/uploads/kurzinformation.pdf (abgerufen am 15.11.2010), 2010

Renn, Ortwin, Deuschle, Jürgen, Jäger, Alexander, Weimer-Jehle, Wolfgang: Leitbild Nachhaltigkeit. Wiesbaden: VS Verlag für Sozialwissenschaften, 2007

Schulz, Marlen, Laborgne, Pia, Jenssen, Till: Protokoll zum Gruppendelphi. Onlineveröffentlichung: http://www.uni-stuttgart.de/nachhaltigerkonsum/de/Downloads.html (abgerufen am 10.05.2011), 2010

Vester, Frederic: Die Kunst vernetzt zu denken. Ideen und Werkzeuge für einen neuen Umgang mit Komplexität. München: Deutscher Taschenbuch Verlag (dtv), 2002

Vester, Frederic: Ausfahrt Zukunft. Supplement. München: Studiengruppe für Biologie und Umwelt, 1992

Cross-Impact Bilanzanalyse: ScenarioWizard. http://www.cross-impact.de/deutsch/CIB_d_ScW.htm . (abgerufen am 15.11.2010), 2010

Weimer-Jehle, Wolfgang: Properties of Cross-Impact Balance Analysis. In: Physics and Society: http://arxiv.org/abs/0912.5352 (abgerufen am 15.11.2010), 2009

Weimer-Jehle, Wolfgang: Methodenblätter zur Cross-Impact Bilanzanalyse – Blatt Nr. 1. Stuttgart: Interdisziplinärer Forschungsschwerpunkt Risiko und Nachhaltige Technikentwicklung der Universität Stuttgart. http://www.cross-impact.de/deutsch/CIB_d_MBl.htm (abgerufen am 15.11.2010), 2008

Weimer-Jehle, Wolfgang: Cross-Impact Balances: A System-Theoretical Approach to Cross-Impact Analysis. In: Technological Forecasting and Social Change 73/4 (2006): 334–361

Zech, Daniel, Jenssen, Till, Eltrop, Ludger (Hrsg.): Informieren, Fördern und Fordern. Handlungsempfehlungen zur Unterstützung eines nachhaltigen Wärmekonsums. Stuttgart: Institut für Energiewirtschaft und Rationelle Energieanwendung (IER), Universität Stuttgart, 2011

Der nachhaltige Wärmekonsum: von der Sackgasse auf die Vorfahrtsstraße

Diana Gallego Carrera, Till Jenssen, Sandra Wassermann, Daniel Zech, Ludger Eltrop und Wolfgang Weimer-Jehle

Dieses Buch widmete sich der Frage, wie die Nachhaltigkeit bei der Nutzung von Wärmeenergie in Privathaushalten gesteigert werden kann. Zur Beantwortung dieser Frage wurden Teilergebnisse aus dem Projekt „Energie nachhaltig konsumieren – nachhaltige Energie konsumieren. Wärmeenergie im Spannungsfeld von sozialen Bestimmungsfaktoren, ökonomischen Bedingungen und ökologischem Bewusstsein" vorgestellt und diskutiert. Der Blickwinkel, aus welchem das Thema betrachtet wurde, ist hierbei bewusst interdisziplinär gewählt, um das große Einfluss- und Wirkungsspektrum der Wärmeenergie im Lichte der Nachhaltigkeit abzubilden. Denn nur ein interdisziplinärer Zugang zu diesem Thema vermag es, die Verflechtungen zwischen ökonomischen Interessen, sozialem Bewusstsein, politischen Vorgaben und technologischen Herausforderungen im Detail zu erörtern.

Beiträge, die ausschließlich aus „disziplinärer" Sicht verfasst wurden, greifen unserer Ansicht nach das Thema zu einseitig auf und legen eines deutlich dar: nämlich, dass eine disziplinär ausgelegte Erforschung des Themas aufgrund des hohen Komplexitätsgehalts zwangsläufig zu oberflächlich ist und somit in der Sackgasse enden muss. Daher scheint also klar zu sein: Damit die Nachhaltigkeit im Wärmeenergiesektor Einzug halten kann, sie also auf die Vorfahrtsstraße kommt, bedarf es interdisziplinärer Anstrengungen, Hilfestellungen und Kooperationen auf den Ebenen des Individuums im Privathaushalt (Mikroebene), der Akteure im Umfeld des Privathaushaltes (Mesoebene) sowie der Technologien und politischen Vorgaben (Makroebene).

Dieses Schlusskapitel schlüsselt diese drei Ebenen entlang ausgewählter Ergebnisse aus diesem Buch auf. Schließlich werden konkrete Handlungsempfehlungen formuliert, deren es aus Sicht der Autoren bedarf, um die Nachhaltigkeit des Wärmekonsums in Privathaushalten zu steigern. Die Argumentation folgt hierbei einem Dreischritt, indem zuerst auf den „Ist-Zustand", also auf die gegenwärtige Situation in der Nutzung der Wärmeenergie eingegangen wird, dann in einem weiteren Schritt der erstrebenswerte „Soll-Zustand", das heißt eine durch gesteigerte Nachhaltigkeit gekennzeichnete Wärmeenergienutzung beschrieben

D. Gallego Carrera et al. (Hrsg.), *Nachhaltige Nutzung von Wärmeenergie*,
DOI 10.1007/978-3-8348-8650-7_11,
© Vieweg+Teubner Verlag | Springer Fachmedien Wiesbaden 2012

wird und schließlich im dritten Schritt die Hilfsmittel und Empfehlungen benannt werden, mit welchen ein nachhaltiger Wärmekonsum erreicht werden kann.

11.1   Der Ist-Zustand: Der aktuelle Wärmekonsum ist komplex, heterogen und insgesamt nicht nachhaltig

Der Wärmekonsum kann entsprechend der Erkenntnisse aus Kap. 10 als ein durchaus komplexes System charakterisiert werden, denn er wird durch viele interagierende Einflussgrößen bestimmt, die schwer vorhersehbare Wirkungen entfalten. Insofern führt die Cross-Impact Bilanzanalyse Szenarien mit fast ausnahmslos heterogenem Charakter: vereinzelt ergriffene und/oder moderat ausfallende Maßnahmen können auf systemische Trägheiten treffen und so nicht ihre volle Wirkung entfalten.

Die Tatsache, dass der weitaus größte Anteil (2010 über 90 %) der Raumwärme- und Warmwasserversorgung privater Haushalte nach wie vor aus fossilen Energieträgern und ineffizienten Anlagen bereitgestellt wird, ist ein erster Anhaltspunkt für den letzten Teil der oben genannte These, nämlich dass der aktuelle Wärmekonsum nicht nachhaltig ist. Auch die Bewertung mittels einer multikriteriellen Analyse (vgl. Kap. 2) unterstreicht dies, denn sie zeigt, dass die fossilen Technologien – insbesondere wegen ihres Ausstoßes treibhauswirksamer Emissionen – Schwierigkeiten haben, die Nachhaltigkeitsanforderungen zu erfüllen.

Der gegenwärtig wenig nachhaltige Zustand des Wärmeenergiesektors in Privathaushalten fußt primär auf dem geringen Kenntnisstand zur Wärmeenergie, den Konsumgewohnheiten und den Investitionsentscheidungen von Eigenheimbesitzern bzw. Mietern (Mikroebene). Diese agieren jedoch wiederum in Abhängigkeit der Makroebene, d. h. der Gebäude-, Versorgungs- und Siedlungsstrukturen sowie im Rahmen rechtlicher und politischer Vorgaben. Als Bindeglied zwischen den Privathaushalten und der Makroebene fungieren die Akteure im Umfeld der Privathaushalte, welchen primär eine Mittlerrolle zukommt (Mesoebene). Das Zusammenspiel der drei Ebenen Mikro-, Meso- und Makroebene ist hochkomplex und fragil. Die Gründe, warum dieses komplexe System in seinen gegenwärtigen Funktionen nicht nachhaltig ausgestaltet sein kann, werden in den nachstehenden Abschnitten ausführlich erläutert.

11.1.1   Die Mikroebene der Privathaushalte: Eine Zerreißprobe zwischen intrinsischen Motiven und externen Vorgaben

Um eines vorwegzunehmen: die Nachhaltigkeit im Wärmesektor der Privathaushalte ist ausbaufähig! Eine Veränderung des Nutzungsverhaltens im Umgang mit Wärmeenergie gilt hierbei als wesentlicher Baustein zur Steigerung der Nachhaltigkeit. Kapitel 5 und 6 legen jedoch beispielhaft dar, dass die Veränderung von Verhaltensmustern beim Wärmeenergiekonsum bislang eher ein frommer Wunsch ist, dessen Umsetzung nur sehr schleppend voran geht. Gegenwärtig ist die Wärmeenergienutzung im Privathaushalt vielmehr durch die Konsumentenziele „Komfortsicherstellung", „geringer Aufwand" und „schnelle Energieverfügbarkeit" geprägt. Von Nachhaltigkeit also keine Spur! Die Gründe, die gegen einen umweltbewussten Einsatz der Wärmeenergie im Privathaushalt sprechen, sind vielschichtig. Allen voran muss der gegenwärtig geringe Kenntnisstand der Bevölkerung hinsichtlich der Optionen für einen nachhaltigen Umgang mit Wärmeenergie genannt werden.[1] Denn fehlt das Wissen um die Möglichkeiten zur nachhaltigen Nutzung der Wärmeenergie, so können diese auch nicht umgesetzt werden. Bei der Analyse des Kenntnisstandes der Bevölkerung zum Thema Wärmeenergie zeigt sich eine doppelte Krux: zum einen weiß die Bevölkerung vielfach mit dem Begriff der Nachhaltigkeit nichts anzufangen und zum anderen weiß sie nicht um die entsprechenden Maßnahmen, wie etwa Suffizienz- (eine Reduzierung der Nachfrage nach Energiedienstleistungen), Konsistenz- (der Konsum nachhaltiger Energieressourcen zur Befriedigung des Energiebedarfs) und Effizienzstrategien (die Inanspruchnahme weniger Energieträger für die gleiche Menge an Energiedienstleistungen) zur Umsetzung des Nachhaltigkeitsbegriffs. Als mögliche Ursache für das Wissensdefizit wurde in diesem Buch unter anderem in den Kap. 5 und 8 die Aufbereitung von Informationen benannt, welche sich häufig als nicht adressatengerecht, überladen und verwirrend darstellt.

Auch ein gewisses Maß an erforderlichem Engagement, um zu den benötigten Informationen zu gelangen und diese schließlich umzusetzen, kann sich als Hindernis für die Nachhaltigkeit im Privathaushalt erweisen. Die Ergebnisse unseres Projektes legen eindeutig nahe, dass es bei den Menschen eine Diskrepanz zwischen Einstellung und Verhalten gibt. So empfinden zwar die meisten der von uns befragten Personen den Umweltschutz und die Nachhaltigkeit als wichtige Themen, aber allein das notwendige Engagement zur Umsetzung in den eigenen vier Wänden will sich nicht so recht einstellen. Als mögliche Gründe hierfür wurden wahrgenommene Komforteinbußen, der Drang zur Erfüllung von Wünschen und Bedürfnissen, die mit der Nachhaltigkeit kollidieren, sowie starre Alltagsroutinen identifiziert (vgl. Schulz et al. 2010).

Auch Investitionen in die Nachhaltigkeit wurden von unserer Befragtengruppe vielfach rational begründet und für notwendig erklärt. Eine praktische Umsetzung findet oftmals jedoch nicht statt. Die Gründe für diese Diskrepanz liegen auf der Hand: Unsere Umfragen zeigen, dass Investitionen zum einen an fehlenden finanziellen Mitteln scheitern, zum anderen erweist sich die Amortisierung von getätigten Investitionen als zu zeitintensiv und schließlich prallen auch hier wiederum unterschiedliche Wünsche aufeinander, die das Individuum abzuwägen und schließlich – in welcher Reihenfolge auch immer – zu erfüllen vermag.

Individuelles Entscheidungsverhalten lässt sich jedoch nicht ausschließlich mit intrinsischen Motiven und individuellen Kenntnisständen erfassen, eine Verknüpfung zum Umfeld der Individuen ist unabdingbar. Die einzelne Person bewegt sich innerhalb eines vorgegebenen strukturellen Rahmens, wie etwa Siedlungs- und Gebäudestrukturen, rechtlichen

---

[1] http://www.fona.de/de/4_serviceangebote/bekanntmachungen/index.php?we_objectID=4242

Rahmenbedingungen, Förderinstrumenten, technologischen Systemen sowie einem sozialen Umfeld. So zeigt beispielsweise unsere Befragung von Mietern in Stuttgart und Leipzig unter anderem auf, dass die Befragten als zweithäufigste[2] Informationsquelle zum Thema Wärmeenergie Freunde und Bekannte nutzen. (Vgl. Schulz et al. 2010: 27) Eine wirklich freie Entfaltung des Individuums im Dickicht von freundschaftlichen Ratschlägen und gut gemeinten Tipps ist daher kaum möglich. Vielfach sind Entscheidungen, die individuell getroffen werden, unbewusst durch das Umfeld und äußere Faktoren geprägt. Als Beispiel können hierbei auch die Förderprogramme für Investitionsentscheidungen genannt werden. Diese sollten eigentlich Anreize für Investitionen in die nachhaltige Wärmenutzung bieten, doch leider hinterlassen sie nur all zu oft einen völlig verwirrten Interessenten. Ausschlaggebend sind hierfür unterschiedliche Programme auf Landes-, Bundes- und sogar auf privatwirtschaftlicher Ebene mit unterschiedlicher Zielsetzung.

So regelt beispielsweise das Erneuerbare-Energien-Wärmegesetz (kurz EEWärmeG) den Einsatz von Erneuerbaren Energieressourcen zur Wärmeenergienutzung nur für Neubauten, das Marktanreizprogramm richtet sich hingegen an technische Anlagen in Gebäuden, deren Baugenehmigung vor dem 1. Januar 2009 erteilt wurde, und darf nicht verwechselt werden mit den KfW-Programmen „Sozial Investieren – Energetische Gebäudesanierung" und „Energieeffizient Sanieren". Aber um die Verwirrung des einzelnen Wärmeenergiekonsumenten zu komplettieren, gilt es auch noch zu beachten, dass es auf Länderebene, ja sogar auf kommunal- und privatwirtschaftlicher Ebene andere Förderprogramme wie auf der Bundesebene gibt. Kein Wunder also, wenn der einst so enthusiastisch energieinteressierte Mensch in Anbetracht dieses Förderprogrammdickichts erst einmal in Lethargie verfällt.

Aber nicht nur auf struktureller Ebene werden dem einzelnen Konsumenten Schranken gesetzt und Vorgaben gemacht. Auch ein breit gestreutes Akteursgeflecht, wie Architekten, Wohnungsbaugesellschaften, Handwerker oder Energieberater, beeinflusst den einzelnen Menschen, indem es ihm kraft seiner Expertise als Anlaufstelle für Informationen dient. Der wärmeenergieinteressierte Mensch ist abhängig von der Expertise der Akteure im Umfeld, alleine schon das Zurechtfinden im Förderprogrammdschungel kann von einem Laien kaum bewältigt werden. Um die Expertise der Akteure in seinem Umfeld jedoch in Anspruch zu nehmen, bedarf es auch einer großen Portion an Vertrauen in die Kompetenz des Gegenübers. Unsere Umfrage unter den Mietern in Stuttgart und Leipzig zeigte, dass die Befragten insbesondere den Verbraucherzentralen, den Energieberatern sowie der Wissenschaft Vertrauen entgegenbringen. Die Schlusslichter auf der Vertrauensskala bildeten Behörden und Energieversorgerunternehmen (vgl. Schulz et al. 2010: 24). Zu beachten ist hierbei, dass die Verbraucherzentralen primär von Mietern mit dem Anliegen der Überprüfung der Heizkostenabrechnung aufgesucht werden, die Energieberater hingegen eher von Eigentümern, die eine konkrete Sanierungs- und/oder Umbaumaßnahme verfolgen. Vielfach sind die Individuen zu ihrem spezifischen Anliegen vorinformiert, geraten jedoch aufgrund der Fülle und Unterschiedlichkeit der frei verfügbaren Informationen schnell an

---

[2] Die häufigste Informationsquelle ist das Internet (Vgl. Schulz et al. 2010: 27)

ihre Grenzen und müssen daher auf die Expertise der Akteure in ihrem Umfeld zurückgreifen (vgl. weiterführend Jahnke 2009).

Somit gilt es also festzuhalten, das der gegenwärtige Zustand, in welchem sich der wärmeenergienutzende Mensch befindet, sowohl durch intrinsische als auch durch externe Faktoren geprägt ist. Hierbei bezeichnen die intrinsisch motivierten Aspekte zumeist den geringen Kenntnisstand zum Thema nachhaltige Wärmeenergie sowie ein gewisses fehlendes Engagement, welches für die nachhaltige Nutzung der Wärmeenergie benötigt wird. Extern werden dem Individuum durch strukturelle und akteursspezifische Vorgaben Schranken gesetzt.

11.1.2 Die Akteure im Umfeld der Privathaushalte (Mesoebene): Wo bitte geht's zur Beratung?

Wie der vorherige Passus zur Beschreibung des Ist-Zustandes auf der Mikroebene aufgezeigt hat, kommt den (Praxis-)Akteuren im Umfeld der Privathaushalte eine herausragende Rolle in Entscheidungsfindungsprozessen zu. Diese Akteure, z. B. Energieberater, Architekten, Wohnungsbaugesellschaften oder auch Handwerker, schaffen und verändern kraft ihrer Expertise das materielle Umfeld des einzelnen Konsumenten und können über die Bereitstellung von Informations- und Beratungsdienstleistungen einen großen Einfluss auf das Konsum- und Investitionsverhalten ausüben. Praxisakteure haben somit eine Verbindungsfunktion und fungieren als Transferstellen zwischen der Struktur- und der Konsumentenebene. Technisch-ökonomische, aber auch verhaltensbezogene Optionen für einen nachhaltigeren Wärmeenergieverbrauch werden den Haushalten über Praxisakteure im Umfeld der Konsumenten vermittelt. Tipps für nachhaltiges Lüften, Heizen und Duschen werden z. B. von Verbraucherzentralen, aber auch zunehmend von Wohnungsbaugesellschaften und Energieversorgern in Form von Informationsbroschüren oder auch als Informationen vor Ort angeboten. Gebäudebezogene Informationen und Optionen für die Durchführung sinnvoller energetischer Sanierungsmaßnahmen und Möglichkeiten zum Abruf staatlicher Fördermittel erhalten die Konsumenten hingegen durch Handwerker und Energieberater. Insbesondere Heizungsanlagen bieten, wenn sie ineffizient laufen, ein enormes Verbesserungspotenzial. Hierbei können den Eigenheimbesitzern und Mietern Schornsteinfeger, Heizungsbauer und -installateure weiterhelfen. Betrachtet man die Bandbreite an Informationsangeboten und Unterstützungen, die von Praxisakteuren an Privatpersonen herangetragen wird, so ist es zunächst verwunderlich, weshalb sich nach wie vor ein großer Teil der Konsumenten nicht ausreichend informiert fühlt, weshalb sich die Sanierungsquote privater Haushalte nach wie vor auf einem relativ niedrigen Niveau bewegt und weshalb erneuerbare Energietechnologien nicht in einem deutlich größeren Maßstab nachgefragt werden.

Um auf diese Fragen eine Antwort zu finden, wurden im Rahmen unseres Projektes Praxisakteure befragt und die von ihnen angebotenen Beratungs- und Informationsdienstleistungen im Hinblick auf Umfang und Maßnahme der Hilfestellung, Effizienz und Kostenprofil untersucht (vgl. Jahnke 2009). Nachfolgend sollen einige ausgewählte Teilergebnisse unserer Studie beispielhaft an den Akteuren „Energieberater" und „Wohnungsbaugesellschaft" vorgestellt werden. Als ein zentrales Ergebnis bei der Betrachtung des „Ist-Zustandes" in der Energieberatung kann zunächst festgehalten werden, dass dieser Akteursgruppe eine wichtige Schlüsselfunktion bei energetischen Sanierungsentscheidungen von Hauseigentümern zukommt. Die Energieberater selbst sehen ihre Aufgabe in der Unterstützung der Verbraucher bei Investitionsentscheidungen oder in der Unterstützung von Verhaltensänderungen zur Förderung der Energieeinsparung und des Einsatzes erneuerbarer Energien. In allen Fällen wird die Beratung stationär angeboten und durch qualifizierte Energieberater verschiedenster Fachrichtungen (z. B. Architekten, Bauphysiker und Ingenieure der Fachrichtungen Bauingenieurwesen mit nachgewiesener Berufspraxis) auf Honorarbasis durchgeführt (vgl. Jahnke 2009: 26).

Die empirischen Ergebnisse unserer Eigentümerbefragung (vgl. Jahnke, Brüggemann 2010) belegen deutlich die Relevanz der Energieberatung bei der Umsetzung von Investitionen in energetische Sanierung, denn die Inanspruchnahme einer Energieberatung zieht fast immer auch eine Umsetzung bzw. konkrete Planung von Energieeffizienzmaßnahmen nach sich. Durch die Inanspruchnahme einer Energieberatung werden Hauseigentümer darin unterstützt, Maßnahmen kosteneffizient und insbesondere für den Fall der Vor-Ort-Beratungen an das Objekt angepasst durchzuführen.

Allerdings kann als ein Hemmnis für die Umsetzung der Nachhaltigkeit im Wärmeenergiebereich durch Energieberater die relativ geringe Beratungsnachfrage identifiziert werden. Auch die Zahlungsbereitschaft für diese Dienstleistung ist auf Seiten der Nachfrager als eher gering einzustufen. So kommt eine Inanspruchnahme der Dienstleistung Energieberatung häufig erst dann zustande, wenn bereits eine intrinsische Motivation vorhanden, d. h. der Wissensstand auf Seiten der Konsumenten bereits sehr groß und das ökologische Bewusstsein stark ausgebildet ist. Ein weiteres Hemmnis stellt die Tatsache dar, dass die Bezeichnung „Energieberater" in Deutschland kein geschützter Begriff ist. Dies verunsichert Konsumenten bei der Wahl eines geeigneten Beraters.

Bei der Beschreibung des „Ist-Zustandes" in der Energieberatung gilt es somit festzuhalten, dass der Akteursgruppe der Energieberater eine Schlüsselfunktion in der Durchführung energetischer Sanierungsprozesse zukommt. Denn wird eine Beratung erst einmal in Anspruch genommen, so zieht sie fast immer eine Umsetzung nach sich. Allerdings gilt es auch zu konstatieren, dass der Weg zur Energieberatung von den Wärmeenergiekonsumenten vielfach nicht begangen wird. Als primäre Hindernisgründe werden aus unseren Umfragen die Aspekte Kosten, Verunsicherung sowie die Notwendigkeit einer intrinsischen Motivation ersichtlich.

Während Energieberater in erster Linie eine Anlaufstelle für Eigenheimbesitzer sind, sind Wohnungsbaugesellschaften bzw. -genossenschaften die Schlüsselakteure auf Seiten der Mieter. Diese Akteursgruppe bestimmt den baulichen und technologischen Rahmen, innerhalb dessen sich der Wärmekonsum von Mietern vollzieht, und diese Akteure sind erste Ansprechpartner für Mieter, z. B. bei gebäudebezogenen Fragen oder bei Fragen zur

Heizkostenabrechnung. Wohnungsbaugesellschaften haben zudem auch die Möglichkeit, Mieter vor Ort zu informieren und zu beraten – eine wichtige Voraussetzung, wenn Informationen möglichst effektiv sein sollen, um zu einer nachhaltigen Verbreiterung der Wissensbasis beizutragen und zu Verhaltensänderungen zu motivieren. Ein Interesse am Thema Nachhaltigkeit zeigen Wohnungsbaugesellschaften nur indirekt, indem sie nämlich ihren Bestand möglichst lange fortführen möchten und die Fluktuation der Mieter gering halten wollen, um Leerstand zu vermeiden.

Diese vornehmlich betriebswirtschaftlichen Interessen ziehen Nachhaltigkeitsstrategien nach sich, indem die Wohnungsbaugesellschaften z. B. durch Aufklärungsarbeit bezüglich des richtigen Heiz- und Lüftverhaltens Schimmelbefall an ihren Gebäuden verhindert. Auch der Einsatz moderner Heiztechnik oder dämmtechnisch auf den aktuellen Stand gebrachte Gebäude können dafür sorgen, dass die Fluktuation der Mieter verringert wird. Denn einerseits sorgen moderne Technik und Dämmmaßnahmen dafür, dass die Mieter nicht durch hohe Heizkostenabrechnungen abgeschreckt werden und andererseits führen diese Maßnahmen zu einem gesteigertem Wohlbefinden und Komfort in der Wohnung.

Wohnungsbaugesellschaften sehen sich jedoch dem großen Problem gegenüber, dass ihre Mieter tendenziell keinen Eifer bei der nachhaltigen Wärmenutzung an den Tag legen. Nachfragen seitens der Mieter oder gar ein erhöhter Informationsbedarf am Thema kann gegenwärtig von den von uns befragten Wohnungsbaugesellschaften nicht erkannt werden. Als einen Hauptanreiz, um sich mit der Nachhaltigkeit im Wärmeenergiesektor auseinanderzusetzen, identifizieren die Wohnungsbaugesellschaften die steigenden Heizkosten. Allerdings wird die zeitliche Differenz zwischen Heizenergieverbrauch und Informationszustellung mittels Abrechnung als ein Manko für reale Verhaltensänderungen gesehen.

Ein weiteres wichtiges Hemmnis, welches durch unsere Umfrage aufgedeckt wurde, ist die Problematik des Mitspracherechts. Viele Mieter vertreten die Annahme, dass sie bezüglich anstehender Sanierungsmaßnahmen am Gebäude nur ein mangelndes Mitspracherecht haben (vgl. Schulz et al. 2010). Diese Einstellung führt dazu, dass die Mieter auch die ihnen verbleibenden Möglichkeiten, wie etwa Verhaltensänderungen, vielfach nicht ausschöpfen.

Die gegenwärtige Situation der Wohnungsbaugesellschaften im Lichte der Nachhaltigkeit des Wärmesektors lässt sich wohl am ehesten mit dem Begriff der Zweischneidigkeit umschreiben: einerseits ist hier das Wissen um einen nachhaltigen Umgang mit der Wärmeenergie vorhanden und sollte zur Sicherung des Bestandes auch zwingend durchgesetzt werden, es wird allerdings kaum nachgefragt. Andererseits kann diese mangelnde Nachfrage an einem Gefühl der Machtlosigkeit seitens der Mieter liegen, deren Ursprung in den verkrusteten und wenig partizipativen Informationsstrukturen vieler Wohnungsbaugesellschaften liegt. Unsere Umfrage unter den Mietern von Wohnungsbaugesellschaften zeigt, dass diese sich gerne partizipativ engagieren möchten und auch, dass sie Investitionen des Vermieters in erneuerbare Energien als wünschenswert empfinden (vgl. Schulz et al. 2010).

11.1.3   Technologien (Makroebene): Welche Versorgungsoptionen sind robust nachhaltig?

Die aktuelle Wärmebereitstellung für Wohngebäude erfolgt nach wie vor überwiegend aus fossilen Energieträgern. Dies hat zur Folge, dass rund ein Drittel der Treibhausgasemissionen in Deutschland aus dem Gebäudesektor stammt (vgl. McKinsey 2007). Die privaten Haushalte sind nicht unwesentlich an diesen Emissionen beteiligt, durchschnittlich beliefen sich die indirekten und direkten Treibhausgasemissionen für 2009 auf rund 11 Tonnen je Einwohner, davon entfallen über 2 Tonnen auf die Wärmeerzeugung (vgl. Umweltbundesamt 2011). Ein Ausbau des Anteils erneuerbarer Energien kann dazu beitragen, den Ausstoß von Treibhausgasen zu reduzieren (siehe Kap. 2): Obwohl der Beitrag erneuerbarer Energien für die Wärmebereitstellung in den vergangenen Jahren zugenommen hat und der Anteil an der gesamten Endenergiebereitstellung im Zeitraum von 1998 bis 2010 von 3,6 auf 9,8 % angestiegen ist, besteht im Vergleich zur regenerativen Stromerzeugung (Anteil am gesamten Stromverbrauch 16,8 %) für den Wärmebereich weiter Nachholbedarf (vgl. BMU 2010). Dies obwohl gerade die regenerative Wärmebereitstellung – verglichen mit der Strom- und Kraftstofferzeugung – eine wirtschaftliche Alternative ist.

Für die konkrete Versorgungsaufgabe eines sanierten Einfamilienhauses haben sich im Rahmen zweier verschiedener Bewertungsmethoden (siehe Kap. 2) Holzhackschnitzel-Heizwerke sowie Solarkollektoren mit Erdgas-Brennwertkesseln als besonders robust nachhaltige Technologien gezeigt (vgl. Kap. 2). Mit Hilfe der beiden Verfahren können also hinsichtlich sehr unterschiedlicher Nachhaltigkeitskriterien geeignete Technologien identifiziert werden. Für die weniger nachhaltigen Versorgungsoptionen bestehen eine Reihe technischer Möglichkeiten, um Zielkonflikte zu verringern. So verbessert beispielsweise der Einbau von Filteranlagen die Nachhaltigkeitsbilanz von Holzpelletanlagen nach der MCDA-Methode. Im Unterschied zu den beschriebenen ineffizienten Individuallösungen zur Versorgung von Einzelgebäuden können netzgebundene Versorgungssysteme sehr effizient betrieben werden. In der Bewertung schneiden sie für die konkrete Versorgungsaufgabe sowohl bei den privaten und sozialen Kosten als auch bezüglich der Treibhausgasemissionen besonders günstig ab, da sie Skaleneffekte („economies of scale") erzielen können (siehe Kap. 2). Auch hinsichtlich vieler Schadstoffemissionen bieten sie Vorteile gegenüber Kleinanlagen, da die Nutzung von Filtertechnologien hier rechtlich vorgeschrieben ist. Mit Problemen werden diese Systeme jedoch konfrontiert, wenn Sanierungen anstehen, denn dadurch wird der Gesamtwärmebedarf reduziert, also die Auslastung der Versorgungsinfrastruktur verringert. Dadurch steigen die Stückkosten (€/MWh) und der Anteil der Netzverluste (%) an. Die wirtschaftliche Tragfähigkeit wird dadurch reduziert und die Frage der Vertretbarkeit (wollen bzw. können wir uns hohe Netzverluste leisten?) aufgeworfen.

Neben dem langsamen Ausbau der Nutzung erneuerbarer Energien liegt ein zentraler Missstand im hohen Energiebedarf des Gebäudebestandes (vgl. BMWI/BMU 2010). Denn allein durch effizientere Energieumwandlung und -nutzung in Neubauten werden die notwendigen Treibhausgasminderungsziele im Wärmesektor nicht erreicht (vgl. Helmholtz-Gemeinschaft 2009). Obwohl in der Fachwelt der wirtschaftliche Nutzen von Sanierungs-maßnahmen oder des Austausches der Heizungsanlage hervorgehoben wird, werden die Potenziale nicht ausgeschöpft. Eigenheimbesitzer können mit einer energetischen Sanie-rung langfristig Energie- und Heizkosten einsparen sowie Vermieter den Wert und die Attraktivität ihrer Immobilie steigern, trotzdem existiert ein Sanierungsstau – die Sanie-rungsquoten von Gebäuden liegen derzeit jährlich bei ca. 1 % (vgl. BMWI/BMU 2010, dena 2011) – und auch Neuinvestitionen in die Anlagentechnik werden hinausgezögert (lediglich rund ein Viertel der 17,8 Mio. Wärmeerzeuger ist effizient) (vgl. Breidenbach 2010).

11.2   Der Soll-Zustand: Optimierung, Optimierung, Optimierung!

In den vorausgegangenen Abschnitten wurden – aufgeschlüsselt nach der Mikro-, Meso- und Makroebene – Anhaltspunkte dafür gegeben, dass der gegenwärtige Wärmekonsum in Privathaushalten nicht nachhaltig ist bzw. seine Nachhaltigkeit zumindest deutlich ausbau-fähig ist. Aber wie sieht ein erstrebenswerter, ein nachhaltiger Wärmekonsum überhaupt aus? Wie ist er charakterisiert, welche Wechselwirkungen bestehen zwischen den drei Ebe-nen? Im Folgenden werden Schlaglichter auf einen solchen Soll-Zustand des Wärmekon-sums für die Privathaushalte (Mikroebene), die Akteure im Umfeld des Privathaushaltes (Mesoebene) sowie die Technologien (Makroebene) gesetzt. Als Grundlage für eine nach-haltige Entwicklung ist aus Sicht der Autoren die Optimierung des Wärmekonsums die zentrale Herausforderung: auf allen drei Ebenen.

11.2.1   Die Privathaushalte: Die Optimierung des Zusammenspiels von intrinsischen Motiven und externen Rahmenbedingungen

Die Ausführungen zur gegenwärtigen Situation der Wärmeenergie konsumierenden Pri-vathaushalte offenbaren eine Tatsache deutlich: das Individuum handelt stets in Abhängig-keit von strukturellen Vorgaben und mittels der Expertise der Akteure in seinem Umfeld. Selbst wenn sich eine Person dazu entschließt, einen Pullover anzuziehen anstatt die Hei-zung aufzudrehen, so tut sie dies u. a. unter Beachtung des Heizenergieverbrauchs, welcher wiederum vom Sanierungszustand des Hauses, der Technik der Heizung, des Lüftverhal-tens etc. abhängig ist. Der nachhaltige Wärmeenergiekonsum in Privathaushalten ist somit immer ein Zusammenspiel zwischen intrinsischen Motiven und extern vorgegebenen Rah-menbedingungen. Dieses Zusammenspiel gilt es zu optimieren, um das gesellschaftlich bereitgestellte Wissen zur nachhaltigen Nutzung von Wärmeenergie individuell verfügbar und abrufbar sowie auch innerhalb eines vorgegebenen Rahmens (partizipativ) umsetzbar zu machen. Im konkreten Fall bedarf es hierfür:

- Adressatengerecht aufbereiteter Informationen, die klar strukturiert sind und handlungsleitend wirken. Übersichtlichkeit und Verständlichkeit helfen dabei, die Maßnahmen umzusetzen.
- Politischen Fördervorgaben, die über- (bzw. durch)schaubar und leicht verständlich sind.
- Einem Akteursgeflecht im Umfeld des Individuums, welches Informationen und Maßnahmen zur Umsetzung einer nachhaltigen Wärmenutzung schnell, kosteneffizient und verständlich zur Verfügung stellt.
- Der Förderung von intrinsischen Motiven, welche die Brücke zwischen Einstellung und Verhalten beim Individuum schlagen können, indem ein erhöhtes Bewusstsein für die Nachhaltigkeit geschaffen wird und deren Umsetzung mit geringen Komforteinbußen einhergeht.

11.2.2 Die Akteure im Umfeld der Privathaushalte: Fachwissen gesellschaftlich verfügbar machen

Die Akteure im Umfeld der Privathaushalte zeichnen sich in erster Linie durch ihre Expertise hinsichtlich Konsistenz-, Effizienz- und Suffizienzstrategien für einen nachhaltigen Umgang mit Wärmeenergie aus. Sie können bewusst als Mittler zwischen den strukturellen Vorgaben, wie z. B. Förderprogrammen, Siedlungsgegebenheiten oder Versorgungsmaßnahmen und den Handlungen der Privatpersonen bezeichnet werden. Daher gilt es nun, die Frage zu beantworten, wie Praxisakteure ihr kostbares Wissen adressatengerecht, schnell und effizient dem einzelnen Konsumenten unterbreiten können. Folgende Punkte sind für einen optimalen Wissenstransfer entscheidend:

- Gestaffelte Informationen. Dies bedeutet, dass Informationen für einen ersten Überblick straffer aufbereitet und leichter zugänglich sein sollten als Informationen, die Detailwissen adressatengerecht aufbereiten. Das gestaffelte Wissen hat den Vorteil, dass Menschen sich entsprechend ihrer Bedürfnisse informieren können, ohne über- oder unterfordert zu sein.
- Abbau von Hemmschwellen. Am Beispiel der Energieberatung aufgezeigt bedeutet dies, dass eine Erstberatung kostenlos und wahlweise vor Ort oder im Büro des Beraters stattfinden kann.
- Adressatengerecht aufbereitete Information. Konsumenten fühlen sich bei zu viel Information leicht überfordert und bei zu wenig Information nicht ernst genommen. Das richtige Maß zwischen Über- und Unterfrachtung an Information erscheint vielfach als große Herausforderung bei der Befriedigung der Kundenbedürfnisse.
- Das Schaffen einer Vertrauensbasis. Ein vertrauensvoller Umgang mit (potenziellen Kunden) ist eine wichtige Grundlage dafür, dass Empfehlungen der Praxisakteure in die Tat umgesetzt werden.

- Weiterbildungsmaßnahmen. Angestrebt werden sollte die stetige Weiterbildung und Auffrischung des Fachwissens der Praxisakteure. Ein fundiertes Wissen, welches aktuelle Geschehnisse mitberücksichtigt spricht für die Kompetenz des Praxisakteurs.

Zusammenfassend kann festgehalten werden, dass Praxisakteure den nachhaltigen Wärmekonsum in Privathaushalten fördern können, indem sie ihr Wissen zum einen gesellschaftlich verfügbar machen und zum anderen stets aktuell halten und adressatengerecht aufbereiten.

11.2.3   Technologien: eine doppelte Optimierung

Bei der Nachhaltigkeitsanalyse der Versorgungstechnologien haben mit Ausnahme des Heizöl-Heizwerks alle Optionen die Nachhaltigkeitsanforderungen der multikriteriellen Analyse erreicht. Gleichzeitig wurde aber deutlich, dass keine Anlage auch nur annähernd das Optimum, also eine Nachhaltigkeitsziffer von +1, erreicht. Der höchste Wert aller untersuchten Technologien (Pelletkessel in Kombination mit einer solarthermischen Anlage) beläuft sich auf „lediglich" +0,37. Keine der untersuchten Wärmetechnologien erfüllt also alle Nachhaltigkeitskriterien vollumfänglich. Mit anderen Worten: Es bestehen Zielkonflikte („Trade offs"). So gehen Technologien mit geringen Treibhausgasemissionen beispielsweise mit höheren Kosten oder Feinstaubemissionen einher, oder Technologien mit relativ geringen Gestehungskosten schneiden bei der Versorgungssicherheit ungünstig ab usw. Ein optimaler Soll-Zustand wäre dann erreicht, wenn nur Technologien genutzt werden, die alle Nachhaltigkeitskriterien vollständig erfüllen; freilich ein „perpetuum mobile", das es nicht gibt. Durch Optimierungen – etwa dem Einbau von Filteranlagen bei Pelletsystemen – kommt die Anlagentechnik dieser Vorstellung im Soll-Zustand jedoch möglichst nahe.

Aber auch wenn eine solche Optimierung (nachhaltige Wärme) erreicht ist, besteht weiterer Optimierungsbedarf. Denn auch das Zusammenspiel zwischen Gebäude und Technologien (Wärme nachhaltig konsumieren) gilt es zu verbessern: so sind manche Versorgungssysteme in kleinen Größenklassen nicht verfügbar, so dass es zu Überdimensionierungen und Effizienzverlusten kommt. Außerdem werden in Niedrigenergiegebäuden durch geringere Volllaststunden und häufiges An-/Abschalten geringere Wirkungsgrade und bei der netzgebundenen Wärmeversorgung höhere (relative) Verteilverluste erzielt. Zu guter Letzt muss auf baulicher Ebene ein erhöhter Aufwand (Kosten, Emissionen, Energie etc.) bei der Konstruktion betrieben werden. Die fortschreitende Reduktion des Wärmebedarfs von Gebäuden birgt also die Gefahr, dass Vorteile im Hinblick auf Klimaschutz und Kostendämpfung durch andere Effekte ausgeglichen oder sogar überkompensiert werden (vgl. Biermayr et al. 2005). Im nachhaltigen Soll-Zustand wird das in Abb. 11.1 skizzierte Optimum zwischen Bedarfsreduzierung und Technologieeinsatz erreicht.

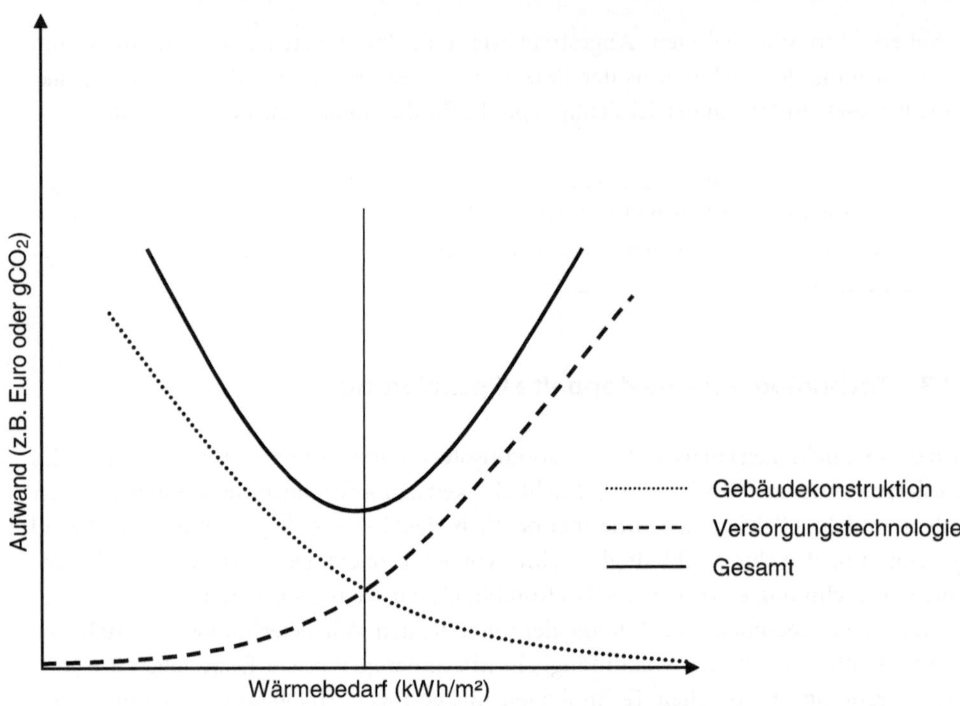

Abb. 11.1 Grenzaufwand und Optimum zwischen Dämmstandard und Versorgungstechnologie

Um zu einer nachhaltigen Wärmeversorgung zu gelangen, bedarf es folglich einer „doppelten Optimierung": auf Seite der Technologien bezüglich unterschiedlicher Nachhaltigkeitskriterien und in Bezug auf das Zusammenspiels von Technologie und Gebäude.

11.3   Handlungsempfehlungen: Informieren, Fördern und Fordern

In den vorangegangenen Abschnitten dieses Kapitels wurden die gegenwärtige Nutzungssituation der Wärmeenergie in Privathaushalten sowie das erstrebenswerte Nachhaltigkeitspotenzial skizziert. Mittels der Aufschlüsselung der Thematik in die Mikro-, Makro- und Mesoebenen konnte aufgezeigt werden, dass der nachhaltige Wärmekonsum sowohl von Einstellung und Verhalten der Privatpersonen als auch von strukturellen Rahmenbedingungen und den Akteuren im Umfeld der Individuen abhängig ist. Um nun diese Abhängigkeit im Hinblick auf die Nachhaltigkeit zu optimieren und bislang brachliegende

Potenziale zu nutzen, werden in den nachfolgenden Passagen ausgewählte[3] Handlungsempfehlungen vorgestellt und diskutiert.

11.3.1 Die Privathaushalte: Entwirrung als zentraler Anknüpfungspunkt

Setzt man bei der Steigerung der Nachhaltigkeit im Wärmesektor der Privathaushalte an, so gilt es prinzipiell, zwischen den intrinsischen und externen Faktoren zur Nachhaltigkeitssteigerung zu unterscheiden. Intrinsisch motivierte Möglichkeiten knüpfen an den Einstellungen der Individuen an. In unserem speziellen Fall der Wärmeenergienutzung kollidiert die Motivation zu einem nachhaltigen Umgang mit Wärmeenergie vielfach mit den Wünschen nach Komfort und Behaglichkeit. Das Problem der Komforteinbußen, z. B. wenn es darum geht, sich einen Pullover überzustreifen anstatt die Heizung aufzudrehen oder das Duschwasser beim Einshampoonieren abzustellen etc., wurde in unseren Umfragen immer wieder genannt. Allerdings mag es eine Motivation für die Menschen sein, dass diese Komforteinbußen doch recht marginal anmuten können, wenn man seine Komfort- und Behaglichkeitsansprüche konsequent ein wenig nach unten schraubt und die dadurch erzielten Ersparnisse auf der Heizkosten- und Warmwasserabrechnung wiederfindet. Daher ist es auf jeden Fall zu empfehlen, Abrechnungen zeitnah und verständlich aufzubereiten, sodass die Menschen ihr Handeln direkt mit den Kosten in Verbindung bringen können.

Abgesehen von finanziellen Anreizen vermag ein gesteigertes Umweltbewusstsein selbstverständlich auch für einen nachhaltigen Umgang mit Wärmeenergie zu sorgen. Die Förderung dieses Bewusstseins ist komplex und langwierig, bietet jedoch immense Chancen (siehe Kap. 10). Wie in Kap. 5 erläutert, ist es wichtig, dass sich in der Öffentlichkeit über das Thema Nachhaltigkeit ausgetauscht wird. Die stetigen Diskussionen sorgen dafür, dass das Thema in den Köpfen der Bevölkerung präsent bleibt. Öffentliche Diskussionen geben Anregungen zur Führung eines nachhaltigen Lebensstiles und können auf Probleme und deren Lösungen beim nachhaltigen Handeln hinweisen. Darüber hinaus zeigen diese Debatten auf, dass der Bürger nicht alleine die Nachhaltigkeit schultern kann, sondern dass es auch überindividueller Lösungen und einer entsprechenden Infrastruktur bedarf. Hierzu wiederum bedarf es des Zusammenspiels von Wirtschaft, Politik und Zivilgesellschaft. Auch die Kindergärten und Schulen sollten sich verstärkt den Facetten der Nachhaltigkeit zuwenden, um auf diese Art und Weise auch schon jungen Menschen das nachhaltige Handeln als eine Selbstverständlichkeit näher zu bringen.

Damit sich die Menschen einen nachhaltigen Umgang mit Wärmeenergie aneignen können, ist es jedoch wichtig, zielgerichtete, verständliche und adressatengerecht aufberei-

---

[3] Die komplette Bandbreite an Handlungsempfehlungen zur Steigerung der Nachhaltigkeit im Wärmeenergiesektor ist in der Broschüre „Informieren, Fördern und Fordern" (Zech et al. 2011) nachzulesen. Die Broschüre kann auf der Projekthomepage unter www.nachhaltigerkonsum.com abgerufen werden.

tete Informationen zu verbreiten. Der vielfach geringe Kenntnisstand der Bevölkerung zum Thema nachhaltige Wärmeenergienutzung fußt mitunter auf unzureichende und/oder verwirrende Informationskampagnen. Konkrete und verständlich formulierte Energiesparhinweise, zum Beispiel mittels Do-It-Yourself-Anweisungen, Nennungen möglicher Ansprechpartner für weiterführende Informationen und auch das Aufschlüsseln von Kosten bzw. Einsparungen durch Verhaltensänderungen oder Investitionen sollten minimaler Konsens in der Informationsarbeit sein. Ein Vernetzen der informierenden Behörden und Akteure empfiehlt sich darüber hinaus zur Abstimmung, um auf diese Art und Weise widersprüchliche oder verwirrende Aussagen zu vermeiden.

Alle diese zuvor benannten Faktoren, wie etwa ein gesteigerter Kenntnisstand zum Thema nachhaltige Wärmeenergienutzung, ein erhöhtes Umweltbewusstsein, das Setzen finanzieller Anreize und das Zurückschrauben von Komfort- und Behaglichkeitsansprüchen, lassen sich zu den intrinsischen Motivatoren zählen. Die extrinsischen Anknüpfungspunkte für einen nachhaltigen Umgang mit Wärmeenergie zeigen sich für die Privatperson insbesondere im Geflecht der Praxisakteure sowie in strukturellen und politisch-rechtlichen Vorgaben.

Für Privatpersonen ist es wichtig, dass sie das Wissen der Praxisakteure unkompliziert und adressatengerecht aufbereitet abrufen können. Konsumenten sollten darin unterstützt werden, genau jene Informationen zu erhalten, die sie benötigen und die sie zielgerichtet abrufen können. Während ein erstes Basiswissen zum Beispiel leicht über das Internet oder Zeitschriftenartikel abgedeckt werden kann, erscheint bei Detailinformationen der Gang zum Berater als unabdingbar. Hilfestellung bei der Auswahl des Beraters können Qualitätskriterien und Gütesiegel bieten, die von den zuständigen Behörden, wie etwa dem Bundesamt für Wirtschaft und Ausfuhrkontrolle, vergeben werden sollten.

Auch eine verstärkte Vernetzung verschiedener Akteure bietet Vorteile. So kann zum Beispiel der Schornsteinfeger als „Türöffner" fungieren, der leicht Zugang zu Haushalten hat. Für eine intensive Beratung hat der Schornsteinfeger bei seinen regulären Hausbesuchen jedoch keine Zeit und könnte zu diesem Zweck auf Kollegen der Energieberatung verweisen. Für den Privatkonsumenten hat dies zwei entscheidende Vorteile: er bekommt zeitnah die Information, die er benötigt und er muss sich nicht selbst durch das Dickicht der potenziellen Berater wühlen, um eine geeignete Beratungsperson ausfindig zu machen.

Von Seiten der Politik erscheint es als unabdingbar, dass Förderprogramme des Bundes, der Länder und der Kommunen aufeinander abgestimmt werden. Der einzelne Konsument kann sich bei dieser Vielzahl an Angeboten kaum zurechtfinden. Eine Überforderung erfolgt zwangsläufig. Doch nicht nur bei Förderprogrammen, sondern auch bei der Rechtsprechung stoßen Privatpersonen an ihre Grenzen. Als Beispiel kann die EnEV, die Energieeinsparverordnung genannt werden, die den Wärmeschutz und die Anlagetechnik zur Energieeinsparung regeln soll. Seit ihrer ersten Fassung im Jahr 2002 wurde sie bereits dreimal umgestellt oder ergänzt (zuletzt 2009), und für 2012 ist wieder eine Überarbeitung vorgesehen. Auch hier gilt es also, das Prinzip der „Entwirrung" und Verständlichkeit zu fokussieren.

11.3.2 Die Akteure im Umfeld der Privathaushalte: Orientierung an den Adressaten und Diversifikation

Verschiedene Maßnahmen können einen wichtigen Beitrag zu Steigerung der Nachhaltigkeit im Privathaushalt durch Praxisakteure leisten:

Durch eine optimierte und auf die individuellen Bedürfnisse angepasste Energieberatung lässt sich z. B. die Zufriedenheit der Konsumenten verbessern und die Umsetzung von Sanierungsmaßnahmen erhöhen. Dabei sollte die Energieberatung bereits im Vorfeld klar und transparent aufzeigen, welchen Leistungskatalog sie anbietet, in welcher Form die Leistungen dem Kunden zur Verfügung gestellt werden und wie sich die Höhe des Preises für eine Energieberatung mit den Leistungen begründen lassen. Das erste Informationsgespräch sollte kostenlos sein, denn häufig sind Konsumenten skeptisch gegenüber dem zusätzlichen Informationsgehalt einer Energieberatung. In einem solchen Informationsgespräch sollten der Leistungskatalog und der Preis fest- und offengelegt werden. Es empfiehlt sich, die Höhe des Preises vom Einsparpotenzial abhängig zu machen.

Erstberatungen lassen sich auch durch den Einsatz praxisorientierter, innovativer Beratungsinstrumente optimieren. Dadurch steigt dann auch die Nachfrage nach Vor-Ort-Energieberatungen und die letztendliche Umsetzung von Sanierungsmaßnahmen. Die Stärken solcher praxisorientierten, innovativen Beratungsinstrumente, wie beispielsweise dem in Bremen durchgeführten „Dämmerschoppen" (vgl. Kap. 4), liegen insbesondere darin, die zuvor aufgezeigten Hemmnisse (fehlende Zahlungsbereitschaft, fehlerhaftes Vorwissen der Hauseigentümer) gezielt abzubauen. Dies gelingt durch eine Erstberatung als möglichst einfache Darstellung und Aufbereitung des Entscheidungsproblems, um die spätere Umsetzung von Maßnahmen anzustoßen und zu beschleunigen.

Die persönliche Energieberatung vor Ort sollte dann zielgruppenspezifisch erfolgen. Bei der Berechnung von Einsparpotenzialen ebenso wie bei der Berechnung von Amortisationszeiten sollte stärker als bisher auf die spezifische Lebenssituation sowie Lebensweise der Eigenheimbesitzer eingegangen werden. So sind insbesondere demografische Faktoren, wie das Alter der Eigenheimbesitzer und die Anzahl der im Eigenheim lebenden Personen, zu berücksichtigen.

Eine weitere Möglichkeit, um die Nachfrage nach einer Energieberatung zu erhöhen, ist eine verbesserte Transparenz der Angebote. „Energieberater" ist momentan noch kein geschützter Begriff, wodurch die Verunsicherung auf Seiten der Konsumenten steigt. Aufgrund unterschiedlichster Ausbildungen und Qualifizierungen von Energieberatern ist eine Einordnung für den Laien kaum möglich, und es ist kaum ersichtlich, welche Qualifizierung im Einzelfall überhaupt benötigt wird. Für einige Ausbildungsbereiche (z. B. innerhalb der einzelnen Ausbildungsstufen Architekt/Ingenieur, Handwerker) bietet es sich daher an, vereinheitlichte und transparente Standards zu entwickeln. Auf diese Weise können Konsumenten schnell nachvollziehen, welche Qualifikationen ein Energieberater aufweist und ob diese den gewünschten Anforderungen entsprechen. Auf diese Weise sinkt die Hemmschwelle, eine Energieberatung in Anspruch zu nehmen. Abstufungen in der Ausbildung, wie sie bereits jetzt für Energieberater des Bundesamtes für Wirtschaft und

Ausfuhrkontrolle (BAfA) oder Energieberater im Handwerk über die unterschiedlichen Ausbildungsanforderungen bestehen, können beibehalten werden. Zusätzliche Transparenz könnte mittels einer Plattform geschaffen werden, die über die Qualifikationen und am Markt verfügbaren Produkte von Energieberatern informiert. Solche Informationen lassen sich zwar auch jetzt schon über das BAfA oder die Deutsche Energie-Agentur GmbH ermitteln, allerdings fehlt dabei häufig die einheitliche Definition für das Berufsfeld eines Energieberaters und somit die Vergleichbarkeit.

Auch die Wohnungswirtschaft tritt als Schlüsselakteur zur Steigerung der Nachhaltigkeit im Wärmeenergiesektor der Privathaushalte auf. Die Wohnungswirtschaft sollte gezielt in ihrer Rolle als Schlüsselakteur für eine Steigerung des nachhaltigen Wärmekonsums bei Mietern gestärkt werden. Um diese Rolle auch ausüben zu können, ist z. B. zu überlegen, dass die Wohnungswirtschaft die oben geschilderte Energieberatung für Mieter anbieten könnte. Denkbar ist auch, dass die Wohnungswirtschaft sich darüber hinaus noch weiter engagiert und Mieter zunehmend auch in Entscheidungsprozesse, z. B. im Rahmen energetischer Sanierungen, einbindet.

Energieberatungen könnten sich auch für Mieter lohnen, denn auch durch Veränderungen des täglichen Heiz- und Lüftverhaltens oder durch eine Änderung der Routinen beim Warmwasserverbrauch sind Einsparpotenziale und Kostenvorteile realisierbar – sowohl auf Seiten der Mieter als auch auf Seiten der Wohnungsgesellschaften, da sich z. B. durch ein korrektes Lüftungsverhalten Schäden am Gebäudebestand, die durch Schimmel hervorgerufen werden, vermeiden lassen. Auch innerhalb der Gruppe der Mieter sollte die Energieberatung zielgruppenspezifisch erfolgen. Bei der Berechnung von Einsparpotenzialen und insbesondere bei der Formulierung von Tipps und Hilfestellungen für die Veränderung von Routinen sollte auf die spezifische Lebenssituation sowie Lebensweise der Mieter eingegangen werden. Dabei sind verschiedene Faktoren zu berücksichtigen wie Alter, Anzahl oder Berufstätigkeit der im Haushalt lebenden Personen. Eine Beratung für Mieter sollte darauf abzielen, verschiedene Aspekte gleichzeitig abzudecken: eine kurze Amortisationszeit, verhaltensbezogene Maßnahmen und auch Einsparpotenziale beim Strom.

Eine über die reine Information und Beratung der Mieter hinausgehende verbesserte Kooperation zwischen Wohnungswirtschaft und ihrer Mieterschaft vermag ebenfalls zu einem nachhaltigeren Umgang mit Wärmeenergie bei Mietern beizutragen. Eine intensive Einbindung der Mieter führt nach verschiedenen Studien zu einer höheren Akzeptanz der Sanierungsmaßnahmen. Konflikte, Blockadehaltungen und Verzögerungen können so reduziert werden. Energetische Sanierungen und Modernisierungen werden von den Bewohnern umso positiver bewertet und umso eher mitgetragen, je intensiver die Informationsarbeit und Beteiligungspraxis durch die betreuende Wohnungsbaugesellschaft gestaltet ist. Die Auswahl der Methoden der Einbindung sollte dabei stets den jeweiligen Bedingungen vor Ort Rechnung tragen. Zwar verursacht die Einbindung zunächst Mehrkosten, doch werden diese oft durch Einsparungen an anderer Stelle kompensiert, wie z. B. durch die Abnahme von Vandalismus, Rechtsstreitigkeiten, Fluktuationsraten oder Leerständen.

11.3.3 Technologien: Die Umstellung der Wärmeversorgung auf erneuerbare Energien allein reicht nicht aus!

Ein wichtiger Baustein für eine nachhaltige Ausgestaltung des Wärmekonsums ist der Ausbau erneuerbarer Energien. Die Ergebnisse der Nachhaltigkeitsbewertung unterstützten diese Strategie sehr deutlich (vgl. Kap. 2). Der Anteil erneuerbarer Energien an der Wärmebereitstellung sollte vor allem durch gezielte und standortgerechte Förderung weiter ausgebaut werden, d. h. unter Verknüpfung mit kommunalen oder regionalen Energiekonzepten und unter Berücksichtigung der jeweiligen Rahmenbedingungen vor Ort (z. B. Potenziale, Vorbelastung an Emissionen etc.). Darüber hinaus gibt es eine Reihe weiterer technologieseitiger Bedingungen, die für einen nachhaltigen Wärmekonsum erreicht sein müssen.

Bereits mit der Auswahl einer Versorgungstechnologie zur Beheizung des Eigenheims werden hinsichtlich der Auswahl des Energieträgers, der Effizienz und weiteren wichtigen Kriterien für die nächsten ca. 20 Jahre Fakten geschaffen. Die Endnutzer manifestieren mit ihren Entscheidungen also die Nachhaltigkeit bzw. die Nicht-Nachhaltigkeit ihrer Wärmeversorgung für einen langen Zeitraum. Bei dieser Entscheidung ist eine gewisse Überforderung zu erkennen (siehe Kap. 5), zu komplex sind die Auswahlkriterien und häufig entscheidet letzten Endes der Geldbeutel. Ein Energieetikett für Wärmetechnologien ist eine sinnvolle Möglichkeit, „nachhaltige" Geräte einfach zu identifizieren. Nach dem Vorbild der Kennzeichnung hinsichtlich des Energie- und Ressourcenverbrauchs in der Nutzungsphase von Produkten wie „Weißer Ware" und Fernsehgeräten, wird daher die Einführung eines Energieetiketts für Technologien zur Beheizung von Wohngebäuden empfohlen. Durch die Kennzeichnung wird den Endnutzern eine transparente Entscheidungsgrundlage zur Verfügung gestellt, die die Identifizierung nachhaltiger Produkte und somit die Kaufentscheidung erleichtert. Für Akteure im Umfeld der Konsumenten, wie Hersteller von Heizkesseln, Wärmepumpen oder anderen Systemen, Heizungsbauer und Energieberater, wird darüber hinaus eine Argumentationshilfe bereitgestellt, um Empfehlungen für besonders effiziente Geräte zu rechtfertigen und die Entwicklung entsprechender Geräte zu beschleunigen.

Aber auch technische Einzelaspekte bieten Entwicklungs- und Optimierungspotenzial: In den vorangegangenen Beiträgen wurde beispielhaft bereits auf die Bedeutung von Feinstaubfiltern hingewiesen, auch hier sollen sie als Beispiel für die punktuelle Verbesserung einer Versorgungstechnologie dienen. Der Beitrag von Biomasse-Kleinfeuerungen zum Erreichen der Klimaschutzziele ist aufgrund ihrer – im Unterschied zu konventionellen Systemen – geringen treibhausrelevanten Emissionen unbestritten. Trotzdem besteht vor allem bei technischen Maßnahmen zur Reduzierung von Staubemissionen weiterer Verbesserungsbedarf. Die Feinstaubemissionen von Biomasse-Kleinfeuerungen (< 20 kW) sind gegenüber konventionellen bzw. solar- und geothermischen Anlagen deutlich höher. Mit der Verschärfung der 1. Bundesimmissionsschutzverordnung zum 22. März 2010 gelten außerdem niedrigere Grenzwerte für den Ausstoß von Luftschadstoffen. Diese werden beispielsweise von modernen Holzpelletkesseln in der Regel zwar erfüllt, trotzdem gelten in Ballungsgebieten häufig strengere Vorgaben, so dass ein Einsatz dieser Systeme nicht genehmigt wird. Die Einführung einer Nutzungspflicht für Feinstaubfilter kann die in vielen Gemeinden ausgesprochenen Verbrennungsverbote ablösen und damit zu einer höheren und besseren (weil umweltverträglicheren) Marktdurchdringung von Biomasse-Kleinfeuerungen beitragen.

Abseits solch individueller Versorgungssysteme bestehen für netzgebundene Lösungen gerade in städtischen Siedlungsstrukturen mit hoher städtebaulicher Dichte gute Voraussetzungen für die Etablierung einer nachhaltigen, d. h. ökonomisch tragfähigen und ökologisch verträglichen Wärmeversorgung. Durch eine höhere und konstantere Wärmenachfrage können auch gemischte Nutzungsstrukturen zur Konkurrenzfähigkeit der netzgebundenen Wärmeversorgung beitragen. Vor dem Hintergrund steigender Gebäudeeffizienzstandards und Sanierungsquoten sind bauliche Dichten und Nutzungsmischung außerdem von zentraler Bedeutung, um den wirtschaftlichen Betrieb von kollektiven Wärmeversorgungssystemen weiterhin zu ermöglichen. Das Ziel sollte daher sein, die Voraussetzungen für den Betrieb von Wärmenetzen in Kombination mit erneuerbaren Energien zu verbessern. Auch wenn Siedlungsstrukturen träge und die Neubauquoten in Deutschland gering sind, kann die räumliche Planung durch die baulandpolitischen Entscheidungen die Voraussetzungen für diese Technologien deutlich verbessern.

11.4   Aller guten Dinge sind drei! Das Zusammenspiel von Mikro-, Meso- und Makroebene optimieren!

Die Ausführungen in diesem Abschlusskapitel zeigen eines deutlich auf: Das Themenfeld der Wärmeenergienutzung in Privathaushalten ist hochkomplex, und zur Steigerung der Nachhaltigkeit bedarf es integrativer und interdisziplinärer Maßnahmen. Denn dreht man an einer Stellschraube, wie etwa den Verhaltensweisen der Individuen, so wird schnell deutlich, dass diese nicht für sich alleine stehen, sondern eingebettet sind in institutionelle Vorgaben, gesellschaftliche Rahmenbedingungen und technologischen Möglichkeiten. Ein weitestgehend geringer Kenntnisstand der Bevölkerung zu der Frage, wie Nachhaltigkeit im Wärmesektor erreicht wird, konnte als Dreh- und Angelpunkt für Maßnahmen auf der Meso- und Makroebene ausgemacht werden. Zwei zentrale Fragen galt es hierbei zu beantworten:

- Wie kann gesellschaftlich bereitgestelltes Wissen auch tatsächlich zu individuellem Verbraucherwissen werden (Aspekte der Verfügbarkeit und Abrufbarkeit von Informationen)?
- Wie lässt sich dieses Wissen in ein nachhaltiges Wärmenutzungsverhalten transferieren (Aspekte der Umsetzung und Anwendung von bereitgestelltem Wissen)?

Es wäre aber zu kurz gegriffen, eine umfassende und integrative Betrachtungsweise der Nachhaltigkeit im Wärmeenergiesektor zu postulieren und bei der Wissensvermittlung stehen zu bleiben. Denn dem Wissen muss auch die Handlung folgen. Prinzipiell konnten drei Handlungsstrategien identifiziert werden:

- die Inanspruchnahme weniger Energieträger für die gleiche Menge an Energiedienstleistungen (Effizienzstrategie),
- der Konsum nachhaltiger Energieressourcen zur Befriedigung des Energiebedarfs (Konsistenzstrategie) und
- eine Reduzierung der Nachfrage nach Energiedienstleistungen (Suffizienzstrategie).[4]

Für den Transfer und die Umsetzung des Wissens benötigt der einzelne Mensch Eigenengagement und die Mithilfe und Förderung durch sein Umfeld. Es konnte in diesem Kapitel deutlich aufgezeigt werden, dass das individuelle Wärmeenergienutzungs- und Investitionsverhalten sowohl von strukturellen Rahmenbedingungen, wie Siedlungs- und Gebäudestrukturen, rechtlichen Rahmenbedingungen und technologischen Systemen geprägt ist, als auch durch ein breit gestreutes Akteursgeflecht, wie Architekten, Wohnungsbaugesellschaften, Handwerker, Wärmetechnologieanbieter etc. beeinflusst wird. Somit gilt es, das Zusammenspiel der Mikro-, Meso- und Makroebene zu optimieren. Erst durch die optimale Verlinkung der drei Ebenen gelingt es, die Nachhaltigkeit umfassend im Wärmesektor der Privathaushalte zu etablieren.

Literaturverzeichnis

Biermayr, Peter; Schriefl, Ernst; Baumann, Bernhard, et al.: Maßnahmen zur Minimierung von Reboundeffekten bei der Sanierung von Wohngebäuden (maresi). Wien, Selbstverlag, 2005

BMU (Bundesministerium für Umwelt, Naturschutz und Reaktorsicherheit): Erneuerbare Energien. Entwicklung in Deutschland 2010. Berlin, Selbstverlag, 2010

BMWI (Bundesministerium für Wirtschaft und Technologie): Energiedaten. Nationale und internationale Entwicklung. Berlin, Selbstverlag, 2011

BMWI/BMU – Bundesministerium für Wirtschaft und Technologie/Bundesministerium für Umwelt, Naturschutz und Reaktorsicherheit: Energiekonzept für eine umweltschonende, zuverlässige und bezahlbare Energieversorgung. Berlin, Selbstverlag, 2010

Breidenbach, Lothar: Strukturen, Trends und Rahmenbedingungen im europäischen und nationalen Wärmemarkt. Vortrag anlässlich der Berliner Energietage 2010, Berlin, 11. Mai 2010

---

[4] vgl. Hinding 2002: 32

dena (Deutsche Energie-Agentur): Raus aus dem Sanierungsstau – rein in die Energiewende. Pressemitteilung vom 09. Mai 2011, Internet:
http://www.dena.de/themen/thema-bau/pressemitteilungen/pressemeldung/
raus-aus-dem-sanierungsstau-rein-in-die-energiewende/ , Zugriff am 31.Mai 2011

Helmholtz-Gemeinschaft: Eckpunkte und Leitlinien zur Weiterentwicklung der Energieforschungspolitik der Bundesregierung. Berlin, Selbstverlag, 2009

Hinding, Barbara: Klimawandel und Energiekonsum. Berlin: Dr. Köster-Verlag, 2002

Jahnke, Kathy: Praxisakteure im Blickfeld nachhaltigen Wärmekonsums. Bremer Energie Institut, Bremen 2009. Arbeitsbericht abrufbar über: http://www.uni-stuttgart.de/nachhaltigerkonsum/de/Downloads/AP2%20Analyse%20der%20Mesoebene_Endbericht2.pdf (Zugriff am 11. Juni 2011)

Jahnke, Kathy; Brüggemann, Tim: AP 3 Endbericht Wärmekonsum. Ergebnisse einer Befragung von Hauseigentümern. Bremer Energie Institut, Bremen, 2010. Arbeitsbericht abrufbar über http://www.uni-stuttgart.de/nachhaltigerkonsum/de/Downloads/AP3-Eigentuemerbefragung.pdf (Zugriff am 11. Juni 2011)

McKinsey & Company, Inc.: Kosten und Potenziale der Vermeidung von Treibhausgasemissionen in Deutschland. Sektorperspektive Gebäude. Selbstverlag, 2007

Schulz, Marlen; Gallego Carrera, Diana; Alcantara Sophia; Hilpert, Jörg: Konsumanalyse – Nutzung der Wärmeenergie. Universität Stuttgart, Stuttgart, 2010. Abrufbar über http://www.uni-stuttgart.de/nachhaltigerkonsum/de/index.html . (Zugriff am 05. Mai 2011)

Statistisches Bundesamt: Energieverbrauch der privaten Haushalte. Wohnen, Mobilität, Konsum und Umwelt. Wiesbaden: Begleitmaterial zur Pressekonferenz am 5. November 2008 in Berlin

Statistisches Bundesamt: Die Nutzung von Umweltressourcen durch die Konsumaktivitäten der privaten Haushalte. Ergebnisse der Umweltökonomischen Gesamtrechnung 1995–2004. Tabellenanhang. Wiesbaden: UGR-Online-Publikation, 2006

Umweltbundesamt: Der CO2-Rechner. Internet:
http://uba.klima-aktiv.de/umleitung_uba.html , Zugriff am 3.6.2011

Glossar

ABSCHEIDEGRAD Der Abscheidegrad
entspricht dem Verhältnis der Abnahme an Aerosol- Konzentration zur Ein-
gangskonzentration eines Filters.

AGGREGATION Allgemein das Zusam-
menführen detaillierter Daten zu größeren Einheiten.

Aktivsumme Summe der Deskriptorenwerte (absoluter Betrag) einer Zeile der
Cross-Impact-Matrix.

**ALTERNATIVENSPEZIFISCHE KON-
STANTE (ASC)** berücksichtigt in →
diskreten Entscheidungsmodellen, wie
eine Alternative bewertet wird und ob
sie damit eher gewählt wird als die anderen Alternativen.

ATTITUDE-BEHAVIOR GAP Bezeichnet in den Sozialwissenschaften die Kluft
zwischen Einstellungen und Verhalten.

BAFA-LISTE Vom Bundesamt für Wirtschaft und Ausfuhrkontrolle (BAFA)
geführte Liste der Energieberaterin-
nen/Energieberater, die antragsberech-
tigt für eine Vor-Ort-Beratung gemäß
der „Richtlinie zur Förderung der Beratung zur sparsamen und rationellen

Energieverwendung in Wohngebäuden
vor Ort" sind.

**BEGRENZTE RATIONALITÄT (BOUN-
DED RATIONALITY)** Ansatz der Entscheidungstheorie, der im Kern rationales Verhalten der Konsumenten annimmt, allerdings unter expliziter Berücksichtigung von relativer Komplexität, Informationsbeschränkungen und
Unsicherheit.

BHKW Blockheizkraftwerk, produziert
gleichzeitig Strom und Wärme.

BIODIVERSITÄT Biodiversität bezeichnet die Vielfalt der vorkommenden Arten und Lebewesen.

BIOGASANLAGE In einer Biogasanla-
ge wird durch Vergärung von Biomasse
Biogas hergestellt, das zur Strom- und
Wärmeversorgung verwendet wird.

BIOGENE BRENNSTOFFE Brennstoffe
biologisch-organischer Herkunft, die ihren Ursprung in Pflanzen oder organi-
schen Abfallprodukten haben.

BIOMASSEHEIZKRAFTWERK bezeichnet ein Kraftwerk, das durch Verbren-

D. Gallego Carrera et al. (Hrsg.), *Nachhaltige Nutzung von Wärmeenergie*,
DOI 10.1007/978-3-8348-8650-7,
© Vieweg+Teubner Verlag | Springer Fachmedien Wiesbaden 2012

nung von fester Biomasse Strom und Wärme erzeugt.

BRENNWERTKESSEL nutzt den Energiegehalt (Brennwert) des Brennstoffs nahezu vollständig aus, indem auch die Kondensationswärme des Wasserdampfes im Abgas genutzt wird.

CHANGE AGENTS Mittelnde Akteure, die auf Seiten der Nutzer den Bedarf einer Innovation generieren, Probleme der Nutzer identifizieren und im Nutzer einen Willen zur Veränderung initiieren sollen.

CHOICE-BASED-CONJOINT-ANALYSE (CBCA) Statistische Methode zur Erfassung von Konsumentenpräferenzen in einer realitätsnahen Auswahlsituation, die die Attraktivität eines Gutes nach einzelnen Merkmalen aufschlüsselt.

CROSS-IMPACT-BILANZANALYSE (CIB) Methode mit strukturierten Verfahren zur qualitativen System- und Szenarioanalyse. CIB ist eine spezielle Form der Cross-Impact Analyse.

CROSS-IMPACT-MATRIX (CIM) Anordnung der wichtigsten Deskriptoren und ihrer gegenseitigen Wirkungen in Form einer Tabelle im Rahmen einer Cross-Impact-Bilanzanalyse.

DESKRIPTOR Wichtiges Systemelement, das als Einflussfaktor, Rahmenbedingung oder Ergebnisgröße explizit in der Systemanalyse berücksichtigt wird.

DIFFUSION OF INNOVATION-MODEL Soziologische Theorie, die modelliert, wie sich Innovationen innerhalb der Gesellschaft verbreiten.

DIFFUSION Prozess, bei dem eine Innovation im Zeitverlauf über verschiedene Kommunikationskanäle innerhalb eines sozialen Systems verbreitet wird.

DISKRETE ENTSCHEIDUNGSEXPERIMENTE (DISCRETE-CHOICE-EXPERIMENTS; DCE) Diskrete Entscheidungsexperimente verknüpfen die Theorie → diskreter Entscheidungsmodelle mit der aus der angewandten Ökonometrie bekannten multivariaten Conjoint-Analyse.

DISKRETE ENTSCHEIDUNGSMODELLE (DISCRETE CHOICE MODELS; DCM) Statistische Verfahren, die die Entscheidung von Personen zwischen zwei oder mehreren, klar abgegrenzten Alternativen modellieren.

EMPIRIE Erfahrungswissen. Damit wird in den Sozialwissenschaften eine im Forschungsfeld durchgeführte Erhebung von Informationen verstanden, die auf gezielten Beobachtungen beruht, um z. B. zuvor formulierte Theorien in der Realität zu testen oder um zur Entwicklung neuer Theorien beizutragen.

ENDENERGIE Endenergie ist der Anteil der Primärenergie, welcher durch verschiedene Umwandlungen und Prozesse vom Verbraucher direkt genutzt werden kann. In Haushalten handelt es sich dabei primär um Elektrizität und Wärme.

ENERGIEEINSPARVERORDNUNG Die Einergieeinsparverordnung (EnEV) beschreibt die Anforderungen an Gebäude, die unter Einsatz von Energie beheizt oder gekühlt werden. Dabei bezieht sie sich sowohl auf die Effizienz der Gebäudehülle als auch auf die Anlagentechnik. Die letzte Änderung trat am 1. Oktober 2009 in Kraft (EnEV 2009).

ENERGIEPFLANZEN Energiepflanzen sind Pflanzenarten, die gezielt zur energetischen Nutzung angepflanzt werden und höchstens als Nebenprodukte einem anderen Zweck dienen.

ENERGIEVERBRAUCH Summe der genutzten Endenergie (s. auch Endenergie), oft gemessen in kWh.

ENERGY EFFICIENCY GAP Diskrepanz zwischen aktuellem und wirtschaftlich erschließbarem Energieeffizienzniveau.

ERDWÄRMESONDE In die Tiefe eingebrachte Rohrbündel, die Erdwärme aus dem Erdreich an die Oberfläche transportieren.

ERNEUERBARE ENERGIEN Bezeichnet Energie, die aus Quellen gewonnen werden, welche sich entweder langfristig regenerieren oder durch ihre Nutzung nicht aufgebraucht werden.

EXERGIE Exergie ist der nutzbare Anteil der Energie.

EXTERNE EFFEKTE Externe Wirkungen, hier beispielsweise durch Treibhausgasemissionen, aus der Nutzung einer Technologie.

EXTERNE KOSTEN Kosten durch negative externe Effekte, wie z. B. Krankheitsfälle und Arbeitsausfall durch Feinstaubemissionen (vgl. hierzu Monetarisierung).

FEINSTAUBEMISSIONEN Als Feinstaubemissionen werden Emissionen mit einer Partikelgröße von weniger als 10 μm bezeichnet. Größere Partikel werden Grobstaub genannt.

FOKUSGRUPPE Gesprächsrunde mit Bürgern zu einem bestimmten Thema, die von einem Moderator angeleitet wird.

FOSSILE BRENNSTOFFE Energieträger, die in erdgeschichtlicher Vorzeit aus Pflanzenresten und toten Lebewesen entstanden sind (z. B. Erdöl, Braunkohle oder Steinkohle).

FOSSILES REFERENZSYSTEM Ein System zur Energiegewinnung aus fossilen Brennstoffen, als Vergleichssystem zu einem alternativen System.

GEOTHERMIE Die Nutzung der Erdwärme.

GEOTHERMIEKRAFTWERK Ein Kraftwerk, welches durch die Verwendung von Erdwärme Strom (und Wärme) erzeugt.

GRUPPENDELPHI Sozialwissenschaftliche diskursive Methode zur Einbindung von Experten unterschiedlicher Disziplinen und Standpunkte für die Bewertung von Technologien oder als Prognoseinstrument im Rahmen von Technikfolgenabschätzungen.

HACKSCHNITZEL Hackschnitzel sind zerkleinerte Holzreste oder minderwertiges Holz sowie Altholz, welche als biogener Brennstoff weiterverwendet werden können.

HEIZENERGIEBEDARF Der Heizenergiebedarf gibt den Energiebedarf zur Erzeugung von Wärme in einem Gebäude an. Er wird üblicherweise über eine Periode von einem Jahr und in kWh angegeben.

HEIZWÄRMEBEDARF Der Heizwärmebedarf ist die berechnete Wärmemenge, die einem Raum zuzuführen ist, um eine bestimmte Innenraumtemperatur aufrecht zu erhalten.

HOMO OECONOMICUS Ein v. a. in ökonomischen, aber auch manchen soziologischen Theorien verwendetes Modell eines rational handelnden, den Nutzen maximierenden und die Kosten minimierenden Menschen.

INTERNALISIERUNG Verinnerlichung

INTERNE Gewinne Zusätzlich zur Heizungsanlage gewonnene Wärme, welche z. B. durch Abstrahlung von Bewohnern oder Glühlampen entsteht.

KATEGORIENSYSTEM Erhebungsinstrument der Inhaltsanalyse. Die Kategorien beziehen sich auf Textinhalte, welche durch die Forschungsfrage und Hypothesen eingegrenzt werden. Dabei werden zunächst Hauptkategorien (Dimensionen) entwickelt und dann weitere Teilkategorien ausdifferenziert.

KFW 55(70) STANDARD oder KFW EFFIZIENZHAUS 55(70) In Bezug auf die Förderprogramme der KfW Bank beschreibt diese die Fördervoraussetzungen mit Standards, die sich auf die jeweils gültige Energieeinsparverordnung beziehen. „Der Begriff Effizienzhaus ist ein Qualitätszeichen, das von der Deutschen Energie-Agentur GmbH (dena) zusammen mit dem Bundesministerium für Verkehr, Bau und Stadtentwicklung (BMVBS) und der KfW entwickelt wurde." (www.kfw.de) Die Zahl gibt die Relation der Anforderung an den Jahresprimärenergiebedarf zu der gültigen gesetzlichen Anforderung an.

KONSULTATION Einholen von Informationen und Ratschlägen.

LEBENSSTIL Der regelmäßig wiederkehrende Gesamtzusammenhang der Verhaltensweisen, Interaktionen, Meinungen, Wissensbestände und bewertenden Einstellungen eines Menschen.

LOGIT-MODELLE Statistische Regressionsverfahren zur Vorhersage von Eintrittswahrscheinlichkeiten aufgrund bekannter Variablen (Beispiele Nested Logit, Multinominal Logit).

LUFTDICHTIGKEIT Die Luftdichtigkeit beschreibt den Luftwechsel pro Stunde unter einem Über- bzw. Unterdruck von 50 Pascal. Sie kann mittels eines Differenzdrucktestes (Blower-Door-Test) ermittelt werden.

LUFTWECHSELRATE Die Luftwechselrate gibt die Luftmenge an, die dem Raum im Verhältnis zu dessen Volumen innerhalb einer Stunde zugeführt wird.

MAXIMUM-LIKELIHOOD-VERFAHREN Statistische Methode zur Parameterschätzung.

MITGEBEREFFEKTE entstehen, wenn die in einer Energieberatung erhaltenen Informationen an Dritte weitergegeben werden und bei diesen Energieeinsparungen und entsprechende Maßnahmen anregen.

MONETARISIERUNG Bemessung eines Werts in Geldeinheiten, wie z. B. ein Verlust an Produktivität durch den Ausfalle eines Arbeiters infolge einer Atemwegserkrankung durch Feinstaub.

NACHTABSENKUNG Die Nachtabsenkung bezeichnet die Absenkung der Raumtemperatur von einer Tagessolltemperatur auf eine niedrigere Temperatur in der Nacht.

NEEDS-Project (New Energy Externalities Development for Sustainability) Ein Projekt der Europäischen Kommission, das Kosten (interne und externe) und Nutzen der Energiepolitik sowie zukünftiger Energiesysteme auf nationaler und EU-Ebene bestimmt.

NIEDRIGENERGIEHAUS Bezeichnet ein Gebäude mit einem Heizenergiebedarf von rund 30 kWh/(a*m^2).

PARTIZIPATION Die Einbeziehung von Betroffenen in Entscheidungsprozessen.

PASSIVHAUS Bezeichnet ein Gebäude mit einem Heizenergiebedarf von unter 15 kWh/(a*m^2).

PASSIVSUMME Summe der Deskriptorenwerte (absoluter Betrag) einer Spalte der Cross-Impact-Matrix.

PFLANZENÖL-BHKW Ein mit Pflanzenöl betriebenes BHKW.

PRIMÄRENERGIE Die Primärenergie bezeichnet den Energiegehalt, welcher in natürlich vorkommenden Energieträgern (z. B. Kohle, Holz oder Öl) enthalten ist.

PRIMÄRENERGIEBEDARF Gesamte Energiemenge, die zur Deckung eines Endenergiebedarfs benötigt wird; inklusive der Energiemenge, die für die vorgelagerte Gewinnung, Umwandlung und Verteilung der jeweils eingesetzten Brennstoffe nötig ist.

PRIMÄRENERGIETRÄGER siehe auch Primärenergie

QUANTITATIVE INHALTSANALYSE Die quantitative Inhaltsanalyse ist eine Methode der empirischen Sozialforschung. Dabei geht der Forscher theoriegeleitet vor, indem er auf Basis sozialwissenschaftlicher Hypothesen verschiedene Analysekategorien entwickelt, denen er das vorliegende Material zuordnet und entsprechend auswertet.

RANDOM UTILITY MODELS (RUM) Ökonometrische Modelle, die annehmen, dass die Eigenschaften einer Maßnahme zum individuellen Nutzen beitragen und konsistent mit der Nutzenmaximierung sind.

REBOUNDEFFEKT Einsparpotenziale durch Effizienzsteigerungen von Produkten werden gar nicht oder nur teilweise verwirklicht, da die Effizienzsteigerung zu einer erhöhten Nutzung des Produktes führt.

RECYCLINGFÄHIGKEIT bezeichnet die Eignung (hier einer Anlage) zur Wiederverwendung.

SOLARE GEWINNE Die zusätzlich zur Heizungsanlage gewonnene Wärme durch Sonneneinstrahlung.

SOLARE NAHWÄRME Bezeichnet nutzbare Wärme aus der Solarthermie, welche über verhältnismäßig kurze Strecken zum Verbraucher gelangt.

SOLARTHERMIE ist die Umwandlung direkter und diffuser Sonnenstrahlung in Wärme.

SOZIALE ERWÜNSCHTHEIT bezeichnet ein spezifisches Antwortverhalten von Menschen, um Anerkennung zu erhalten oder negative Konsequenzen zu vermeiden.

SPLIT-INCENTIVE Investitionsanreize fallen nicht bei den für die Investition Verantwortlichen an.

STATUS-QUO-BIAS Bezeichnet in der Entscheidungstheorie einen systematischen Fehler, hervorgerufen durch die menschliche Tendenz zur Wahrung des gegenwärtigen Status.

SUFFIZIENZSTRATEGIE Reduzierung der Nachfrage nach Energie d. h. Genügsamkeit im Umgang mit Energie.

SZENARIEN Zukunftsbilder, die die grundsätzlichen Entwicklungsmöglichkeiten eines mehr oder weniger großen Weltausschnitts in groben Umrissen, aber in sich widerspruchsfrei darstellen und dadurch als Planungsgrundlage dienen können.

TREIBHAUSGASE Treibhausgase sind Gase, die unter anderem für den Klimawandel verantwortlich gemacht werden.

Sie umfassen Kohlenstoffdioxid (CO_2), Methan (CH_4), Stickoxide (NO_X), Kohlenmonoxid (CO) sowie weitere.

TRANSMISSIONSWÄRMEVERLUST Der Transmissionswärmeverlust beschreibt den gesamten Wärmeverlust über die Umfassungsfläche eines Raumes, der mittels Wärmeleitung entsteht.

TYPGEBÄUDE Die in diesem Band genutzten Typgebäude beziehen sich in ihrer Größe und dem Verhältnis der Bauteilflächen auf die von dem Institut für Wohnen und Umwelt (IWU) entwickelte Deutsche Gebäudetypologie (IWU 2003).

VOLATILITÄT Schwankung von Zeitreihen.

VULNERABILITÄT Verwundbarkeit im übertragenen Sinne.

WÄRMEBRÜCKE Wärmebrücken sind solche Bereiche in der Außenhülle eines Gebäudes, in denen die Wärme mit geringerem Widerstand nach außen gelangt, sie weisen einen besonders hohen Wärmestrom im Vergleich zu den umliegenden Bereichen auf. Wärmebrücken können aufgrund der Konstruktion, der Geometrie des Gebäudes oder Bauteils oder der verwendeten Materialien entstehen.

WÄRMEDURCHGANGSKOEFFIZIENT Der Wärmedurchgangskoeffizient (U-Wert) beschreibt den Wärmestromdurchgang durch ein Bauteil, wenn auf beiden Seiten unterschiedliche Temperaturen herrschen. Der U-Wert beschreibt die Leistung, die durch einen Quadratmeter bei einer Temperaturdifferenz von einem Grad Kelvin übertragen wird [$W/(m^2K)$].

WÄRMEENERGIEBEDARF Energiemenge, die der Heizung zugeführt werden muss, um den Heizwärmebedarf zu decken.

WÄRMEENERGIENUTZUNG/ -VERBRAUCH Die Wärmeenergienutzung beschreibt die tatsächlich in Anspruch genommene Energiemenge, die der Heizung zugeführt werden muss, um den Heizwärmebedarf zu decken. Umgangssprachlich wird dies auch als Verbrauch bezeichnet.

ZAHLUNGSBEREITSCHAFT (Willingness to pay; WTP) Maximaler Preis, den ein/e Konsument/in für ein Gut auszugeben bereit ist.

Sachverzeichnis

D. Gallego Carrera et al. (Hrsg.), *Nachhaltige Nutzung von Wärmeenergie*,
DOI 10.1007/978-3-8348-8650-7,
© Vieweg+Teubner Verlag | Springer Fachmedien Wiesbaden 2012